수학 공부는 숙제다 !

수학
숙제

중등 1-1

수학숙제
중등 1-1

발행일	2024년 11월 28일
펴낸곳	메가스터디(주)
펴낸이	손은진
개발 책임	배경윤
개발	김민, 신상희
디자인	(주)무닉, 김보연
마케팅	엄재욱, 김세정
제작	이성재, 장병미
주소	서울시 서초구 효령로 304(서초동) 국제전자센터 24층
대표전화	1661.5431(내용 문의 02-6984-6901 / 구입 문의 02-6984-6868,9)
홈페이지	http://www.megastudybooks.com
출판사 신고 번호	제 2015-000159호
출간제안/원고투고	메가스터디북스 홈페이지 <투고 문의>에 등록

메가스터디BOOKS

'메가스터디북스'는 메가스터디㈜의 교육, 학습 전문 출판 브랜드입니다.

초중고 참고서는 물론, 어린이/청소년 교양서, 성인 학습서까지 다양한 도서를 출간하고 있습니다.

KC · 제품명 수학숙제 중등 1-1
· 제조자명 메가스터디㈜ · 제조년월 판권에 별도 표기 · 제조국명 대한민국 · 사용연령 11세 이상
· 주소 및 전화번호 서울시 서초구 효령로 304(서초동) 국제전자센터 24층 / 1661-5431

수학 공부는
숙제다!

"숙제를 잘하면 공부도 잘하게 될까?"
숙제를 하면 배운 내용을 다시 정리하고, 그 과정에서 부족한 부분이나
새로운 사실을 발견할 수 있기 때문에 숙제는 분명 공부에 도움이 됩니다.

수학은 대표적으로 숙제가 많은 과목이지요?
그래서 수학 숙제는 내주는 사람도, 하는 사람도 버거워할 때가 많습니다.
'혹시 숙제로 사용하기에 딱 맞는 교재가 없는 게 아닐까?
그렇다면 처음 중등수학을 시작하는 학생 누구나 쉽게 사용할 수 있는
숙제 교재를 만들어보면 어떨까?'
이것이 메가스터디가 "수학 숙제"라는 교재를 처음 기획한 이유입니다.

숙제는 한 번에 해야 할 양이 너무 많거나 적은 경우 또는
혼자서 할 때 너무 어렵거나 쉬운 경우 부담이 됩니다.
그래서 메가스터디는 중등수학을 시작하는 학생들이 숙제로 풀기에
가장 적합한 문제의 난이도와 분량을 연구하는 것에 공을 들였습니다.
"수학 숙제"는 22개정 교육과정과 시중 진도 교재를 분석하여
각각에 맞는 숙제로 부담없이 효율적으로 사용할 수 있게 했습니다.

수학은 숙제를 제대로 하는 것으로 얼마든지 잘할 수 있습니다.
"수학 공부는 숙제입니다!"

이 책의
구성과 특징

수학 숙제로
내신 성적 올리는
3가지 방법!

❶ 문제는 식을 써서 푼다.

❷ 틀린 문제는 해설지를 꼭 읽는다.

❸ 맞힌 문제는 스스로 선생님이
   되어 푸는 방법을 설명해 본다.

PART 1 숙제

step 1 기초·기본 문제

중등수학 1-1을 수학 교육과정에 제시된 내용을 기준으로 개념 41개로 분류한 후,
개념별로 기초 문제(연산 문제 포함), 기본 문제를 담았습니다.
학교, 학원에서 공부한 부분 또는 스스로 공부한 부분에 해당하는 개념만큼을 택하여
숙제로 문제 풀이를 할 수 있게 했습니다.

01번 문제는 빈칸을 채우거나 괄호 안
의 알맞은 것에 ○표 하는 문제로 제시
하여 꼭 알아야 하는 용어나 기호, 수학
적 개념을 확인할 수 있도록 했습니다.

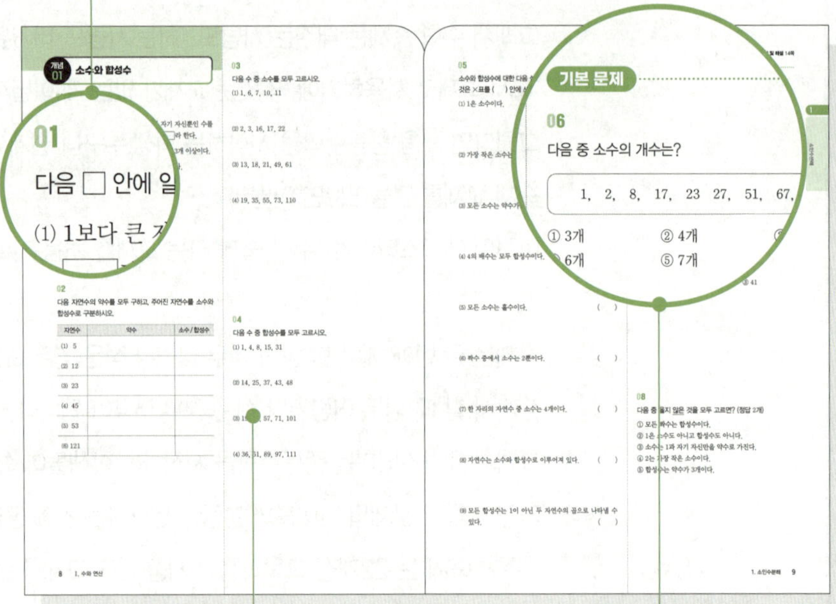

기초 문제 기본기를 다질 수 있는 기초 문제,
연산 문제를 충분히 담았습니다.

기본 문제 공부한 개념을 적용 및 응용하는
연습을 할 수 있는 문제들을 담았습니다.

2~3개의 개념을 모아 조금 더 실전에 가까운 문제들로 구성
하여 내신 시험에 대비할 수 있도록 했습니다.
2개 이상의 개념을 포함한 문제들을 풀어 보며 앞서 공부한
내용들을 제대로 이해했는지 다시 한번 점검할 수 있습니다.

자신감 UP 조금 더 시간을 들여 생각해 보며 풀 수 있는 문제
를 제시했습니다. 이 문제를 스스로 해결해 봄으로써 자신감
을 얻을 수 있도록 했습니다.

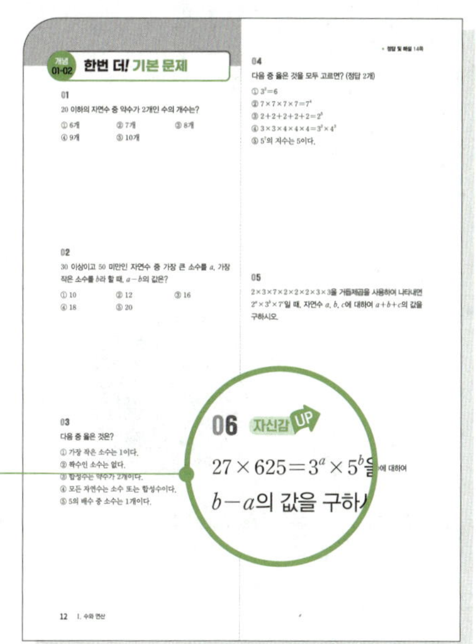

PART 2 테스트

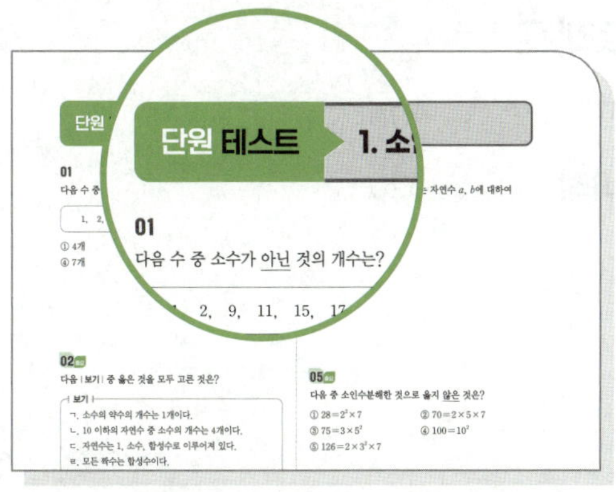

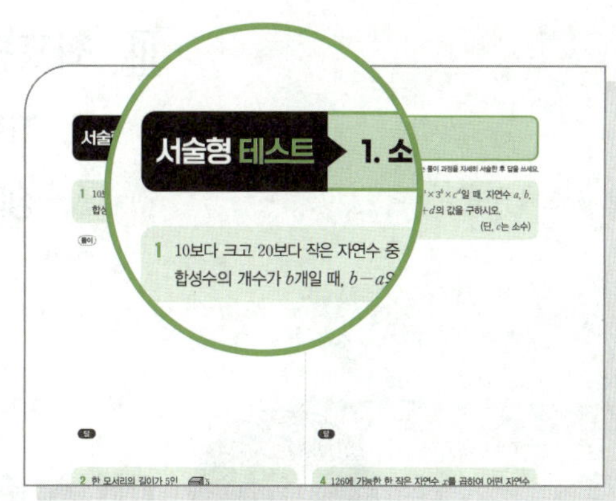

단원별로 2회 제공되는 **단원 테스트**

단원별로 1회 제공되는 **서술형 테스트**

이 책의 **차례**

숙제

- ✓ 기초·기본 문제
- ✓ 한번 더! 기본 문제

1

소인수분해

01

다음 □ 안에 알맞은 것을 쓰시오.

⑴ 1보다 큰 자연수 중에서 약수가 1과 자기 자신뿐인 수를 □라 하고, 소수가 아닌 수를 □라 한다.

⑵ 소수의 약수는 □개이고, 합성수의 약수는 3개 이상이다.

⑶ 자연수는 1, □, 합성수로 이루어져 있다.

02

다음 자연수의 약수를 모두 구하고, 주어진 자연수를 소수와 합성수로 구분하시오.

자연수	약수	소수 / 합성수
⑴ 5		
⑵ 12		
⑶ 23		
⑷ 45		
⑸ 53		
⑹ 121		

03

다음 수 중 소수를 모두 고르시오.

⑴ 1, 6, 7, 10, 11

⑵ 2, 3, 16, 17, 22

⑶ 13, 18, 21, 49, 61

⑷ 19, 35, 55, 73, 110

04

다음 수 중 합성수를 모두 고르시오.

⑴ 1, 4, 8, 15, 31

⑵ 14, 25, 37, 43, 48

⑶ 19, 20, 57, 71, 101

⑷ 36, 51, 89, 97, 111

05

소수와 합성수에 대한 다음 설명 중 옳은 것은 ○표, 옳지 <u>않은</u> 것은 ×표를 (　　) 안에 쓰시오.

(1) 1은 소수이다. (　　)

(2) 가장 작은 소수는 3이다. (　　)

(3) 모든 소수는 약수가 2개이다. (　　)

(4) 4의 배수는 모두 합성수이다. (　　)

(5) 모든 소수는 홀수이다. (　　)

(6) 짝수 중에서 소수는 2뿐이다. (　　)

(7) 한 자리의 자연수 중 소수는 4개이다. (　　)

(8) 자연수는 소수와 합성수로 이루어져 있다. (　　)

(9) 모든 합성수는 1이 아닌 두 자연수의 곱으로 나타낼 수 있다. (　　)

06

다음 중 소수의 개수는?

> 1, 2, 8, 17, 23 27, 51, 67, 79, 91

① 3개　　　② 4개　　　③ 5개
④ 6개　　　⑤ 7개

07

다음 중 합성수는?

① 1　　　② 29　　　③ 41
④ 69　　　⑤ 83

08

다음 중 옳지 <u>않은</u> 것을 모두 고르면? (정답 2개)

① 모든 짝수는 합성수이다.
② 1은 소수도 아니고 합성수도 아니다.
③ 소수는 1과 자기 자신만을 약수로 가진다.
④ 2는 가장 작은 소수이다.
⑤ 합성수는 약수가 3개이다.

01

다음 □ 안에 알맞은 것을 쓰시오.

(1) 2^2, 2^3, 2^4, $\cdots$을 통틀어 2의 [   ]이라 한다.

(2) 2^2, 2^3, 2^4, $\cdots$에서 곱하는 수 2를 거듭제곱의 □, 곱해진 수의 개수를 나타낸 2, 3, 4, $\cdots$를 거듭제곱의 [   ]라 한다.

02

다음 거듭제곱의 밑과 지수를 각각 구하시오.

거듭제곱	밑	지수
(1) 3^2		
(2) 5^4		
(3) $\left(\dfrac{1}{3}\right)^3$		
(4) $\left(\dfrac{3}{4}\right)^2$		

03

다음을 거듭제곱을 사용하여 나타내시오.

(1) $3 \times 3 \times 3$

(2) $7 \times 7 \times 7 \times 7$

(3) $\dfrac{1}{2} \times \dfrac{1}{2}$

(4) $\dfrac{2}{3} \times \dfrac{2}{3} \times \dfrac{2}{3}$

(5) $\dfrac{1}{13 \times 13 \times 13 \times 13}$

04

다음을 거듭제곱을 사용하여 나타내시오.

(1) $2 \times 2 \times 5 \times 5$

(2) $3 \times 3 \times 3 \times 7 \times 7$

(3) $4 \times 4 \times 4 \times 6 \times 6 \times 6 \times 6$

(4) $2 \times 2 \times 3 \times 3 \times 5$

(5) $3 \times 3 \times 5 \times 5 \times 5 \times 11 \times 11$

(6) $\dfrac{1}{5} \times \dfrac{1}{5} \times \dfrac{1}{5} \times \dfrac{1}{7} \times \dfrac{1}{7}$

(7) $\dfrac{1}{11} \times \dfrac{5}{2} \times \dfrac{5}{2} \times \dfrac{1}{11}$

(8) $\dfrac{1}{2 \times 3 \times 3}$

(9) $\dfrac{1}{5 \times 5 \times 7 \times 7}$

(10) $\dfrac{1}{2 \times 5 \times 5 \times 11 \times 11}$

05

다음 수를 [ ] 안의 수의 거듭제곱으로 나타내시오.

(1) 32   [2]

(2) 81   [3]

(3) 125   [5]

(4) 10000   [10]

(5) $\dfrac{1}{8}$ $\left[\dfrac{1}{2} \right]$

(6) $\dfrac{1}{49}$ $\left[\dfrac{1}{7} \right]$

(7) $\dfrac{1}{256}$ $\left[\dfrac{1}{4} \right]$

(8) $\dfrac{1}{1000}$ $\left[\dfrac{1}{10} \right]$

06

$11 \times 11 \times 11 \times 11$을 거듭제곱을 사용하여 나타내면 밑이 a, 지수가 b일 때, 자연수 a, b의 값을 각각 구하시오.

07

다음 중 옳은 것은?

① $4+4+4=4^3$

② $2+2+2=3^2$

③ $2 \times 2 \times 2=2^3$

④ $5 \times 5 \times 5 \times 5=4^5$

⑤ $2 \times 2 \times 5 \times 5 \times 5=2^2+5^3$

08

$2^4=a$, $3^b=27$을 만족시키는 자연수 a, b에 대하여 $a+b$의 값은?

① 16   ② 17   ③ 18

④ 19   ⑤ 20

한번 더! 기본 문제

01

20 이하의 자연수 중 약수가 2개인 수의 개수는?

① 6개 ② 7개 ③ 8개
④ 9개 ⑤ 10개

02

30 이상이고 50 미만인 자연수 중 가장 큰 소수를 a, 가장 작은 소수를 b라 할 때, $a-b$의 값은?

① 10 ② 12 ③ 16
④ 18 ⑤ 20

03

다음 중 옳은 것은?

① 가장 작은 소수는 1이다.
② 짝수인 소수는 없다.
③ 합성수는 약수가 2개이다.
④ 모든 자연수는 소수 또는 합성수이다.
⑤ 5의 배수 중 소수는 1개이다.

04

다음 중 옳은 것을 모두 고르면? (정답 2개)

① $3^2=6$
② $7 \times 7 \times 7 \times 7 = 7^4$
③ $2+2+2+2+2 = 2^5$
④ $3 \times 3 \times 4 \times 4 \times 4 = 3^2 \times 4^3$
⑤ 5^7의 지수는 5이다.

05

$2 \times 3 \times 7 \times 2 \times 2 \times 2 \times 3 \times 3$을 거듭제곱을 사용하여 나타내면 $2^a \times 3^b \times 7^c$일 때, 자연수 a, b, c에 대하여 $a+b+c$의 값을 구하시오.

06 자신감 UP

$27 \times 625 = 3^a \times 5^b$을 만족시키는 자연수 a, b에 대하여 $b-a$의 값을 구하시오.

<table>
<tr><td>

개념 03 소인수분해

</td></tr>
</table>

01

다음 ☐ 안에 알맞은 것을 쓰시오.

(1) 인수 중에서 소수인 것을 ☐라 한다.

(2) 1보다 큰 자연수를 소인수만의 곱으로 나타내는 것을 ☐한다고 한다.

02

다음 수의 약수를 모두 구하고, 그중 소인수를 모두 구하시오.

수	약수	소인수
(1) 8		
(2) 22		
(3) 30		
(4) 49		

03

다음은 자연수를 소인수분해하는 과정이다. ☐ 안에 알맞은 수를 쓰고, 소인수분해한 결과를 거듭제곱을 사용하여 나타내시오.

(1) 24

⇨ 24 = ______

(2) 45

⇨ 45 = ______

(3) 126

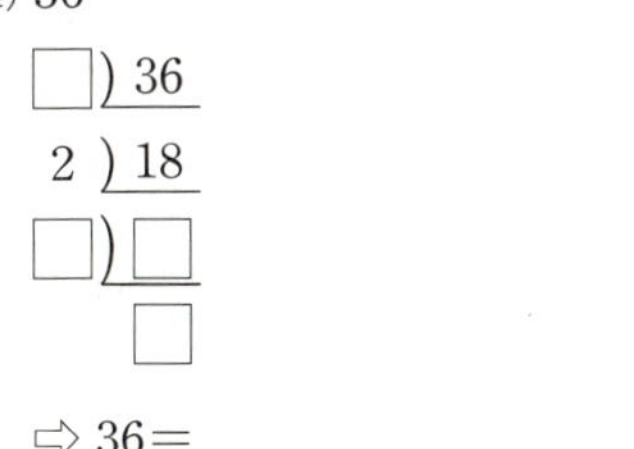

⇨ 126 = ______

(4) 36

```
 ☐ ) 36
 2 ) 18
 ☐ ) ☐
     ☐
```

⇨ 36 = ______

(5) 84

```
 2 ) 84
 ☐ ) 42
 ☐ ) 21
     ☐
```

⇨ 84 = ______

(6) 135

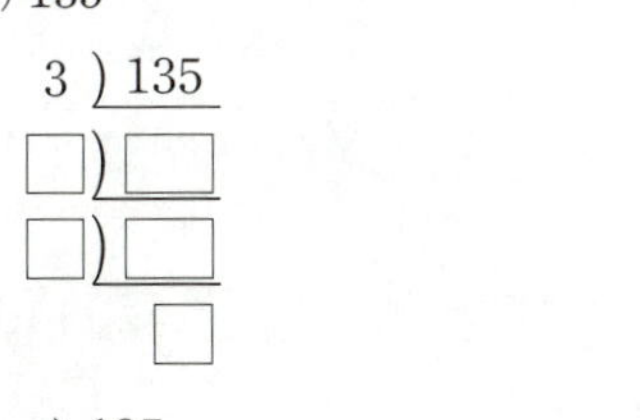

```
 3 ) 135
 ☐ ) ☐
 ☐ ) ☐
     ☐
```

⇨ 135 = ______

04

다음 수를 소인수분해하고, 소인수를 모두 구하시오.

(1) 12

(2) 20

(3) 25

(4) 42

(5) 55

(6) 72

(7) 84

(8) 98

(9) 125

(10) 153

(11) 180

(12) 378

05

다음 |보기|와 같이 주어진 수에 가능한 한 작은 자연수를 곱하여 어떤 자연수의 제곱이 되게 하려고 한다. 이때 곱할 수 있는 가장 작은 자연수를 구하시오.

> **보기**
>
> $2^2 \times 5$ ← 지수가 홀수인 5, 즉 5^1의 지수가 짝수가 되어야 한다.
>
> $\Rightarrow 2^2 \times 5 \times 5 = 2 \times 2 \times 5 \times 5$
> $= (2 \times 5) \times (2 \times 5)$
> $= (2 \times 5)^2 = 10^2$

(1) 3^3

(2) $2^4 \times 7^3$

(3) $2 \times 3 \times 5^2$

기본 문제

06

다음 중 소인수분해를 바르게 한 것은?

① $36 = 6^2$　　　　② $45 = 9 \times 5$

③ $48 = 2^3 \times 6$　　　　④ $108 = 2^2 \times 3^3$

⑤ $120 = 2^3 \times 15$

07

252를 소인수분해하면 $2^a \times 3^b \times 7^c$일 때, 자연수 a, b, c에 대하여 $a+b+c$의 값은?

① 3　　　　② 4　　　　③ 5

④ 6　　　　⑤ 7

08

다음 중 462의 소인수가 <u>아닌</u> 것은?

① 2　　　　② 3　　　　③ 7

④ 11　　　　⑤ 13

09

다음 중 소인수가 같은 것끼리 짝 지어진 것은?

① 8, 9　　　　② 14, 15　　　　③ 18, 36

④ 21, 25　　　　⑤ 35, 42

10

$1 \times 2 \times 3 \times 4 \times 5 \times 6 \times 7 \times 8 \times 9$를 소인수분해한 결과를 거듭제곱을 사용하여 나타냈을 때, 소인수 3의 지수를 구하시오.

11

48에 가능한 한 작은 자연수를 곱하여 어떤 자연수의 제곱이 되게 하려고 한다. 다음 물음에 답하시오.

⑴ 48을 소인수분해하시오.

⑵ 48에 곱할 수 있는 가장 작은 자연수를 구하시오.

⑶ ⑵에서 구한 수를 48에 곱하면 어떤 자연수의 제곱이 되는지 구하시오.

소인수분해를 이용하여 약수 구하기

01

다음은 소인수분해를 이용하여 28의 약수를 구하는 과정이다. 표를 완성하고, 이를 이용하여 28의 약수를 모두 구하시오.

$28 = 2^2 \times 7$이므로

$\times$	1	7
1		
2		
2^2		

⇨ 28의 약수: _______________

02

다음 수를 소인수분해하여 표를 완성하고, 이를 이용하여 주어진 수의 약수를 모두 구하시오.

(1) $45 =$ _______________ (소인수분해)

$\times$	1	5

⇨ 45의 약수: _______________

(2) $196 =$ _______________ (소인수분해)

$\times$	1	7	7^2

⇨ 196의 약수: _______________

03

다음 수 중 $3^2 \times 5^3$의 약수인 것은 ○표, 약수가 아닌 것은 ×표를 ( ) 안에 쓰시오.

(1) 1   (   )

(2) 5   (   )

(3) $2^2 \times 5^2$ (   )

(4) $3^2 \times 5^3$ (   )

(5) $3^3 \times 5^2$ (   )

04

소인수분해를 이용하여 다음 수의 약수를 모두 구하시오.

(1) 75

(2) 100

(3) 121

(4) 189

05

다음 □ 안에 알맞은 수를 쓰고, 주어진 수의 약수의 개수를 구하시오.

(1) $2^2 \times 3^3$

$\Rightarrow (\square+1) \times (\square+1) = \square$(개)

(2) $3^7 \times 7^2$

(3) $3^4 \times 11$

(4) $2^2 \times 3 \times 5^3$

(5) $2 \times 3^3 \times 7$

06

소인수분해를 이용하여 다음 수의 약수의 개수를 구하시오.

(1) $36 = 2^{\square} \times 3^{\square}$ ← 소인수분해

$\Rightarrow (\square+1) \times (\square+1) = \square$(개)

(2) 40

(3) 63

(4) 105

(5) 144

기본 문제

07

아래는 소인수분해를 이용하여 147의 약수를 구하는 과정이다. 다음 중 ㉠~㉣에 알맞은 것은?

$147 = 3 \times 7^2$이므로

$\times$	1	7	㉡
1	1×1	1×7	
㉠		㉢	㉣

	㉠	㉡	㉢	㉣
①	3	7×2	3×1	3×7
②	3	7^2	3×7	3×7^2
③	3	7×2	3×7	$3^2 \times 7$
④	3	7^2	$3^2 \times 7$	3×7
⑤	3^2	7^2	$3^2 \times 7$	3×7^2

08

다음 중 40의 약수가 <u>아닌</u> 것은?

① 1 ② 2^2 ③ 5^2

④ 2×5 ⑤ $2^2 \times 5$

09

다음 중 약수의 개수가 가장 적은 것은?

① 36 ② 63 ③ 72

④ 128 ⑤ 16

한번 더! 기본 문제

01

다음 중 180을 바르게 소인수분해한 것은?

① $2 \times 3^2 \times 5$ ② $2^2 \times 3^2 \times 5$

③ $2^2 \times 9 \times 5$ ④ $2^3 \times 3 \times 5$

⑤ $3^2 \times 4 \times 5$

02

다음은 주어진 자연수를 소인수분해한 것이다. □ 안에 들어갈 수가 나머지 넷과 다른 하나는?

① $20 = 2^{\square} \times 5$ ② $25 = 5^{\square}$

③ $36 = 2^2 \times 3^{\square}$ ④ $84 = 2^{\square} \times 3 \times 7$

⑤ $135 = 3^{\square} \times 5$

03

다음 중 소인수가 3과 5뿐인 수는?

① 165 ② 225 ③ 270

④ 315 ⑤ 539

04

630의 모든 소인수의 합을 구하시오.

05

$10 \times 11 \times 12 \times \cdots \times 19 \times 20$을 소인수분해했을 때, 소인수 5의 지수를 구하시오.

06

54에 자연수 x를 곱하여 어떤 자연수의 제곱이 되도록 할 때, 다음 중 x의 값이 될 수 <u>없는</u> 것은?

① 6 ② 24 ③ 54

④ 72 ⑤ 96

07

소인수분해를 이용하여 175의 약수를 모두 구하시오.

08

다음 중 $2^3 \times 3^2 \times 5 \times 7$의 약수가 <u>아닌</u> 것은?

① $2^2 \times 3^2$ ② $2 \times 3 \times 5$

③ $2 \times 3^2 \times 7$ ④ $2 \times 3^3 \times 5 \times 7$

⑤ $2^3 \times 3^2 \times 5 \times 7$

09

다음 중 약수의 개수가 가장 많은 것은?

① 35 ② $2^4 \times 3$ ③ 54

④ 2^7 ⑤ $3 \times 4 \times 5$

10 자신감 UP

$2^3 \times 5^a$의 약수의 개수가 12개일 때, 자연수 a의 값을 구하시오.

최대공약수

01

다음 □ 안에 알맞은 것을 쓰시오.

(1) 두 개 이상의 자연수의 공통인 약수를 공약수라 하고, 공약수 중 가장 큰 수를 [   ]라 한다.

(2) 두 개 이상의 자연수의 공약수는 그 수들의 [   ]의 약수이다.

(3) 최대공약수가 1인 두 자연수를 [   ]라 한다.

02

어떤 두 자연수의 최대공약수가 다음과 같을 때, 이 두 자연수의 공약수를 모두 구하시오.

(1) 45

(2) 63

(3) 98

(4) 110

03

다음 두 수가 서로소인 것은 ○표, 서로소가 아닌 것은 ×표를 ( ) 안에 쓰시오.

(1) 4, 9   (   )

(2) 11, 44   (   )

(3) 15, 18   (   )

(4) 28, 45   (   )

(5) 36, 49   (   )

04

다음 |보기|와 같이 나눗셈을 이용하여 주어진 수들의 최대공약수를 구하시오.

> **보기**
>
> ```
> 2 ) 24  30
> 3 ) 12  15
>       4   5
> ```
> (최대공약수)$= 2 \times 3 = 6$

(1) 36, 63

(2) 42, 60

(3) 54, 72

(4) 24, 28, 56

(5) 63, 105, 168

(6) 72, 84, 108

05

다음 |보기|와 같이 소인수분해를 이용하여 주어진 수들의 최대공약수를 구하시오.

> **보기**
>
> $$\begin{aligned} 24 &= 2^3 \times 3 \\ 30 &= 2 \times 3 \times 5 \\ \hline (최대공약수) &= 2 \times 3 \quad = 6 \end{aligned}$$
>
> 지수가 다르면 지수가 작은 것 ┘   └ 지수가 같으면 그대로

(1) 12, 32

(2) 30, 42

(3) 45, 150

(4) 12, 20, 28

(5) 18, 54, 81

(6) 72, 90, 108

06

다음 수들의 최대공약수를 소인수의 곱으로 나타내시오.

(1) 2^3, $2^2 \times 5$

(2) 2×3^2, $2^3 \times 3$

(3) 3×5^2, $2 \times 3^2 \times 5$

(4) 2×3^3, $2^2 \times 3^2 \times 7$

(5) $2^2 \times 3 \times 5$, $2^3 \times 3^2 \times 5^2$

(6) $2^2 \times 3$, $2^2 \times 3 \times 5$, $2^3 \times 3 \times 7$

(7) $3^2 \times 5$, $2 \times 3^2 \times 7$, 2×3^3

(8) $2^2 \times 3^2 \times 7$, $2^2 \times 3^3 \times 5$, $2^3 \times 3^2 \times 11$

07

두 자연수 a, b의 최대공약수가 42일 때, 다음 중 a, b의 공약수가 <u>아닌</u> 것은?

① 2 ② 6 ③ 14
④ 21 ⑤ 28

08

다음 중 두 수가 서로소인 것을 모두 고르면? (정답 2개)

① 6, 9 ② 15, 16 ③ 24, 45
④ 37, 43 ⑤ 56, 91

09

두 수 $2^4 \times 3^2 \times 5^3$, $2^2 \times 3 \times 5^2 \times 7$의 최대공약수는?

① $2^2 \times 3 \times 5$ ② $2^2 \times 3 \times 5^2$
③ $2 \times 3 \times 5 \times 7$ ④ $2^2 \times 3 \times 5 \times 7$
⑤ $2^4 \times 3^2 \times 5^3 \times 7$

10

세 수 36, 54, 90의 최대공약수를 소인수의 곱으로 나타내시오.

11

다음 중 두 수 $2^2 \times 3^2 \times 5$, $2 \times 3^2 \times 5^2$의 공약수가 <u>아닌</u> 것은?

① 2 ② 5 ③ 2×5
④ $2^2 \times 3$ ⑤ $3^2 \times 5$

12

두 수 $2 \times 3^3 \times 7$, $3^2 \times 5 \times 7^2$의 공약수의 개수는?

① 4개 ② 6개 ③ 8개
④ 9개 ⑤ 10개

개념 06 최소공배수

01

다음 ☐ 안에 알맞은 것을 쓰시오.

(1) 두 개 이상의 자연수의 공통인 배수를 공배수라 하고, 공배수 중 가장 작은 수를 ☐☐☐☐☐ 라 한다.

(2) 두 개 이상의 자연수의 공배수는 그 수들의 ☐☐☐☐☐☐ 의 배수이다.

02

어떤 두 자연수의 최소공배수가 다음과 같을 때, 이 두 자연수의 공배수를 작은 수부터 차례로 3개만 구하시오.

(1) 8

(2) 15

(3) 16

(4) 20

(5) 24

(6) 35

03

다음 |보기|와 같이 나눗셈을 이용하여 주어진 수들의 최소공배수를 구하시오.

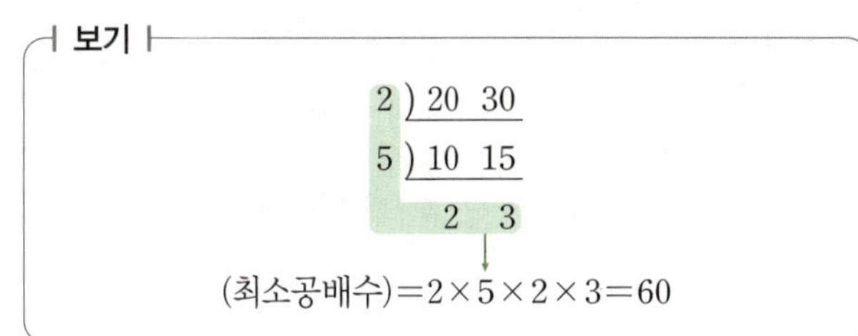

(1) 4, 10

(2) 15, 60

(3) 28, 42

(4) 4, 8, 22

(5) 12, 15, 24

(6) 30, 45, 60

04

다음 |보기|와 같이 소인수분해를 이용하여 주어진 수들의 최소공배수를 구하시오.

$$20 = 2^2 \quad\ \times 5$$
$$30 = 2 \times 3 \times 5$$
$$(\text{최소공배수}) = 2^2 \times 3 \times 5 = 60$$

(1) 6, 45

(2) 33, 132

(3) 42, 63

(4) 6, 8, 12

(5) 14, 28, 35

(6) 18, 24, 36

05

다음 수들의 최소공배수를 소인수의 곱으로 나타내시오.

(1) $2 \times 3,\ 2 \times 5$

(2) $2^2 \times 5,\ 2 \times 3^2$

(3) $2 \times 3,\ 2^2 \times 3 \times 7$

(4) $3^2 \times 5,\ 2 \times 3^2 \times 5^2$

(5) $2^3 \times 3 \times 7,\ 2^2 \times 3 \times 7^2$

(6) $2 \times 5,\ 2^2 \times 3,\ 3^2 \times 7$

(7) $2 \times 3 \times 5,\ 2 \times 3^2,\ 3^3$

(8) $3^2 \times 5,\ 2^3 \times 3 \times 7,\ 2 \times 5^2 \times 7$

06

다음 중 최소공배수가 36인 두 자연수의 공배수가 <u>아닌</u> 것은?

① 36 ② 72 ③ 108

④ 124 ⑤ 180

07

두 자연수 A, B의 최소공배수가 28일 때, A, B의 공배수 중 200에 가장 가까운 수를 구하시오.

08

세 수 $2^3 \times 3$, $2 \times 3^2 \times 5$, $2^2 \times 3 \times 7$의 최소공배수는?

① 2×3 ② $2^3 \times 3^2$

③ $2^2 \times 3^2 \times 5$ ④ $2^3 \times 3^2 \times 5 \times 7$

⑤ $2^4 \times 3^3 \times 5 \times 7$

09

다음 중 두 수 $2^2 \times 3$, $2^3 \times 3^2 \times 5$의 공배수가 <u>아닌</u> 것은?

① $2^2 \times 3^2 \times 5$ ② $2^3 \times 3^2 \times 5$

③ $2^4 \times 3^2 \times 5$ ④ $2^4 \times 3^3 \times 5^2$

⑤ $2^3 \times 3^3 \times 5 \times 7$

10

두 수 $2^2 \times 3 \times 5^2$, 2×3^2의 최대공약수를 A, 최소공배수를 B라 할 때, $A+B$의 값을 구하시오.

11

두 수 $2^3 \times 3^a$, $2^b \times 3 \times 5^c$의 최소공배수가 $2^4 \times 3^3 \times 5^2$일 때, a, b, c의 값을 각각 구하시오. (단, a, b, c는 자연수)

한번 더! 기본 문제

01

10보다 크고 25보다 작은 자연수 중 14와 서로소인 것의 개수는?

① 2개   ② 3개   ③ 4개
④ 5개   ⑤ 6개

02

두 자연수 A, B의 최소공배수가 18일 때, A, B의 공배수 중 두 자리의 자연수의 개수를 구하시오.

03

두 수 $2 \times 3^2 \times 7^2$, $3^2 \times 5 \times 7$의 최대공약수와 최소공배수를 차례로 나열한 것은?

① $3^2 \times 7$, $2 \times 3^2 \times 5 \times 7^2$
② $3^2 \times 7$, $2 \times 3^4 \times 5 \times 7^3$
③ $2 \times 3 \times 5 \times 7$, $2 \times 3^2 \times 5 \times 7^2$
④ $2 \times 3 \times 5 \times 7$, $2 \times 3^4 \times 5 \times 7^3$
⑤ $2 \times 3^2 \times 5 \times 7^2$, $2 \times 3^4 \times 5 \times 7^3$

04

두 수 $2^4 \times 5^a$, $2^b \times 3^2 \times 5^2$의 최대공약수가 40일 때, 자연수 a, b에 대하여 $a+b$의 값을 구하시오.

05 자신감 UP

세 수 $2^a \times 3^2 \times 7$, $2^2 \times 3^b \times c$, $2^2 \times 3^2 \times 7^d$의 최대공약수가 2×3^2, 최소공배수가 $2^2 \times 3^3 \times 5 \times 7^2$일 때, 자연수 a, b, c, d에 대하여 $a+b+c+d$의 값을 구하시오.

(단, c는 소수이다.)

06

다음 중 두 수 $2^3 \times 3 \times 5$, $2^2 \times 5^2 \times 7$에 대한 설명으로 옳은 것은?

① 두 수는 서로소이다.
② 두 수의 최대공약수는 $2^2 \times 3 \times 5$이다.
③ 두 수의 최소공배수는 $2^2 \times 3 \times 5^2 \times 7$이다.
④ 두 수의 공약수는 모두 6개이다.
⑤ 두 수의 공배수는 모두 48개이다.

2

정수와 유리수

양수와 음수

01

다음 □ 안에 알맞은 것을 쓰고, (　) 안의 알맞은 것에 ○표 하시오.

(1) $+4$, $+\dfrac{1}{3}$ 등과 같이 0보다 (큰, 작은) 수로 양의 부호 $+$가 붙은 수를 □라 한다.

(2) -3, -0.5 등과 같이 0보다 (큰, 작은) 수로 음의 부호 $-$가 붙은 수를 □라 한다.

02

아래의 수 중 다음에 해당하는 것을 모두 고르시오.

(1)
$$-5, \quad +3, \quad -1, \quad 0, \quad +2$$

① 양수

② 음수

(2)
$$+4, \quad -3, \quad -7, \quad +1, \quad -2$$

① 양수

② 음수

(3)
$$-6, \quad +0.3, \quad +8, \quad -\dfrac{3}{2}, \quad -10$$

① 양수

② 음수

03

다음을 양의 부호 $+$ 또는 음의 부호 $-$를 사용하여 나타내시오.

(1) 영상 $9\,℃$ ⇨ $+9\,℃$

　영하 $5\,℃$ ⇨

(2) 지하 4층 ⇨ -4층

　지상 3층 ⇨

(3) $15\,\%$ 감소 ⇨ $-15\,\%$

　$10\,\%$ 증가 ⇨

(4) 2200원 이익 ⇨ $+2200$원

　1000원 손해 ⇨

(5) $5\,\mathrm{kg}$ 증가 ⇨ $+5\,\mathrm{kg}$

　$8\,\mathrm{kg}$ 감소 ⇨

(6) 5점 득점 ⇨ $+5$점

　3점 감점 ⇨

(7) 13년 전 ⇨ -13년

　10년 후 ⇨

(8) 해저 $150\,\mathrm{m}$ ⇨ $-150\,\mathrm{m}$

　해발 $300\,\mathrm{m}$ ⇨

04

다음을 양의 부호 + 또는 음의 부호 −를 사용하여 나타내고, 양수와 음수로 구분하시오.

(1) 0보다 2만큼 큰 수

(2) 0보다 3만큼 작은 수

(3) 0보다 5만큼 작은 수

(4) 0보다 9만큼 큰 수

(5) 0보다 12만큼 큰 수

(6) 0보다 17만큼 작은 수

(7) 0보다 $\dfrac{2}{3}$ 만큼 큰 수

(8) 0보다 0.7만큼 작은 수

05

다음 중 음수가 <u>아닌</u> 것을 모두 고르면? (정답 2개)

① −8   ② −3.5   ③ −1
④ 0   ⑤ +6

06

다음을 양의 부호 + 또는 음의 부호 −를 사용하여 나타낼 때, 부호가 나머지 넷과 <u>다른</u> 하나는?

① 3년 전   ② 영하 7 ℃
③ 5000원 지출   ④ 12 kg 감소
⑤ 20 % 증가

07

다음 중 밑줄 친 부분을 양의 부호 + 또는 음의 부호 −를 사용하여 나타낸 것으로 옳지 <u>않은</u> 것은?

① 수학 점수가 <u>20점 올랐다.</u> ⇨ +20점
② 버스가 출발하기 <u>10분 전이다.</u> ⇨ −10분
③ 오늘 최고 기온은 <u>영상 10.5 ℃이다.</u> ⇨ +10.5 ℃
④ 몸무게가 지난 달보다 <u>1.5 kg 줄었다.</u> ⇨ −1.5 kg
⑤ 올해 우리 학교로 <u>2명이 전학을 왔다.</u> ⇨ −2명

01

다음 □ 안에 알맞은 것을 쓰시오.

(1) $+1$, $+2$, $+3$, $\cdots$과 같이 자연수에 양의 부호 $+$를 붙인 수를 양의 정수라 하고, -1, -2, -3, $\cdots$과 같이 자연수에 음의 부호 $-$를 붙인 수를 □라 한다.

(2) 양의 정수, 0, 음의 정수를 통틀어 □라 하고, 양의 유리수, 0, 음의 유리수를 통틀어 □라 한다.

02

아래의 수 중 다음에 해당하는 것을 모두 고르시오.

(1)
$$0,\ +\frac{5}{4},\ -3,\ +5,\ +3.1,\ 2,\ -\frac{1}{3},\ -6$$

① 양의 정수

② 음의 정수

③ 정수

(2)
$$+\frac{1}{2},\ -5,\ -\frac{7}{2},\ +11,\ -7,\ +4.5,\ 3,\ -\frac{6}{3}$$

① 양의 정수

② 음의 정수

③ 정수

03

아래의 수 중 다음에 해당하는 것을 모두 고르시오.

(1)
$$-\frac{4}{3},\ +\frac{3}{2},\ -2,\ +7,\ -1.3,\ 0,\ 5,\ +7.5$$

① 양의 유리수

② 음의 유리수

③ 정수가 아닌 유리수

(2)
$$3,\ -\frac{1}{2},\ +0.5,\ -4,\ \frac{8}{4},\ -4.5,\ +\frac{7}{5},\ -1$$

① 양의 유리수

② 음의 유리수

③ 정수가 아닌 유리수

(3)
$$-\frac{1}{3},\ +1.2,\ \frac{7}{3},\ -4,\ +\frac{1}{4},\ -\frac{6}{2},\ 6,\ -0.8$$

① 양의 유리수

② 음의 유리수

③ 정수가 아닌 유리수

04

정수와 유리수에 대한 다음 설명 중 옳은 것은 ○표, 옳지 <u>않은</u> 것은 ×표를 ( ) 안에 쓰시오.

(1) 0은 유리수이다. ( )

(2) −3은 분모와 분자가 정수인 분수로 나타낼 수 없다. ( )

(3) 자연수는 양의 정수이다. ( )

(4) 모든 정수는 유리수이다. ( )

(5) 음수는 음의 부호 −를 생략할 수 있다. ( )

(6) 유리수는 양의 유리수와 음의 유리수로 이루어져 있다. ( )

(7) 정수가 아닌 유리수도 있다. ( )

(8) 양의 유리수 중 가장 작은 수는 1이다. ( )

(9) 0과 1 사이에는 무수히 많은 유리수가 있다. ( )

05

다음 수 중 양의 정수의 개수를 a개, 음의 정수의 개수를 b개 라 할 때, $a+b$의 값을 구하시오.

$$+7, \quad -2, \quad \frac{18}{3}, \quad 0, \quad -\frac{7}{4}, \quad -8, \quad +9.2$$

06

다음 중 정수가 아닌 유리수를 모두 고르면? (정답 2개)

① -4 ② $\dfrac{10}{2}$ ③ $+3.5$

④ 0 ⑤ $-\dfrac{1}{2}$

07

다음 중 옳은 것은?

① 양의 정수가 아닌 정수는 음의 정수이다.

② 유리수가 아닌 정수도 있다.

③ 0은 양수도 아니고 음수도 아니다.

④ 유리수는 $\dfrac{(자연수)}{(자연수)}$의 꼴로 나타낼 수 있는 수이다.

⑤ 서로 다른 두 정수 사이에는 무수히 많은 정수가 있다.

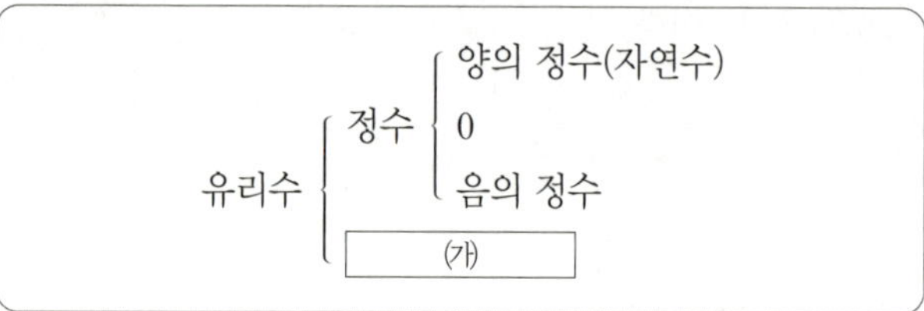

개념 07~08 한번 더! 기본 문제

01

다음 중 양의 부호 $+$ 또는 음의 부호 $-$를 사용하여 나타낸 것으로 옳지 <u>않은</u> 것은?

① 5분 후 ⇨ $+5$분
② 해저 $800\,\text{m}$ ⇨ $+800\,\text{m}$
③ 지하 3층 ⇨ -3층
④ 0보다 3.5만큼 큰 수 ⇨ $+3.5$
⑤ 0보다 2만큼 작은 수 ⇨ -2

02

다음 수 중 정수의 개수를 구하시오.

$$\frac{3}{5}, \quad -\frac{4}{2}, \quad -9, \quad +2, \quad -1.7, \quad 10$$

03

다음 수에 대한 설명으로 옳은 것은?

$$\frac{7}{4}, \quad +4, \quad 3, \quad -\frac{15}{5}, \quad -6, \quad 0$$

① 양수의 개수는 1개이다.
② 자연수의 개수는 4개이다.
③ 음의 정수의 개수는 2개이다.
④ 정수의 개수는 4개이다.
⑤ 정수가 아닌 유리수의 개수는 2개이다.

04

다음은 유리수의 분류를 나타낸 것이다. (개)에 해당하는 수로 알맞은 것을 모두 고르면? (정답 2개)

유리수 ┬ 정수 ┬ 양의 정수(자연수)
　　　　│　　├ 0
　　　　│　　└ 음의 정수
　　　　└ (개)

① 1.5
② $+2$
③ $-\dfrac{1}{5}$
④ 0
⑤ -3

05 자신감 UP

다음 |보기| 중 옳은 것을 모두 고르시오.

┤ 보기 ├
ㄱ. 모든 정수는 자연수이다.
ㄴ. 정수는 양의 정수와 음의 정수로 이루어져 있다.
ㄷ. 0은 양수이다.
ㄹ. 유리수 중 정수가 아닌 수도 있다.
ㅁ. 3과 4 사이에는 유리수가 무수히 많다.

개념 09 수직선

01

다음 □ 안에 알맞은 것을 쓰시오.

직선 위에 기준이 되는 점을 잡아 수 0을 대응시키고, 그 점의 오른쪽에 양수, 왼쪽에 음수를 차례로 대응시켜서 만든 직선을 [　　　　]이라 한다.
이때 모든 유리수는 수직선 위의 점에 대응시킬 수 있다.

02

다음 수직선 위의 두 점 A, B에 대응하는 수를 각각 구하시오.

(1)
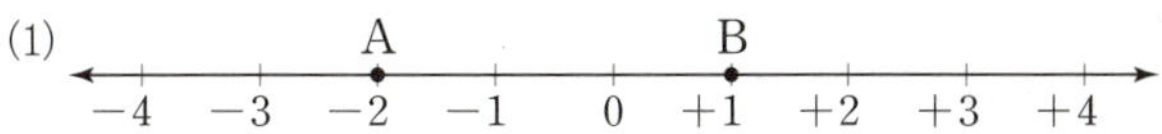

(2)
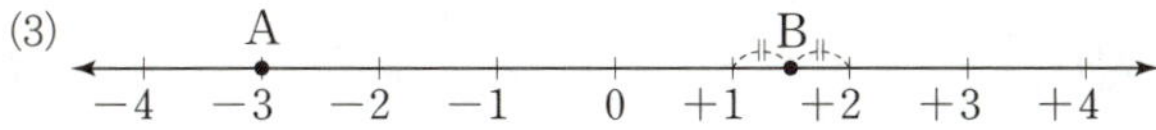

(3)
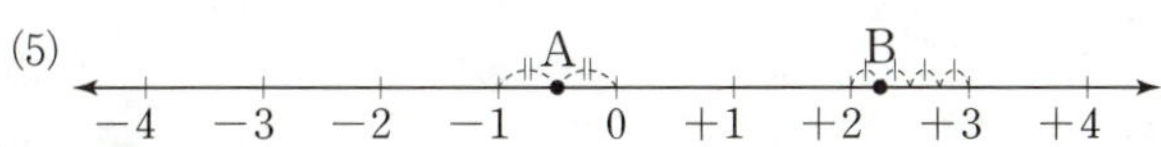

(4)
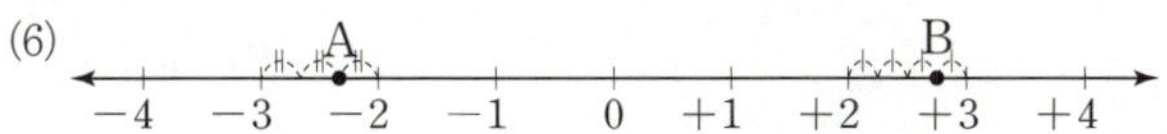

(5)

(6)

03

다음 수에 대응하는 점을 수직선 위에 나타내시오.

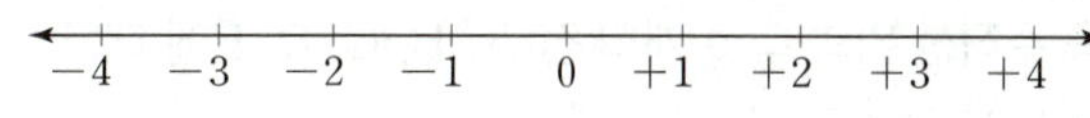

(1) $+2$　　　　　　(2) -1

(3) -3　　　　　　(4) $+1$

04

다음 수에 대응하는 점을 수직선 위에 나타내시오.

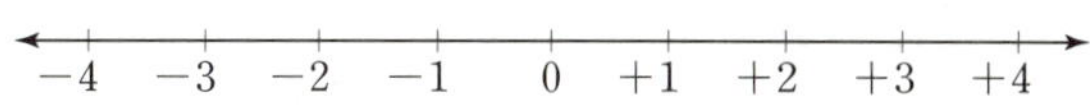

(1) $+\dfrac{1}{2}$　　　　　　(2) $+1.5$

(3) $-\dfrac{3}{2}$　　　　　　(4) $-\dfrac{9}{4}$

05

다음 수에 대응하는 점을 수직선 위에 나타내시오.

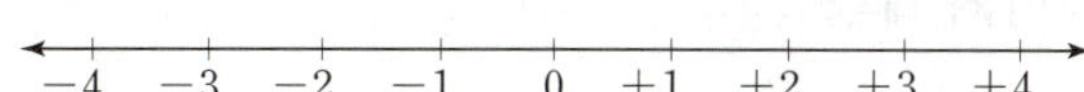

(1) 0보다 4만큼 큰 수

(2) 0보다 1만큼 작은 수

(3) 0보다 $\dfrac{5}{2}$만큼 큰 수

(4) 0보다 3.5만큼 작은 수

06

다음 수직선 위의 다섯 개의 점 A, B, C, D, E에 대응하는
수로 옳지 <u>않은</u> 것은?

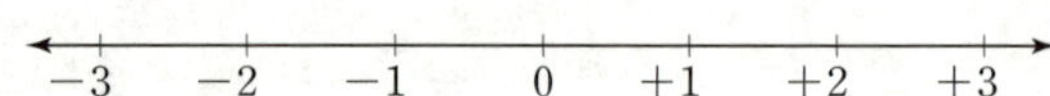

① A: -3 　② B: $-\dfrac{3}{2}$ 　③ C: $+\dfrac{2}{3}$

④ D: $+2$ 　⑤ E: $+4$

07

다음 중 수직선 위의 다섯 개의 점 A, B, C, D, E에 대한 설
명으로 옳지 <u>않은</u> 것은?

① 음수에 대응하는 점은 A, B이다.

② 자연수에 대응하는 점은 C, D이다.

③ 점 B에 대응하는 수는 $-\dfrac{5}{2}$이다.

④ 점 E에 대응하는 수는 $+\dfrac{7}{2}$이다.

⑤ 다섯 개의 점에 대응하는 수는 모두 유리수이다.

08

다음 수를 수직선 위의 점에 대응시킬 때, 가장 왼쪽에 있는
것은?

① $+2$ 　② $-\dfrac{4}{3}$ 　③ 0

④ -3 　⑤ $+\dfrac{5}{4}$

09

수직선에서 $-\dfrac{7}{3}$에 가장 가까운 정수를 a, $+\dfrac{9}{4}$에 가장 가까
운 정수를 b라 할 때, 다음 물음에 답하시오.

⑴ 수직선 위에 $-\dfrac{7}{3}$과 $+\dfrac{9}{4}$에 대응하는 점을 각각 나타내
시오.

⑵ a, b의 값을 각각 구하시오.

개념 10 절댓값

01

다음 □ 안에 알맞은 것을 쓰시오.

(1) 수직선 위에서 원점과 어떤 수에 대응하는 점 사이의 거리를 그 수의 □□□□이라 하고, 기호 | |를 사용한다.

(2) 양수와 음수의 절댓값은 그 수의 부호 $+$, $-$를 떼어낸 수와 같고, 0의 절댓값은 □이다.

02

다음 수의 절댓값을 구하시오.

(1) $+4$

(2) -7

(3) 0

(4) $+4.3$

(5) -0.5

(6) $+\dfrac{1}{2}$

03

다음을 구하시오.

(1) $|+5|$

(2) $|-6|$

(3) $|0|$

(4) $\left|+\dfrac{1}{3}\right|$

(5) $\left|-\dfrac{7}{2}\right|$

(6) $\left|-\dfrac{10}{7}\right|$

(7) $|+3.6|$

(8) $|-2.1|$

04

다음을 모두 구하시오.

(1) 절댓값이 1인 수

(2) 절댓값이 2.5인 수

(3) 절댓값이 $\dfrac{8}{3}$인 수

(4) 절댓값이 0인 수

(5) 절댓값이 8인 양수

(6) 절댓값이 3인 음수

(7) 절댓값이 5.5인 양수

(8) 절댓값이 $1\dfrac{3}{4}$인 음수

기본 문제 ···

05

다음 중 절댓값이 가장 작은 수는?

① -2　　② $+7$　　③ $+\dfrac{10}{3}$

④ -1.5　　⑤ -5

06

-10의 절댓값을 a, $-\dfrac{7}{6}$과 절댓값이 같은 양수를 b라 할 때, a, b의 값을 각각 구하시오.

07

수직선에서 원점으로부터의 거리가 2.3인 점에 대응하는 수를 모두 구하시오.

08

수직선에서 절댓값이 6인 두 수에 대응하는 두 점 사이의 거리를 구하시오.

09

다음 중 옳은 것을 모두 고르면? (정답 2개)

① 모든 수의 절댓값은 항상 양수이다.
② $+2$와 -2의 절댓값은 같다.
③ 절댓값이 3인 수는 $+3$이다.
④ 절댓값이 가장 작은 수는 0이다.
⑤ 절댓값이 큰 수에 대응하는 수일수록 수직선 위에서 원점으로부터 가까이 있다.

개념 11 수의 대소 관계

01

다음 (   ) 안의 알맞은 것에 ○표 하시오.

(1) 양수는 음수보다 (크다, 작다).

(2) 양수끼리는 절댓값이 큰 수가 (크다, 작다).

(3) 음수끼리는 절댓값이 큰 수가 (크다, 작다).

02

다음 ○ 안에 부등호 >, < 중 알맞은 것을 쓰시오.

(1) $+2 \bigcirc -6$　　(2) $-\dfrac{4}{7} \bigcirc +\dfrac{11}{6}$

(3) $+6 \bigcirc +1$　　(4) $+3 \bigcirc +5$

(5) $+\dfrac{2}{3} \bigcirc +\dfrac{3}{4}$　　(6) $+\dfrac{5}{3} \bigcirc +1.5$

(7) $-10 \bigcirc -2$　　(8) $-3 \bigcirc -1$

(9) $-0.9 \bigcirc -1.2$　　(10) $-\dfrac{5}{4} \bigcirc -1.4$

03

다음을 부등호를 사용하여 나타내시오.

(1) x는 6 초과이다.

(2) x는 -4보다 작다.

(3) x는 7보다 크거나 같다.

(4) x는 -3 이하이다.

(5) x는 $\dfrac{5}{8}$보다 작지 않다.

(6) x는 -3.2보다 크지 않다.

04

다음을 부등호를 사용하여 나타내시오.

(1) x는 2보다 크고 5보다 작거나 같다.

(2) x는 3 이상이고 5 미만이다.

(3) x는 1보다 크고 4 이하이다.

(4) x는 -2보다 크거나 같고 2보다 크지 않다.

(5) x는 $-\dfrac{7}{3}$ 초과이고 2.8 이하이다.

(6) x는 $\dfrac{3}{2}$보다 작지 않고 5.7보다 작다.

05

다음 중 대소 관계가 옳지 <u>않은</u> 것은?

① $-\dfrac{1}{2} < \dfrac{1}{3}$ ② $-1 < 0$

③ $2.5 > \dfrac{3}{2}$ ④ $-1.5 < -0.4$

⑤ $-3 < -6$

06

다음 중 ◯ 안에 들어갈 부등호의 방향이 나머지 넷과 <u>다른</u> 하나는?

① $-\dfrac{3}{2} \bigcirc -\dfrac{5}{2}$ ② $-3 \bigcirc -2$

③ $1.7 \bigcirc \dfrac{3}{2}$ ④ $|-8| \bigcirc |+7|$

⑤ $5 \bigcirc -6$

07

다음 중 부등호를 사용하여 나타낸 것으로 옳지 <u>않은</u> 것은?

① x는 -1보다 크다. ⇨ $x > -1$

② x는 3 미만이다. ⇨ $x < 3$

③ x는 -1 이상이고 5보다 작다. ⇨ $-1 \le x < 5$

④ x는 2보다 크고 4 이하이다. ⇨ $2 < x \le 4$

⑤ x는 1 초과이고 5보다 크지 않다. ⇨ $1 < x < 5$

08

$-3 \le x < 3.1$을 만족시키는 정수 x의 개수를 구하시오.

한번 더! 기본 문제

01

다음 수직선 위의 다섯 개의 점 A, B, C, D, E에 대응하는 수로 옳지 <u>않은</u> 것은?

① A: -2.5　　② B: -1　　③ C: 0

④ D: $\dfrac{4}{3}$　　⑤ E: $\dfrac{9}{4}$

02

절댓값이 9인 음수를 a, -2와 절댓값이 같은 양수를 b라 할 때, a, b의 값을 각각 구하시오.

03 자신감 UP

절댓값이 같고 부호가 반대인 어떤 두 수를 수직선 위에 나타내면 두 수에 대응하는 두 점 사이의 거리가 16이다. 이때 두 수를 구하시오.

04

다음 중 대소 관계가 옳은 것은?

① $0 < -\dfrac{3}{2}$　　　② $-1 < -3$

③ $0.25 < \dfrac{1}{4}$　　　④ $-\dfrac{1}{3} < -0.3$

⑤ $|-4| < |+2|$

05

다음 수를 큰 것부터 차례로 나열할 때, 세 번째에 오는 수는?

$$+7, \quad -5.9, \quad \frac{5}{4}, \quad -\frac{5}{2}, \quad -1$$

① $+7$　　　② -5.9　　　③ $\dfrac{5}{4}$

④ $-\dfrac{5}{2}$　　　⑤ -1

06

다음 중 부등호를 사용하여 나타낸 것으로 옳은 것을 모두 고르면? (정답 2개)

① x는 4 이하이다. ⇨ $x < 4$

② x는 3보다 크거나 같다. ⇨ $x \geq 3$

③ x는 -2보다 크지 않다. ⇨ $x < -2$

④ x는 -2보다 크고 3보다 작거나 같다. ⇨ $-2 < x \leq 3$

⑤ x는 -4 초과이고 1 미만이다. ⇨ $-4 \leq x < 1$

07

$2 < |x| \leq 6$인 정수 x의 값을 구하시오.

정수와 유리수의 덧셈

01

다음 □ 안에 알맞은 것을 쓰고, ( ) 안의 알맞은 것에 ○표 하시오.

(1) 부호가 같은 두 수의 덧셈은 두 수의 절댓값의 (합, 차)에 공통인 부호를 붙인다.

(2) 부호가 다른 두 수의 덧셈은 두 수의 절댓값의 (합, 차)에 절댓값이 큰 수의 부호를 붙인다.

(3) 세 수 a, b, c에 대하여
① 덧셈의 [   ] : $a+b=b+a$
② 덧셈의 [   ] : $(a+b)+c=a+(b+c)$

02

다음 식에서 ○ 안에는 $+$, $-$ 중 알맞은 부호를, □ 안에는 알맞은 수를 쓰시오.

(1) $(+2)+(+4)=\bigcirc(\square+\square)$
$\qquad\qquad\quad=\bigcirc\square$

(2) $(-2)+(-4)=\bigcirc(\square+\square)$
$\qquad\qquad\quad=\bigcirc\square$

(3) $(+2)+(-4)=\bigcirc(\square-\square)$
$\qquad\qquad\quad=\bigcirc\square$

(4) $(-2)+(+4)=\bigcirc(\square-\square)$
$\qquad\qquad\quad=\bigcirc\square$

03

다음을 계산하시오.

(1) $(+3)+(+5)$

(2) $(+10)+(+4)$

(3) $(-5)+(-7)$

(4) $(-6)+(-8)$

(5) $\left(+\dfrac{3}{4}\right)+\left(+\dfrac{5}{4}\right)$

(6) $\left(-\dfrac{1}{3}\right)+\left(-\dfrac{3}{2}\right)$

(7) $(+0.7)+(+3.5)$

(8) $\left(-\dfrac{3}{5}\right)+(-2.4)$

04

다음을 계산하시오.

(1) $(+5)+(-3)$

(2) $(+4)+(-7)$

(3) $(+9)+(-9)$

(4) $(-7)+(+12)$

(5) $\left(+\dfrac{9}{4}\right)+\left(-\dfrac{3}{2}\right)$

(6) $\left(-\dfrac{1}{2}\right)+\left(+\dfrac{1}{3}\right)$

(7) $(-0.8)+(+5.4)$

(8) $\left(-\dfrac{5}{2}\right)+(+1.1)$

05

다음 계산 과정에서 □ 안에 알맞은 수를 쓰고, ㈎, ㈏에 이용된 덧셈의 계산 법칙을 각각 말하시오.

(1)
$$
\begin{aligned}
&(+7)+(-9)+(+3)\\
&=(-9)+(\boxed{})+(+3)\quad \rbrack\,\text{㈎}\\
&=(-9)+\{(\boxed{})+(+3)\}\quad \rbrack\,\text{㈏}\\
&=(-9)+(\boxed{})\\
&=\boxed{}
\end{aligned}
$$

(2)
$$
\begin{aligned}
&(-1.2)+(+8)+(-3.8)\\
&=(+8)+(\boxed{})+(-3.8)\quad \rbrack\,\text{㈎}\\
&=(+8)+\{(\boxed{})+(-3.8)\}\quad \rbrack\,\text{㈏}\\
&=(+8)+(\boxed{})\\
&=\boxed{}
\end{aligned}
$$

06

다음을 덧셈의 계산 법칙을 이용하여 계산하시오.

(1) $(+3)+(-5)+(+2)$

(2) $\left(-\dfrac{9}{4}\right)+(+3)+\left(+\dfrac{1}{4}\right)$

(3) $\left(+\dfrac{1}{3}\right)+\left(-\dfrac{3}{2}\right)+\left(-\dfrac{5}{3}\right)$

기본 문제

07

다음 수직선으로 설명할 수 있는 계산식을 |보기|에서 고르시오.

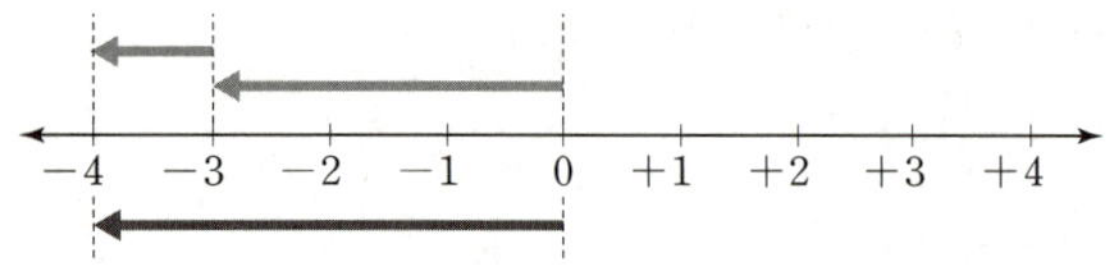

┤ 보기 ├

ㄱ. $(+3)+(+1)=+4$ ㄴ. $(+3)+(-1)=+2$
ㄷ. $(-3)+(+1)=-2$ ㄹ. $(-3)+(-1)=-4$

08

다음 중 계산 결과가 옳은 것은?

① $(+5)+(-7)=+2$
② $(+3)+(-2)=-1$
③ $(-2)+(+9)=+7$
④ $(+3)+(-6)=+3$
⑤ $(-2)+(+2)=+4$

09

$a=\left(+\dfrac{5}{4}\right)+\left(+\dfrac{3}{2}\right)$, $b=\left(-\dfrac{3}{4}\right)+\left(-\dfrac{1}{2}\right)$일 때, $a+b$의 값을 구하시오.

10

-1보다 $+6$만큼 큰 수를 a, $-\dfrac{9}{5}$보다 $+2$만큼 큰 수를 b라 할 때, a, b의 값을 각각 구하시오.

11

다음 계산 과정에서 (가)~(마)에 들어갈 것으로 옳지 <u>않은</u> 것은?

$$\left(+\frac{1}{6}\right)+\left(+\frac{2}{3}\right)+\left(-\frac{7}{6}\right)$$
$$=\left(+\frac{1}{6}\right)+\left(\boxed{\text{(나)}}\right)+\left(+\frac{2}{3}\right)\quad\text{덧셈의 }\boxed{\text{(가)}}\text{ 법칙}$$
$$=\left\{\left(+\frac{1}{6}\right)+\left(\boxed{\text{(나)}}\right)\right\}+\left(+\frac{2}{3}\right)\quad\text{덧셈의 }\boxed{\text{(다)}}\text{ 법칙}$$
$$=\left(\boxed{\text{(라)}}\right)+\left(+\frac{2}{3}\right)$$
$$=\boxed{\text{(마)}}$$

① (가) 교환   ② (나) $-\dfrac{7}{6}$ ③ (다) 결합

④ (라) -1 ⑤ (마) $+\dfrac{1}{3}$

개념 13　정수와 유리수의 뺄셈

01

다음 □ 안에 알맞은 것을 쓰시오.

> 두 수의 뺄셈은 빼는 수의 부호를 바꾸어 □ 으로 고쳐서 계산한다.

02

다음 식에서 ○ 안에는 $+$, $-$ 중 알맞은 부호를, □ 안에는 알맞은 수를 쓰시오.

(1) $(+2)-(+3)=(+2)+(\bigcirc 3)$
$\qquad =\bigcirc(\square-\square)=\bigcirc\square$

(2) $(+2)-(-3)=(+2)+(\bigcirc 3)$
$\qquad =\bigcirc(\square+\square)=\bigcirc\square$

(3) $(-2)-(+3)=(-2)+(\bigcirc 3)$
$\qquad =\bigcirc(\square+\square)=\bigcirc\square$

(4) $(-2)-(-3)=(-2)+(\bigcirc 3)$
$\qquad =\bigcirc(\square-\square)=\bigcirc\square$

03

다음을 계산하시오.

(1) $(+5)-(+2)$

(2) $(+3)-(+10)$

(3) $(-8)-(+2)$

(4) $(-11)-(+4)$

(5) $\left(-\dfrac{1}{4}\right)-\left(+\dfrac{3}{4}\right)$

(6) $\left(+\dfrac{1}{2}\right)-\left(+\dfrac{2}{3}\right)$

(7) $(+7.4)-(+2.6)$

(8) $\left(-\dfrac{3}{5}\right)-(+0.2)$

04

다음을 계산하시오.

(1) $(+9)-(-4)$

(2) $(+6)-(-8)$

(3) $(-7)-(-5)$

(4) $(-1)-(-10)$

(5) $\left(+\dfrac{3}{8}\right)-\left(-\dfrac{9}{4}\right)$

(6) $\left(-\dfrac{2}{3}\right)-\left(-\dfrac{1}{4}\right)$

(7) $(+5.3)-(-2.5)$

(8) $(-2.3)-(-3.1)$

05

다음 중 뺄셈을 덧셈으로 고치는 과정이 옳지 <u>않은</u> 것은?

① $(-1)-(+3)=(-1)+(-3)$
② $(+5)-(-7)=(+5)+(+7)$
③ $(+3)-(+7)=(+3)+(+7)$
④ $(-5)-(-2)=(-5)+(+2)$
⑤ $(-2)-(+1)=(-2)+(-1)$

06

다음 중 계산 결과가 옳은 것은?

① $(-4)-(-1)=-5$
② $(+2)-(+4)=+2$
③ $\left(-\dfrac{1}{3}\right)-\left(-\dfrac{1}{5}\right)=-\dfrac{8}{15}$
④ $\left(-\dfrac{3}{4}\right)-\left(+\dfrac{2}{3}\right)=-\dfrac{17}{12}$
⑤ $\left(-\dfrac{3}{7}\right)-\left(-\dfrac{1}{14}\right)=-\dfrac{1}{2}$

07

다음 $\square$ 안에 알맞은 수를 구하시오.

$$\square+(-7)=-2$$

개념 14 덧셈과 뺄셈의 혼합 계산

01

다음을 |보기|와 같이 계산하시오.

> **보기**
>
> $(+5)+(-3)-(-2)$
> $=(+5)+(-3)+(+2)$ ← 뺄셈을 덧셈으로 고치기
> $=\{(+5)+(+2)\}+(-3)$ ← 덧셈의 교환법칙, 결합법칙 이용하기
> $=(+7)+(-3)=4$ ← 계산 결과가 양수이면 $+$ 부호는 생략하여 나타내기

(1) $(-5)-(+6)+(+9)$

(2) $(+2)-(-3)-(+1)$

(3) $(+5)+(-14)-(-3)$

(4) $\left(+\dfrac{4}{3}\right)+\left(-\dfrac{1}{2}\right)-\left(-\dfrac{5}{6}\right)$

(5) $\left(-\dfrac{3}{14}\right)-\left(-\dfrac{1}{2}\right)+\left(+\dfrac{4}{7}\right)$

(6) $(+3.5)-(-2.9)+(-4.3)$

02

다음을 |보기|와 같이 계산하시오.

> **보기**
>
> $-7+3-4$
> $=(-7)+(+3)-(+4)$ ← 생략된 양의 부호 $+$와 괄호 넣기
> $=(-7)+(+3)+(-4)$ ← 뺄셈을 덧셈으로 고치기
> $=\{(-7)+(-4)\}+(+3)$ ← 덧셈의 교환법칙, 결합법칙 이용하기
> $=(-11)+(+3)=-8$

(1) $-12+16+4$

(2) $-10-5+8$

(3) $-3+8+11$

(4) $5-10+8$

(5) $-3+2-4+7$

(6) $-8-11+5-16$

(7) $\dfrac{1}{6}+\dfrac{5}{6}-\dfrac{7}{6}$

(8) $-\dfrac{9}{5}+\dfrac{2}{5}+\dfrac{4}{5}$

(9) $\dfrac{1}{2}-\dfrac{2}{3}+\dfrac{7}{4}$

(10) $-3-0.5+1.6$

(11) $-4+5-\dfrac{1}{3}+\dfrac{1}{6}$

(12) $-3+7-\dfrac{1}{2}+\dfrac{3}{4}$

(13) $-\dfrac{1}{5}-\dfrac{7}{2}+\dfrac{3}{10}+\dfrac{4}{5}$

(14) $-5.2+4-0.5-1.3$

기본 문제 ••••••••••••••••••••••••••••••••••••••

03

$\left(-\dfrac{3}{2}\right)-\left(-\dfrac{5}{3}\right)+\left(+\dfrac{1}{4}\right)$을 계산하면?

① $-\dfrac{41}{12}$ ② $-\dfrac{5}{12}$ ③ 0

④ $\dfrac{5}{12}$ ⑤ $\dfrac{41}{12}$

04

다음 중 계산 결과가 옳지 <u>않은</u> 것은?

① $(+5)-(-5)+(+1)=11$

② $\left(-\dfrac{1}{3}\right)-(-2)+\left(-\dfrac{1}{2}\right)=\dfrac{7}{6}$

③ $\left(-\dfrac{1}{2}\right)-\left(+\dfrac{5}{4}\right)+\left(-\dfrac{3}{2}\right)=-\dfrac{3}{4}$

④ $3-7+1=-3$

⑤ $-\dfrac{8}{5}-\dfrac{4}{5}+\dfrac{1}{2}=-\dfrac{19}{10}$

05

다음 두 수 A, B에 대하여 $A+B$의 값을 구하시오.

$$A=(+7)-(+2)+(-3)-(-6)$$
$$B=-\dfrac{5}{2}-\dfrac{7}{4}-\dfrac{1}{2}+\dfrac{3}{4}$$

개념 12~14 한번 더! 기본 문제

01

다음 중 계산 결과가 옳은 것을 모두 고르면? (정답 2개)

① $(-4)+(-6)=-10$

② $(-5)+(+6)=-11$

③ $(-7)-(+1)=-6$

④ $(-2)-(-5)=+3$

⑤ $(+9)-(-3)=+6$

02

다음을 만족시키는 두 수 a, b를 각각 구하시오.

- a는 $+\dfrac{1}{2}$보다 $-\dfrac{1}{3}$만큼 작은 수이다.
- b는 -4보다 $+9$만큼 큰 수이다.

03

다음 수 중 가장 큰 수와 가장 작은 수의 차를 구하시오.

$$-2, \quad +0.5, \quad -\dfrac{5}{12}, \quad +3, \quad -\dfrac{1}{4}, \quad -0.4$$

04

$\left(+\dfrac{3}{5}\right)-\left(+\dfrac{5}{4}\right)-\left(-\dfrac{3}{10}\right)+(+1)$의 계산 결과를 기약

분수로 나타내면 $\dfrac{b}{a}$일 때, $a-b$의 값을 구하시오.

05

$\dfrac{1}{3}-\dfrac{5}{2}+\dfrac{7}{6}$을 계산하면?

① $-\dfrac{5}{3}$ ② -1 ③ $-\dfrac{2}{3}$

④ 1 ⑤ $\dfrac{5}{3}$

06 자신감 UP

어떤 수에서 $-\dfrac{4}{3}$를 빼야 할 것을 잘못하여 더했더니 $\dfrac{11}{6}$이

되었다. 다음 물음에 답하시오.

⑴ 어떤 수를 구하시오.

⑵ 바르게 계산한 답을 구하시오.

정수와 유리수의 곱셈

01

다음 ☐ 안에 알맞은 것을 쓰고, ( ) 안의 알맞은 것에 ○표 하시오.

⑴ 부호가 같은 두 수의 곱셈은 두 수의 절댓값의 곱에 (양, 음)의 부호를 붙인다.

⑵ 부호가 다른 두 수의 곱셈은 두 수의 절댓값의 곱에 (양, 음)의 부호를 붙인다.

⑶ 세 수 a, b, c에 대하여
  ① 곱셈의 ☐☐☐☐☐ : $a \times b = b \times a$
  ② 곱셈의 ☐☐☐☐☐ : $(a \times b) \times c = a \times (b \times c)$

02

다음 식에서 ○ 안에는 $+$, $-$ 중 알맞은 부호를, ☐ 안에는 알맞은 수를 쓰시오.

⑴ $(+3) \times (+2) = \bigcirc (3 \times \square)$
$\qquad = \bigcirc \square$

⑵ $(-3) \times (-2) = \bigcirc (\square \times 2)$
$\qquad = \bigcirc \square$

⑶ $(+4) \times (-3) = \bigcirc (4 \times \square)$
$\qquad = \bigcirc \square$

⑷ $(-4) \times (+3) = \bigcirc (\square \times 3)$
$\qquad = \bigcirc \square$

03

다음을 계산하시오.

⑴ $(+5) \times (+6)$

⑵ $(+7) \times (+3)$

⑶ $(-8) \times (-7)$

⑷ $(-6) \times (-2)$

⑸ $\left(+\dfrac{1}{4} \right) \times \left(+\dfrac{2}{5} \right)$

⑹ $\left(-\dfrac{5}{14} \right) \times \left(-\dfrac{7}{10} \right)$

⑺ $(+3) \times (+0.9)$

⑻ $\left(-\dfrac{2}{9} \right) \times (-0.3)$

04

다음을 계산하시오.

(1) $(+4) \times (-5)$

(2) $(-11) \times (+3)$

(3) $\left(-\dfrac{1}{2}\right) \times (+4)$

(4) $\left(+\dfrac{7}{5}\right) \times \left(-\dfrac{3}{14}\right)$

(5) $\left(-\dfrac{8}{9}\right) \times \left(+\dfrac{3}{10}\right)$

(6) $\left(+\dfrac{3}{4}\right) \times \left(-\dfrac{2}{9}\right)$

(7) $(+0.7) \times (-5)$

(8) $(-2.1) \times \left(+\dfrac{2}{3}\right)$

05

다음 계산 과정에서 □ 안에 알맞은 수를 쓰고, (가), (나)에 이용된 곱셈의 계산 법칙을 각각 말하시오.

(1) $(-9) \times (+2) \times (-5)$
 $= (-9) \times (\boxed{}) \times (+2)$ (가)
 $= \{(-9) \times (\boxed{})\} \times (+2)$ (나)
 $= (\boxed{}) \times (+2)$
 $= \boxed{}$

(2) $(+4) \times (-12) \times (+5)$
 $= (+4) \times (\boxed{}) \times (-12)$ (가)
 $= \{(+4) \times (\boxed{})\} \times (-12)$ (나)
 $= (\boxed{}) \times (-12)$
 $= \boxed{}$

06

다음을 곱셈의 계산 법칙을 이용하여 계산하시오.

(1) $(-2) \times (+16) \times (-5)$

(2) $\left(+\dfrac{3}{2}\right) \times \left(-\dfrac{4}{9}\right) \times (+24)$

(3) $\left(+\dfrac{3}{4}\right) \times \left(-\dfrac{5}{7}\right) \times \left(-\dfrac{20}{9}\right)$

기본 문제

07

다음 중 계산 결과가 옳지 <u>않은</u> 것은?

① $(+6) \times (+7) = +42$

② $(-8) \times (+3) = -24$

③ $\left(-\dfrac{1}{3}\right) \times (-6) = +2$

④ $\left(-\dfrac{2}{3}\right) \times \left(-\dfrac{3}{2}\right) = +1$

⑤ $\left(+\dfrac{9}{5}\right) \times \left(-\dfrac{10}{3}\right) = +6$

08

다음 |보기| 중 계산 결과가 가장 작은 것과 가장 큰 것을 차례로 나열하시오.

| 보기 |

ㄱ. $(-2.2) \times (+3)$ ㄴ. $(-3.1) \times (-2)$

ㄷ. $(+1.5) \times (+4)$ ㄹ. $(+2.4) \times (-3)$

09

$a = \left(+\dfrac{1}{3}\right) \times \left(+\dfrac{2}{5}\right)$, $b = \left(-\dfrac{3}{2}\right) \times \left(+\dfrac{1}{3}\right)$ 일 때, $a \times b$의 값을 구하시오.

10

다음 수 중 절댓값이 가장 큰 수와 절댓값이 가장 작은 수의 곱을 구하시오.

$$-4, \qquad -\dfrac{5}{3}, \qquad +\dfrac{1}{2}, \qquad +1.2$$

11

다음 계산 과정에서 ㈎, ㈏에 이용된 곱셈의 계산 법칙을 말하고, □ 안에 알맞은 수를 구하시오.

$$\left(-\dfrac{16}{5}\right) \times \left(-\dfrac{3}{7}\right) \times \left(+\dfrac{5}{2}\right) \times \left(-\dfrac{1}{3}\right)$$
$$= \left(-\dfrac{16}{5}\right) \times \left(+\dfrac{5}{2}\right) \times \left(-\dfrac{3}{7}\right) \times \left(-\dfrac{1}{3}\right) \quad \text{㈎}$$
$$= \left\{\left(-\dfrac{16}{5}\right) \times \left(+\dfrac{5}{2}\right)\right\} \times \left\{\left(-\dfrac{3}{7}\right) \times \left(-\dfrac{1}{3}\right)\right\} \quad \text{㈏}$$
$$= (-8) \times \left(+\dfrac{1}{7}\right)$$
$$= \boxed{}$$

개념 16 세 수 이상의 곱셈 / 거듭제곱의 계산

01

다음 (　) 안의 알맞은 것에 ○표 하시오.

(1) 세 수 이상의 곱셈에서 음수가 하나도 없거나 짝수 개 있으면 각 수의 절댓값의 곱에 (양, 음)의 부호를 붙인다.

(2) 세 수 이상의 곱셈에서 음수가 홀수 개 있으면 각 수의 절댓값의 곱에 (양, 음)의 부호를 붙인다.

02

다음 식에서 ○ 안에는 $+$, $-$ 중 알맞은 부호를, □ 안에는 알맞은 수를 쓰시오.

(1) $(+3) \times (-9) \times (-3) = \bigcirc (3 \times 9 \times 3)$
$\qquad\qquad\qquad\qquad = \bigcirc \square$

(2) $(+3) \times (+9) \times (-3) = \bigcirc (3 \times 9 \times 3)$
$\qquad\qquad\qquad\qquad = \bigcirc \square$

(3) $(-2)^2 = (-2) \times (-2)$
$\qquad\quad = \bigcirc (2 \times 2)$
$\qquad\quad = \bigcirc \square$

(4) $(-2)^3 = (-2) \times (-2) \times (-2)$
$\qquad\quad = \bigcirc (2 \times 2 \times 2)$
$\qquad\quad = \bigcirc \square$

03

다음을 계산하시오.

(1) $(-3) \times (-4) \times (+5)$

(2) $(+7) \times (-2) \times (+4)$

(3) $(+3) \times (-2) \times \left(-\dfrac{5}{6}\right)$

(4) $\left(+\dfrac{3}{8}\right) \times (-6) \times (+4)$

(5) $\left(+\dfrac{7}{8}\right) \times \left(+\dfrac{1}{14}\right) \times \left(-\dfrac{8}{5}\right)$

(6) $(+5) \times (-2.5) \times (-4)$

(7) $(-3) \times (-5) \times (+2) \times (-4)$

(8) $(+5) \times (-6) \times (-2) \times (+8)$

다음을 계산하시오.

(1) $(+3)^3$

(2) $(-4)^3$

(3) $(-2)^4$

(4) -2^4

(5) $(-1)^{10}$

(6) $(-1)^{13}$

(7) $\left(-\dfrac{3}{2}\right)^2$

(8) $\left(-\dfrac{5}{3}\right)^3$

다음을 계산하시오.

(1) $(-2)^3 \times (-6)$

(2) $-2^3 \times (+3)^2$

(3) $(-3)^2 \times (-1)^7 \times (-2)$

(4) $(+2) \times (-1)^2 \times (-3)^3$

(5) $\left(-\dfrac{1}{2}\right)^2 \times (-4)$

(6) $\left(-\dfrac{2}{3}\right)^3 \times (+6)$

(7) $\left(-\dfrac{2}{5}\right)^2 \times (-1)^3 \times (+2)$

(8) $-3^2 \times \left(-\dfrac{1}{4}\right)^2 \times \left(+\dfrac{2}{3}\right)^2$

06

다음을 계산하시오.

$$\left(-\frac{3}{11}\right)\times(-22)\times(-2)\times\left(+\frac{4}{3}\right)$$

07

다음 |보기| 중 계산 결과가 가장 큰 것을 고르시오.

|보기|

ㄱ. $\left(+\dfrac{5}{7}\right)\times\left(-\dfrac{8}{11}\right)\times\left(+\dfrac{7}{10}\right)$

ㄴ. $\left(-\dfrac{3}{7}\right)\times\left(-\dfrac{21}{8}\right)\times\left(-\dfrac{4}{3}\right)$

ㄷ. $(+6)\times\left(-\dfrac{1}{2}\right)\times\left(+\dfrac{2}{3}\right)$

08

$a=\left(-\dfrac{7}{3}\right)\times\left(+\dfrac{6}{5}\right)$, $b=\left(+\dfrac{1}{7}\right)\times\left(-\dfrac{5}{2}\right)\times\left(-\dfrac{4}{5}\right)$일 때, $a\times b$의 값을 구하시오.

09

다음 중 옳지 <u>않은</u> 것은?

① $(-2)^5=-32$ ② $(-4)^2=16$

③ $-6^2=36$ ④ $-\dfrac{2}{5^2}=-\dfrac{2}{25}$

⑤ $-(-3)^3=27$

10

다음 중 계산 결과가 나머지 넷과 <u>다른</u> 하나는?

① $(-1)^3$ ② $(-1)^6$

③ $-(-1)^9$ ④ $\{-(-1)\}^5$

⑤ $\{-(-1)\}^8$

11

$\left(-\dfrac{1}{2}\right)^3\times(-3)^2\times(-16)$을 계산하면?

① -24 ② -18 ③ -1

④ 18 ⑤ 24

01

다음 □ 안에 알맞은 것을 쓰시오.

> 어떤 수에 두 수의 합을 곱한 것은 어떤 수에 각각의 수를
> 곱하여 더한 것과 그 결과가 같다.
> 이것을 덧셈에 대한 곱셈의 [   ]이라 한다.
> 즉, $a \times (b+c) = a \times b +$ [   ]

02

다음 □ 안에 알맞은 수를 쓰시오.

(1) $25 \times (100+1) = 25 \times \square + 25 \times \square$
$$= \square$$

(2) $(10-1) \times 34 = \square \times 34 - \square \times 34$
$$= \square$$

(3) $14 \times 64 + 14 \times 36 = \square \times (64+36)$
$$= \square$$

(4) $99 \times 135 - 98 \times 135 = (99-98) \times \square$
$$= \square$$

03

다음을 분배법칙을 이용하여 계산하시오.

(1) $7 \times (100+3)$

(2) $15 \times (100-2)$

(3) $(50+1) \times 8$

(4) $(20-2) \times 16$

(5) $\dfrac{5}{4} \times \left(\dfrac{8}{15} + \dfrac{12}{25} \right)$

(6) $-12 \times \left(\dfrac{1}{6} - \dfrac{1}{18} \right)$

(7) $\left(\dfrac{1}{3} - \dfrac{8}{9} \right) \times 9$

(8) $\left(\dfrac{3}{2} - \dfrac{1}{4} \right) \times (-8)$

04

다음을 분배법칙을 이용하여 계산하시오.

(1) $(-9) \times 24 + (-9) \times 26$

(2) $16 \times 26 - 16 \times 16$

(3) $\dfrac{1}{18} \times 6 + \dfrac{1}{18} \times 12$

(4) $5.8 \times 13 - 5.8 \times 3$

(5) $2 \times \dfrac{4}{5} + 8 \times \dfrac{4}{5}$

(6) $4 \times \dfrac{3}{7} - 18 \times \dfrac{3}{7}$

(7) $\dfrac{2}{5} \times (-2) + \dfrac{3}{5} \times (-2)$

(8) $0.3 \times (-4) - 3.3 \times (-4)$

기본 문제

05

다음은 분배법칙을 이용하여 19×102를 계산하는 과정이다. a, b, c의 값을 각각 구하시오.

$$
\begin{aligned}
19 \times 102 &= 19 \times (100 + a) \\
&= 19 \times 100 + 19 \times a \\
&= 1900 + b \\
&= c
\end{aligned}
$$

06

다음을 분배법칙을 이용하여 계산하시오.

$$\left(-\dfrac{1}{2}\right) \times 0.8 + \left(-\dfrac{1}{3}\right) \times 0.8$$

07

세 수 a, b, c에 대하여 $a \times b = 7$, $a \times c = 13$일 때, 다음 식의 값을 구하시오.

(1) $a \times (b + c)$

(2) $a \times (b - c)$

개념 15~17

한번 더! 기본 문제

01

다음 중 계산 결과가 가장 큰 것은?

① $(+2) \times \left(+\dfrac{1}{8}\right)$ 　② $\left(-\dfrac{1}{21}\right) \times (-3)$

③ $\left(+\dfrac{3}{2}\right) \times \left(-\dfrac{2}{9}\right)$ 　④ $\left(-\dfrac{3}{4}\right) \times \left(+\dfrac{8}{15}\right)$

⑤ $\left(-\dfrac{1}{4}\right) \times \left(-\dfrac{2}{3}\right)$

02

다음 중 옳은 것은?

① $(-5)^3 = 125$ 　② $-5^3 = -125$

③ $\left(-\dfrac{1}{2}\right)^2 = -\dfrac{1}{4}$ 　④ $-\dfrac{1}{2^2} = \dfrac{1}{4}$

⑤ $-\left(-\dfrac{1}{2}\right)^3 = -\dfrac{1}{8}$

03

다음을 계산하시오.

$$(-3^2) \times (-6) \times \left(+\dfrac{1}{8}\right) \times \left(-\dfrac{2}{3}\right)^2$$

04 자신감 UP

다음을 계산하시오.

$$(-1)^{101} \times (-1)^{103} \times (-1)^{104}$$

05

분배법칙을 이용하여 $(-2.16) \times 12 + 0.16 \times 12$를 계산하시오.

06

세 수 a, b, c에 대하여 $a \times b = 18$, $a \times (b+c) = 25$일 때, $a \times c$의 값을 구하시오.

개념 18 · 정수와 유리수의 나눗셈

01

다음 □ 안에 알맞을 것을 쓰고, (   ) 안의 알맞은 것에 ○표 하시오.

(1) 부호가 같은 두 수의 나눗셈은 두 수의 절댓값의 나눗셈의 몫에 (양, 음)의 부호를 붙인다.

(2) 부호가 다른 두 수의 나눗셈은 두 수의 절댓값의 나눗셈의 몫에 (양, 음)의 부호를 붙인다.

(3) 두 수의 곱이 1이 될 때, 한 수를 다른 수의 □□□라 하고, 두 수의 나눗셈은 나누는 수를 □□□로 바꾸어 곱셈으로 고쳐서 계산할 수 있다.

02

다음 식에서 ○ 안에는 $+$, $-$ 중 알맞은 부호를, □ 안에는 알맞은 수를 쓰시오.

(1) $(+6) \div (+2) = \bigcirc (6 \div \square)$
$\qquad\qquad\quad = \bigcirc \square$

(2) $(-6) \div (-2) = \bigcirc (\square \div 2)$
$\qquad\qquad\quad = \bigcirc \square$

(3) $(+4) \div (-2) = \bigcirc (4 \div \square)$
$\qquad\qquad\quad = \bigcirc \square$

(4) $(-4) \div (+2) = \bigcirc (\square \div 2)$
$\qquad\qquad\quad = \bigcirc \square$

03

다음을 계산하시오.

(1) $(+15) \div (+3)$

(2) $(+63) \div (+7)$

(3) $(-18) \div (-9)$

(4) $(-48) \div (-6)$

(5) $(+42) \div (-7)$

(6) $(+60) \div (-12)$

(7) $(-24) \div (+6)$

(8) $(-35) \div (+5)$

다음 수의 역수를 구하시오.

(1) 2

(2) -5

(3) $\dfrac{3}{4}$

(4) $\dfrac{5}{13}$

(5) $-\dfrac{2}{7}$

(6) $2\dfrac{1}{4}$

(7) 2.4

(8) -0.3

다음을 계산하시오.

(1) $(+10) \div \left(+\dfrac{2}{5}\right)$

(2) $\left(+\dfrac{5}{6}\right) \div (-20)$

(3) $(-9) \div \left(+\dfrac{3}{7}\right)$

(4) $\left(+\dfrac{1}{4}\right) \div \left(+\dfrac{7}{8}\right)$

(5) $\left(+\dfrac{5}{3}\right) \div \left(-\dfrac{2}{9}\right)$

(6) $\left(-\dfrac{15}{8}\right) \div \left(-\dfrac{5}{4}\right)$

(7) $\left(+\dfrac{1}{6}\right) \div (-0.5)$

(8) $(-1.2) \div \left(-\dfrac{1}{5}\right)$

기본 문제

06

다음 중 두 수가 서로 역수가 <u>아닌</u> 것은?

① $3, \dfrac{1}{3}$

② $-\dfrac{3}{4}, -\dfrac{4}{3}$

③ $-1, 1$

④ $\dfrac{11}{7}, \dfrac{7}{11}$

⑤ $-4.5, -\dfrac{2}{9}$

07

8의 역수를 a, $-\dfrac{8}{9}$의 역수를 b라 할 때, $a+b$의 값을 구하시오.

08

다음 계산 과정에서 a, b의 값을 각각 구하시오.

$$\left(+\dfrac{7}{5}\right) \div \left(-\dfrac{14}{9}\right) = \left(+\dfrac{7}{5}\right) \times a = b$$

09

다음 중 계산 결과가 옳지 <u>않은</u> 것을 모두 고르면? (정답 2개)

① $(-20) \div (-4) = +5$

② $(-144) \div (+12) = +12$

③ $(+14) \div \left(-\dfrac{7}{3}\right) = -6$

④ $\left(+\dfrac{3}{10}\right) \div \left(+\dfrac{3}{2}\right) = +\dfrac{1}{5}$

⑤ $\left(-\dfrac{3}{5}\right) \div (+15) = -9$

10

$a = (-5) \div (+7)$, $b = \left(-\dfrac{1}{3}\right) \div \left(-\dfrac{7}{9}\right)$일 때, $a \div b$의 값은?

① $-\dfrac{5}{3}$

② $-\dfrac{3}{5}$

③ $\dfrac{3}{5}$

④ 1

⑤ $\dfrac{5}{3}$

11

다음을 계산하시오.

$$\left(+\dfrac{7}{10}\right) \div \left(-\dfrac{2}{5}\right) \div \left(+\dfrac{14}{3}\right)$$

곱셈과 나눗셈의 혼합 계산

01

다음을 계산하시오.

(1) $(-6) \times 7 \div 2$

(2) $4 \times (-8) \div (-2)$

(3) $24 \div (-4) \times 3$

(4) $(-30) \div (-3) \times 4$

(5) $(-12) \times 3 \div (-6)$

(6) $35 \div (-5) \times 2$

(7) $8 \times (-9) \div (-3)$

(8) $(-56) \div (-8) \times (-9)$

02

다음을 계산하시오.

(1) $\left(-\dfrac{4}{5}\right) \times (-10) \div 8$

(2) $10 \times \left(-\dfrac{5}{12}\right) \div 5$

(3) $8 \div \dfrac{1}{6} \times \left(-\dfrac{1}{12}\right)$

(4) $\left(-\dfrac{7}{4}\right) \times 20 \div \left(-\dfrac{7}{2}\right)$

(5) $\left(-\dfrac{5}{4}\right) \div \left(-\dfrac{10}{3}\right) \times \dfrac{5}{6}$

(6) $\left(-\dfrac{5}{6}\right) \times \left(-\dfrac{2}{3}\right) \div \left(-\dfrac{10}{9}\right)$

(7) $\left(-\dfrac{3}{8}\right) \div \dfrac{3}{2} \times (-0.8)$

(8) $\dfrac{24}{5} \div (-2.4) \times \left(-\dfrac{1}{5}\right)$

03

다음을 계산하시오.

(1) $\left(-\dfrac{1}{3}\right) \div \left(-\dfrac{1}{3}\right)^{3}$

(2) $\left(\dfrac{1}{2}\right)^{3} \div \left(-\dfrac{1}{2}\right)^{2}$

(3) $3 \times (-1)^{3} \div 3$

(4) $\dfrac{7}{12} \times \dfrac{18}{5} \div (-3)^{2}$

(5) $\left(-\dfrac{3}{10}\right) \times (-2)^{3} \div \dfrac{9}{4}$

(6) $\left(-\dfrac{12}{5}\right) \times (-9) \div (-3)^{3}$

(7) $\dfrac{4}{7} \div \left(\dfrac{1}{2}\right)^{3} \times \left(-\dfrac{3}{4}\right)$

(8) $\left(-\dfrac{1}{3}\right)^{2} \div \left(-\dfrac{2}{5}\right) \times \left(-\dfrac{3}{10}\right)$

04

$(-2^{2}) \times \left(-\dfrac{4}{3}\right)^{2} \div \left(-\dfrac{8}{15}\right)$을 계산하면?

① $-\dfrac{40}{3}$ 　　② $-\dfrac{20}{3}$ 　　③ $-\dfrac{5}{3}$

④ $\dfrac{20}{3}$ 　　⑤ $\dfrac{40}{3}$

05

다음 중 계산 결과가 가장 작은 것은?

① $6 \times (-8) \div (-24)$

② $\left(-\dfrac{3}{10}\right) \div \dfrac{3}{17} \times (-5)$

③ $(-20) \div (-5) \div (-3^{2})$

④ $(-2^{3}) \times \left(-\dfrac{5}{4}\right) \times (-3)$

⑤ $\dfrac{6}{5} \times \left(-\dfrac{1}{2}\right)^{4} \div \left(-\dfrac{3}{5}\right)^{2}$

06

다음을 계산하시오.

$$(-3)^{3} \div \left(-\dfrac{1}{10}\right) \times \dfrac{8}{9} \div (-5)$$

덧셈, 뺄셈, 곱셈, 나눗셈의 혼합 계산

01

다음 식의 계산 순서를 차례로 나열하시오.

(1) $(-8) \div \dfrac{8}{7} + (-3)$
$ \uparrow \phantom{\dfrac{8}{7}} \uparrow$
$ ㉠ \phantom{\dfrac{8}{7}} ㉡$

(2) $-2 + (-3) \times (-4)$
$ \uparrow \uparrow$
$ ㉠ ㉡$

(3) $5 + 12 \div (-2)^2$
$ \uparrow \uparrow \uparrow$
$ ㉠ ㉡ ㉢$

(4) $6 + \{5 - (-2)\} \times (-4)$
$ \uparrow \phantom{\{} \uparrow } \uparrow$
$ ㉠ \phantom{\{} ㉡ } ㉢$

(5) $10 \div \{(-1)^3 \times 4 + 2\}$
$ \uparrow \phantom{\{} \uparrow \uparrow \uparrow$
$ ㉠ \phantom{\{} ㉡ ㉢ ㉣$

(6) $4 - \{-2 + 9 \div (-3)^2\} \times 3$
$ \uparrow \phantom{\{-2} \uparrow \uparrow \uparrow } \uparrow$
$ ㉠ \phantom{\{-2} ㉡ ㉢ ㉣ } ㉤$

02

다음을 계산하시오.

(1) $(-2) \times (-8) + 4$

(2) $25 - 49 \div (-7)$

(3) $\dfrac{2}{3} + \dfrac{5}{6} \times \left(-\dfrac{3}{4}\right)$

(4) $\left(-\dfrac{1}{8}\right) \div \dfrac{5}{12} - \dfrac{1}{2}$

(5) $4 \times (-8) - (-56) \div 7$

(6) $2^2 \times \left(-\dfrac{1}{7}\right) - \left(-\dfrac{1}{7}\right)$

(7) $(-3)^2 - 24 \div \left(-\dfrac{2}{3}\right)^2$

(8) $\dfrac{1}{8} \times (-2)^3 + (-5)^2 \div \dfrac{5}{3}$

03

다음을 계산하시오.

(1) $-4 \times (1-4) \div \left(-\dfrac{2}{3}\right)$

(2) $(-3) \times \{9-(3-5)\}$

(3) $36 \div 9 + \{2+(-4) \times 3\}$

(4) $21 + \{4+(-3)^2 \times 4 - 11\}$

(5) $13 - 6 \times \left\{1+\left(\dfrac{1}{2}-\dfrac{2}{3}\right)\right\}$

(6) $-8 - \left\{(-3)^2 \times \left(-\dfrac{1}{2}\right) - 2 \div \left(-\dfrac{4}{5}\right)\right\}$

(7) $24 \times \left\{\dfrac{3}{4} + (-2)^2 \times \dfrac{1}{16} - \dfrac{1}{2}\right\} - 12$

(8) $3 - \left[\left\{\left(-\dfrac{3}{5}\right)^2 - 1\right\} \times \dfrac{5}{8} + (-2)\right] \times (-10)$

기본 문제

04

다음 식에 대하여 물음에 답하시오.

$$[\, \{-5 \times (7-3)\} \div 2 - (-3)\,] \times (-2)$$
$$\underset{\text{㉠}}{\uparrow}\quad \underset{\text{㉡}}{\uparrow}\quad \underset{\text{㉢}}{\uparrow}\quad \underset{\text{㉣}}{\uparrow}\qquad \underset{\text{㉤}}{\uparrow}$$

(1) 계산 순서를 차례로 나열하시오.
(2) 계산 결과를 구하시오.

05

$2^3 - \left\{3 \div \dfrac{9}{5} - (-1)^4\right\} \times \dfrac{3}{4} - \left(-\dfrac{9}{2}\right)$를 계산하면?

① -2　　　② $-\dfrac{7}{5}$　　　③ $\dfrac{21}{2}$

④ 12　　　⑤ 13

06

다음 식의 계산 결과보다 큰 음의 정수의 개수는?

$$-\dfrac{11}{5} - \left\{-2 + \dfrac{3}{4} \times \left(-\dfrac{2}{3}\right)^2 + \dfrac{8}{3}\right\}$$

① 1개　　　② 2개　　　③ 3개

④ 4개　　　⑤ 5개

개념 18~20

한번 더! 기본 문제

01

$-\dfrac{5}{4}$의 역수를 a, 1.2의 역수를 b라 할 때, $a \times b$의 값은?

① $-\dfrac{2}{3}$ 　　② $-\dfrac{25}{24}$ 　　③ $\dfrac{25}{24}$

④ $\dfrac{2}{3}$ 　　⑤ 2

02

다음 중 계산 결과가 가장 큰 것은?

① $\left(-\dfrac{1}{5}\right)+\left(+\dfrac{5}{3}\right)$ 　　② $\left(-\dfrac{3}{4}\right)-\left(-\dfrac{5}{2}\right)$

③ $\left(-\dfrac{7}{3}\right)\times\left(-\dfrac{9}{2}\right)$ 　　④ $(-5)\div\left(-\dfrac{5}{2}\right)$

⑤ $\left(-\dfrac{4}{7}\right)\div\left(+\dfrac{3}{28}\right)$

03

어떤 수를 $-\dfrac{2}{5}$로 나누어야 할 것을 잘못하여 곱했더니 -20이 되었다. 다음 물음에 답하시오.

(1) 어떤 수를 구하시오.

(2) 바르게 계산한 답을 구하시오.

04

다음 중 옳은 것은?

① $4\times(-3)\div(-2)=24$

② $(-10)\div2\times5=1$

③ $(-3)^2\times(-1)^3\div\dfrac{9}{5}=\dfrac{9}{5}$

④ $(-8)\div\dfrac{4}{3}\times\left(-\dfrac{1}{3}\right)=-2$

⑤ $\left(-\dfrac{1}{10}\right)\div\left(-\dfrac{2}{3}\right)\div\left(-\dfrac{6}{5}\right)=-\dfrac{1}{8}$

05 자신감 UP

다음 □ 안에 알맞은 수를 구하시오.

$$\left(-\dfrac{5}{6}\right)\times(\square)\div\left(-\dfrac{10}{9}\right)=-\dfrac{1}{2}$$

06

다음을 계산하시오.

$$1-\left[\dfrac{1}{4}+(-4)\div\{5\times(-2)^3+8\}\right]$$

3

문자의 사용과 식

문자의 사용

01

다음 □ 안에 알맞을 것을 쓰고, ( ) 안의 알맞은 것에 ○표 하시오.

(1) 수와 문자의 곱에서 곱셈 기호 ×는 생략하고,
  수는 문자의 (앞, 뒤)에 쓴다.

(2) 같은 문자의 곱은 [   ]의 꼴로 나타낸다.

02

다음 식을 곱셈 기호 ×를 생략하여 나타내시오.

(1) $3 \times x$

(2) $a \times (-1) \times b$

(3) $2 \times x \times x \times y$

(4) $a \times a \times b \times a \times b \times b$

(5) $(x+y) \times 5$

(6) $(-2) \times a + b \times 8$

03

다음 식을 나눗셈 기호 ÷를 생략하여 나타내시오.

(1) $5 \div x$

(2) $y \div (-4)$

(3) $3b \div 20$

(4) $a \div b \div 3$

(5) $(x-y) \div 7$

(6) $a \div 2 + b \div c$

04

다음 식을 곱셈 기호 ×와 나눗셈 기호 ÷를 생략하여 나타 내시오.

(1) $x \times 5 \div y$

(2) $a \div b \times (-2)$

(3) $a \div 3 \times b \times b$

(4) $x \times 4 \times y \div z$

(5) $x \times 8 \div (y+z) \div 3$

05

다음을 문자를 사용한 식으로 나타내시오.

(1) 한 개에 200원인 사탕 a개의 가격

(2) 12자루에 x원인 연필 한 자루의 가격

(3) 한 개에 700원인 지우개 x개를 사고 5000원을 냈을 때의 거스름돈

(4) a를 2배한 것에 b를 3배한 것을 더한 수

(5) 가로의 길이가 $x\,\mathrm{cm}$, 세로의 길이가 $y\,\mathrm{cm}$인 직사각형의 둘레의 길이

(6) 밑변의 길이가 $a\,\mathrm{cm}$, 높이가 $b\,\mathrm{cm}$인 삼각형의 넓이

(7) 시속 $x\,\mathrm{km}$로 달리는 자동차가 3시간 동안 이동한 거리

(8) 시속 $5\,\mathrm{km}$로 걷는 사람이 $x\,\mathrm{km}$의 거리를 걸었을 때의 걸린 시간

기본 문제 ••••••••••••••••••••••••••••••••••

06

다음 | 보기 | 중 옳은 것을 모두 고르시오.

┌ 보기 ├─────────────────
ㄱ. $0.1 \times a = 0.a$

ㄴ. $a \times b \times a \times (-1) = -a^2 b$

ㄷ. $x + y \div (-3) = \dfrac{x+y}{3}$

ㄹ. $x \div y \div 5 = \dfrac{x}{5y}$
└─────────────────────

07

다음 중 곱셈 기호 $\times$와 나눗셈 기호 $\div$를 생략하여 나타낸 것으로 옳지 <u>않은</u> 것은?

① $a \div b \div c = \dfrac{a}{bc}$ ② $a \div \dfrac{1}{b} \times c = abc$

③ $a \div (b \div c) = \dfrac{ac}{b}$ ④ $a \div (b \times c) = \dfrac{a}{bc}$

⑤ $(a \div b) \div c = \dfrac{ac}{b}$

08

다음 중 문자를 사용하여 나타낸 식으로 옳지 <u>않은</u> 것을 모두 고르면? (정답 2개)

① 한 변의 길이가 $a\,\mathrm{cm}$인 정사각형의 둘레의 길이
   ⇨ $4a\,\mathrm{cm}$

② 길이가 $x\,\mathrm{cm}$인 끈을 5등분 했을 때, 한 조각의 길이
   ⇨ $\dfrac{x}{5}\,\mathrm{cm}$

③ 십의 자리의 숫자가 a, 일의 자리의 숫자가 b인 두 자리의 자연수 ⇨ ab

④ 전체 쪽수가 a쪽인 책을 하루에 15쪽씩 b일 동안 읽었을 때, 남은 쪽수 ⇨ $(a-15b)$쪽

⑤ 7000원의 $x\,\%$ ⇨ $7x$원

대입과 식의 값

01

다음 ☐ 안에 알맞은 것을 쓰시오.

> 문자를 사용한 식에서 문자에 어떤 수를 바꾸어 넣는 것을
> 문자에 수를 ☐ 한다고 한다.

02

다음 식의 값을 구하시오.

(1) $x=2$일 때, $3x-9$

(2) $x=-3$일 때, $-2x-5$

(3) $x=\dfrac{1}{2}$일 때, $4x+2$

(4) $a=2$일 때, $\dfrac{6}{a}+7$

(5) $a=5$일 때, $-a^2$

(6) $a=-5$일 때, $2a^2-3a+1$

03

$x=3$, $y=2$일 때, 다음 식의 값을 구하시오.

(1) $x+y$

(2) $4x+3y$

(3) $-x+2y+5$

(4) $(x+y)^2$

04

$x=4$, $y=-3$일 때, 다음 식의 값을 구하시오.

(1) xy

(2) x^2+y^2

(3) $x(x+y)$

(4) x^2-2y

05

$a=\dfrac{1}{2}$일 때, 다음 식의 값을 구하시오.

(1) $\dfrac{1}{a}$

(2) $-\dfrac{4}{a}$

(3) $\dfrac{2}{a}-1$

(4) $5-\dfrac{6}{a}$

06

$a=\dfrac{1}{3}$, $b=-\dfrac{1}{4}$일 때, 다음 식의 값을 구하시오.

(1) $9a^2-24ab$

(2) $12(a+b)$

(3) $\dfrac{1}{a}+\dfrac{1}{b}$

(4) $\dfrac{3}{a}-\dfrac{4}{b}$

기본 문제

07

$x=-3$일 때, 다음 중 식의 값이 나머지 넷과 <u>다른</u> 하나는?

① $3x$ ② $\dfrac{27}{x}$ ③ $4x+3$

④ x^3+18 ⑤ $(-x)^2$

08

$a=2$, $b=-5$일 때, 다음 중 식의 값이 가장 큰 것은?

① $7a-b$ ② a^2-b ③ $a+b+10$

④ $5a^2+6b$ ⑤ $-\dfrac{40}{ab}$

09

$x=\dfrac{2}{3}$, $y=-\dfrac{1}{6}$일 때, $\dfrac{2}{x}-\dfrac{3}{y}$의 값을 구하시오.

10

한 개에 a원인 사탕 2개와 한 개에 1000원인 초콜릿 b개를 샀을 때, 다음 물음에 답하시오.

(1) 지불한 금액을 a, b를 사용한 식으로 나타내시오.

(2) $a=400$, $b=2$일 때, 지불한 금액을 구하시오.

개념 21~22

한번 더! 기본 문제

01

다음 중 곱셈 기호 $\times$와 나눗셈 기호 $\div$를 생략하여 나타낸 것으로 옳지 <u>않은</u> 것을 모두 고르면? (정답 2개)

① $a \times b \times (-5) \times a = -5a^2 b$

② $-1 \times a + b \times 0.1 = -a + 0.1b$

③ $(x+y) \div 2 = \dfrac{x}{2} + y$

④ $x \div y \times 7 = \dfrac{x}{7y}$

⑤ $4 \times a \div b \div c = \dfrac{4a}{bc}$

02

다음 |보기| 중 문자를 사용하여 나타낸 식으로 옳은 것을 모두 고른 것은?

| 보기 |

ㄱ. 3자루에 x원인 연필 7자루의 가격 $\Rightarrow \dfrac{7x}{3}$원

ㄴ. a km의 거리를 시속 2 km의 속력으로 갈 때, 걸린 시간 $\Rightarrow \dfrac{a}{2}$시간

ㄷ. 정가가 1000원인 공책을 $a\%$ 할인하여 판매한 가격 $\Rightarrow (1000 - 100a)$원

ㄹ. 수학 점수가 x점, 영어 점수가 y점일 때, 두 과목의 평균 점수 $\Rightarrow \dfrac{x+y}{2}$점

① ㄱ, ㄹ　　　② ㄱ, ㄴ, ㄷ　　　③ ㄱ, ㄴ, ㄹ

④ ㄱ, ㄷ, ㄹ　　　⑤ ㄴ, ㄷ, ㄹ

03

$x = 3$, $y = -6$일 때, $x^2 - 2xy$의 값을 구하시오.

04

$x = -\dfrac{1}{2}$일 때, 다음 중 식의 값이 가장 작은 것은?

① x^2　　　　② $(-x)^2$　　　③ $\left(\dfrac{1}{x}\right)^2$

④ $-x^2$　　　　⑤ $-\left(-\dfrac{1}{x}\right)^2$

05 자신감 UP

온도를 나타내는 방법 중에는 섭씨온도($^\circ$C)와 화씨온도($^\circ$F)가 있다. 화씨온도 $x\,^\circ$F를 섭씨온도로 나타내면 $\dfrac{5}{9}(x-32)\,^\circ$C라 할 때, 화씨온도 $86\,^\circ$F는 섭씨온도로 몇 $^\circ$C인지 구하시오.

개념 23 다항식과 일차식

01

다음 □ 안에 알맞을 것을 쓰시오.

(1) $3x$와 같은 항에서 3을 x의 [　　]라 하고, 4와 같이 문자 없이 수로만 이루어진 항을 [　　]이라 한다.

(2) 한 개 또는 두 개 이상의 항의 합으로 이루어진 식을 [　　]이라 하고, 이 중에서 한 개의 항으로 이루어진 식을 [　　]이라 한다.

(3) 어떤 항에서 문자가 곱해진 개수를 차수라 하고, 차수가 1인 다항식을 [　　]이라 한다.

02

다음 다항식에서 항, 상수항을 모두 구하시오.

다항식	항	상수항
(1) $2x+3$		
(2) $2x-3y-4$		
(3) x^2+5		
(4) $-x^2+4y+3$		

03

다음 중 단항식을 모두 고르시오.

$$-7, \quad 5x^2, \quad x^2-2x-1, \quad a+b, \quad ab$$

04

다음 다항식에서 문자가 있는 각 항의 계수를 모두 구하시오.

(1) $5a-b+2$

⇨ a의 계수: ________, b의 계수: ________

(2) $2x+7y-3$

(3) a^2-a

(4) $-6x^2+2x-1$

(5) $\dfrac{1}{10}x-7y+1$

(6) $3a^2+2a-1$

(7) $0.4a+0.7b-0.3$

(8) $0.5x+\dfrac{3}{2}y-\dfrac{1}{3}$

05

다음 다항식의 차수를 구하시오.

(1) $-3x$

(2) $1-b$

(3) a^2-2a

(4) $-x^2+5x^3$

06

다음 중 일차식인 것은 ○표, 일차식이 <u>아닌</u> 것은 ×표를 ( ) 안에 쓰시오.

(1) $x-2$　　　　　　　　　　　(　)

(2) y^2+1　　　　　　　　　　(　)

(3) $\dfrac{3a}{2}-4$　　　　　　　　　(　)

(4) $\dfrac{5}{b}+7$　　　　　　　　　(　)

(5) -3　　　　　　　　　　　(　)

(6) $0.1a+8$　　　　　　　　　(　)

07

다음 중 다항식 $\dfrac{x^2}{2}-5x+1$에 대한 설명으로 옳은 것을 모두 고르면? (정답 2개)

① 상수항은 1이다.
② 항의 개수는 4개이다.
③ x의 계수는 5이다.
④ 다항식의 차수는 3이다.
⑤ x^2의 계수와 상수항의 합은 $\dfrac{3}{2}$이다.

08

다항식 $-3x^2-7x+9$에서 다항식의 차수를 a, x의 계수를 b, 상수항을 c라 할 때, $a+b+c$의 값을 구하시오.

09

다음 중 일차식을 모두 고르면? (정답 2개)

① $x+5x^2$　　　② $4+\dfrac{1}{x}$　　　③ $\dfrac{x}{2}-7$

④ $0\times x+9$　　　⑤ $\dfrac{x+1}{3}$

개념 24 일차식과 수의 곱셈, 나눗셈

01

다음 □ 안에 알맞은 것을 쓰시오.

(1) (일차식)×(수)는 □□□□□을 이용하여 일차식의 각 항에 수를 곱한다.

(2) (일차식)÷(수)는 나누는 수를 그 수의 □□로 바꾸어 곱셈으로 고쳐서 계산한다.

02

다음 □ 안에 알맞은 수를 쓰시오.

(1) $5x \times 4 = \square \times x \times 4$

$\quad = (\square \times 4) \times x = \square\, x$

(2) $8x \div 4 = 8 \times x \times \boxed{}$

$\quad = \left(8 \times \boxed{}\right) \times x = \square\, x$

(3) $2(5x+4) = \square \times 5x + \square \times 4$

$\quad = \square\, x + \square$

(4) $(8x+4) \div 2 = (8x+4) \times \boxed{}$

$\quad = 8x \times \boxed{} + 4 \times \boxed{}$

$\quad = \square\, x + \square$

03

다음을 간단히 하시오.

(1) $2x \times 9$

(2) $4a \times (-3)$

(3) $12y \times \dfrac{5}{2}$

(4) $(-6b) \times \left(-\dfrac{7}{3}\right)$

(5) $12x \div 4$

(6) $14b \div \dfrac{7}{5}$

(7) $2y \div \left(-\dfrac{1}{3}\right)$

(8) $\left(-\dfrac{3}{4}a\right) \div \left(-\dfrac{3}{2}\right)$

04

다음을 간단히 하시오.

(1) $3(2a+4)$

(2) $-2(3x-1)$

(3) $(a-2)\times5$

(4) $(3+2x)\times(-4)$

(5) $\dfrac{5}{3}(3-6y)$

(6) $(-2a+4)\times\dfrac{1}{2}$

(7) $0.2(5+10b)$

(8) $(16x+8)\times\left(-\dfrac{1}{4}\right)$

05

다음을 간단히 하시오.

(1) $(4x+12)\div4$

(2) $(12-6b)\div6$

(3) $(5x+10)\div(-5)$

(4) $(-6y-9)\div(-3)$

(5) $\left(\dfrac{2}{3}a-6\right)\div3$

(6) $\left(-4x-\dfrac{5}{6}\right)\div\dfrac{10}{3}$

(7) $(5-15y)\div\left(-\dfrac{5}{2}\right)$

(8) $(0.2b+0.5)\div\dfrac{1}{10}$

06

다음 중 옳은 것을 모두 고르면? (정답 2개)

① $-3x \times 5 = 15x$

② $2x \times \left(-\dfrac{3}{2}\right) = -3x$

③ $\dfrac{3}{5} \times (-15y) = -25y$

④ $\dfrac{2}{5}a \div \left(-\dfrac{1}{10}\right) = -4a$

⑤ $(-8y) \div \left(-\dfrac{1}{2}\right) = 4y$

07

$(8x-12) \div (-4)$를 간단히 했을 때, 상수항을 구하시오.

08

$-5\left(4x - \dfrac{2}{5}\right)$를 간단히 하면 $ax+b$일 때, 상수 a, b에 대하여 $a+b$의 값을 구하시오.

09

다음 중 옳지 <u>않은</u> 것은?

① $5(2x+1) = 10x+5$

② $-3(3x-4) = -9x+12$

③ $(5x-10) \times \dfrac{3}{5} = 3x-6$

④ $(-21x+15) \div 3 = -7x+15$

⑤ $(8x-12) \div \left(-\dfrac{4}{5}\right) = -10x+15$

10

$-2\left(4x - \dfrac{5}{8}\right)$를 간단히 했을 때의 x의 계수를 a, $\left(\dfrac{1}{2}x - 1\right) \div \left(-\dfrac{1}{4}\right)$을 간단히 했을 때의 x의 계수를 b라 할 때, ab의 값을 구하시오.

11

다음을 간단히 하시오.

$$(4y+8) \div \left(-\dfrac{2}{3}\right)^2$$

한번 더! 기본 문제

01

다음 중 옳은 것은?

① $2x-5$의 차수는 2이다.

② x^2-x-7의 상수항은 7이다.

③ a^2+a-1은 단항식이다.

④ $-\dfrac{x}{3}+5y-4$에서 x의 계수는 $-\dfrac{1}{3}$이다.

⑤ $2a-8b$의 항은 $2a$, $8b$이다.

02

다항식 $\dfrac{2}{3}x^2+7x-3$에 대하여 다항식의 차수를 a, x의 계수를 b, 상수항을 c라 할 때, abc의 값을 구하시오.

03

다음 | 보기 | 중 일차식의 개수를 구하시오.

┤ 보기 ├

ㄱ. $a-7$ ㄴ. $-2x$ ㄷ. x^2+x

ㄹ. $-3+0\times a$ ㅁ. $\dfrac{-x+3}{8}$ ㅂ. $\dfrac{3}{x}+5$

04

자신감 UP

다항식 $(5+a)x^2+2x-4$가 x에 대한 일차식이 되도록 하는 상수 a의 값을 구하시오.

05

다음 중 옳은 것을 모두 고르면? (정답 2개)

① $4\times3x=43x$

② $(-x)\times2=2x$

③ $7y\div(-11)=-\dfrac{7y}{11}$

④ $-2(3x+4)=-6x-8$

⑤ $(14x-35)\div7=14x-5$

06

$\left(\dfrac{12}{25}y-3\right)\div\left(-\dfrac{3}{5}\right)$을 간단히 하면 $ay+b$일 때, 상수 a, b에 대하여 ab의 값을 구하시오.

개념 25　일차식의 덧셈과 뺄셈

01

다음 □ 안에 알맞은 것을 쓰시오.

(1) 문자와 차수가 각각 같은 항을 [　　　　]이라 한다.

(2) 일차식의 덧셈과 뺄셈은 다음과 같은 순서로 한다.
　❶ 괄호가 있으면 [　　　　]을 이용하여 괄호를 푼다.
　❷ [　　　　]끼리 모아서 계산한다.

02

다음 식에서 동류항을 모두 찾아 짝 지으시오.

(1) $2a+3+3a-4$

(2) $x+7-3x+5$

(3) $2x+y+5x$

(4) $x+y-5x-3y$

(5) $x-2y+1-\dfrac{2}{3}x+y$

(6) $\dfrac{2}{5}a+3b-a+2b+7$

03

다음을 간단히 하시오.

(1) $4x+8x$

(2) $9y-6y$

(3) $-3a-2a$

(4) $5a-7a+3a$

(5) $-4x+2x+5x$

04

다음을 간단히 하시오.

(1) $5a+7+4a+8$

(2) $6b-5+7-10b$

(3) $-5x+16-11x-20$

(4) $\dfrac{1}{6}y-4+\dfrac{2}{3}y+9$

다음을 계산하시오.

(1) $(4x+2)+(5x+3)$

(2) $(a+12)+(5a-15)$

(3) $(-2y+1)+(-y+3)$

(4) $(7b-3)+(-5b+9)$

(5) $11x-(3x+7)$

(6) $(2a-3)-(5a-7)$

(7) $(-3y+5)-(4y-1)$

(8) $(-9b-3)-(-5b-2)$

다음을 계산하시오.

(1) $(a+2)+3(a-1)$

(2) $3(x+1)+2(2x-1)$

(3) $4(a-3)-5(a-5)$

(4) $2(-3x-4)-3(-4x+1)$

(5) $\dfrac{1}{3}(6a-3)+\dfrac{1}{4}(8a-12)$

(6) $4\left(x-\dfrac{1}{2}\right)+\dfrac{1}{3}(x+2)$

(7) $12\left(\dfrac{1}{3}a-\dfrac{1}{4}\right)-\dfrac{1}{4}(8a+4)$

(8) $\dfrac{1}{2}(6x-4)-\dfrac{2}{3}(-15x+6)$

07

다음 중 동류항끼리 짝 지어진 것을 모두 고르면? (정답 2개)

① a^2, $-2b^2$　　② $4y$, $-3y^2$　　③ $\dfrac{a}{3}$, $\dfrac{3}{a}$

④ 5, $-\dfrac{1}{4}$　　⑤ $2x$, $\dfrac{1}{3}x$

08

다음 | 보기 | 중 $5x$와 동류항인 것의 개수를 구하시오.

| 보기 |

$$5, \quad -\frac{x}{3}, \quad 0.1x, \quad 7xy, \quad \frac{4}{x}, \quad 5y, \quad -x^2, \quad \frac{2}{5}x$$

09

다음 중 옳지 <u>않은</u> 것을 모두 고르면? (정답 2개)

① $3a-5-7a=-4a-5$

② $a+a+a=3a$

③ $3a+4b=7ab$

④ $x+\dfrac{3}{2}-3x-\dfrac{1}{2}=-2x+1$

⑤ $\dfrac{1}{4}y-\dfrac{1}{8}y+y=\dfrac{1}{4}y$

10

다음을 계산하시오.

$$(3x+1)-(-x-4)$$

11

다음 중 옳지 <u>않은</u> 것은?

① $(3x-1)+4(x+2)=7x+7$

② $3(2x+1)-2(x-1)=4x+5$

③ $\dfrac{1}{2}(2x+6)+(x-3)=2x$

④ $3(x-2)-\dfrac{1}{4}(8x+16)=x-6$

⑤ $\dfrac{2}{3}(x-3)+\dfrac{1}{6}(2x+6)=x-1$

12

$\dfrac{3}{4}(16x-20)-(9x-3)\div\dfrac{3}{2}$ 을 계산하면 $ax+b$일 때, 상수 a, b에 대하여 $a+b$의 값은?

① -11　　② -7　　③ -1

④ 1　　⑤ 7

여러 가지 일차식의 덧셈과 뺄셈

01

다음 □ 안에 알맞은 것을 쓰시오.

(1) $\dfrac{x+1}{4}+\dfrac{x-1}{2}=\dfrac{1}{4}x+\dfrac{1}{4}+\boxed{}x-\dfrac{1}{2}$

$\qquad\qquad\quad =\dfrac{1}{4}x+\dfrac{\boxed{}}{4}x+\dfrac{1}{4}-\dfrac{2}{4}$

$\qquad\qquad\quad =\boxed{}x-\dfrac{1}{4}$

(2) $2x+3\{4x-(2x-1)\}=2x+3(4x-\boxed{}+1)$

$\qquad\qquad\qquad\qquad\quad =2x+3(\boxed{}+1)$

$\qquad\qquad\qquad\qquad\quad =2x+\boxed{}+3$

$\qquad\qquad\qquad\qquad\quad =\boxed{}+3$

02

다음을 계산하시오.

(1) $\dfrac{3x+1}{2}+\dfrac{2+2x}{3}$

(2) $\dfrac{5x-2}{7}+\dfrac{2x+1}{2}$

(3) $\dfrac{a+2}{3}+\dfrac{14a-3}{6}$

(4) $\dfrac{2x+7}{4}-\dfrac{3x+5}{2}$

(5) $\dfrac{2x-3}{5}-\dfrac{3x-1}{2}$

(6) $\dfrac{2a-1}{4}-\dfrac{a-2}{3}$

03

다음을 계산하시오.

(1) $4x+\{3-2(x+1)\}$

(2) $3(a-1)-\{a+(1-4a)\}$

(3) $-2x-\{-(1-3x)-2(3x+2)\}$

(4) $7a-[2a+\{4-(6-5a)\}]$

(5) $3x-[2x+3\{4x-(5x-1)\}]$

(6) $-a-[6-\{3(2a+1)-(a+7)\}]$

04

다음 □ 안에 알맞은 식을 구하시오.

(1) $(\boxed{})+(3x-2)=2x+5$

(2) $(x+4)+(\boxed{})=2x-1$

(3) $(\boxed{})-(x-1)=-3x-1$

(4) $(x+2)-(\boxed{})=2x+5$

(5) $(\boxed{})-2(2x-3)=7x+11$

기본 문제 ···

05

$\dfrac{-2x+5}{3}+\dfrac{x+1}{6}$ 을 계산하시오.

06

$\dfrac{1}{2}x-[3x+1-\{x-(4x+3)\}]$ 을 계산했을 때, x의 계수를 a, 상수항을 b라 하자. 이때 ab의 값을 구하시오.

07

다음 □ 안에 알맞은 일차식은?

$$3(2x-1)+(\boxed{})=2(5x-4)$$

① $-4x-9$ ② $-4x+5$ ③ $4x-11$
④ $4x-5$ ⑤ $4x+11$

08

다음을 만족시키는 다항식 A를 구하시오.

$$A에서\ 3x-5를\ 빼면\ -2x+1이다.$$

한번 더! 기본 문제

01

다음 중 $-3a$와 동류항인 것은?

① -3 ② a ③ $-\dfrac{3}{a}$

④ $-3b$ ⑤ $-3a^2$

02

다음을 계산했을 때, x의 계수가 가장 작은 것은?

① $(3x+1)-(-5x+3)$

② $\dfrac{1}{2}(4x+2)-x$

③ $-7(x-1)+2(4x+3)$

④ $2(2x-1)-\dfrac{1}{5}(15-10x)$

⑤ $-2(4x+3)+(25-5x)\div 5$

03 자신감 UP

$A=2x-4$, $B=-3x+1$일 때, $2A-3B$를 x를 사용한 식으로 나타내시오.

04

$3(x-2)-\dfrac{1}{4}(8x+16)$을 계산했을 때의 상수항을 a, $\dfrac{2x-1}{4}-\dfrac{x-5}{3}$를 계산했을 때의 x의 계수를 b라 할 때, $a+6b$의 값을 구하시오.

05

$3x-[4x-3\{5-(3-7x)-2x\}]$를 계산하여 $ax+b$의 꼴로 나타낼 때, 상수 a, b에 대하여 $a-b$의 값은?

① 8 ② 6 ③ 5

④ 3 ⑤ 1

06

어떤 다항식에 $2x-4$를 더해야 할 것을 잘못하여 뺐더니 $-3x-7$이 되었다. 다음 물음에 답하시오.

(1) 어떤 다항식을 구하시오.

(2) 바르게 계산한 식을 구하시오.

4

일차방정식

방정식과 그 해

01

다음 ☐ 안에 알맞을 것을 쓰시오.

(1) 등호 =를 사용하여 수나 식이 서로 같음을 나타낸 식을
☐이라 한다.

(2) 문자의 값에 따라 참이 되기도 하고 거짓이 되기도 하는
등식을 ☐이라 하고, 이를 참이 되게 하는 미지수의
값을 ☐(근)라 한다.

(3) 미지수에 어떤 값을 대입하여도 항상 참이 되는 등식을
☐이라 한다.

02

다음 중 등식인 것은 ○표, 등식이 <u>아닌</u> 것은 ×표를 ( )
안에 쓰시오.

(1) $2+6=8$　　　　　　　　　　　(　)

(2) $3x+4$　　　　　　　　　　　(　)

(3) $x \geq 1$　　　　　　　　　　　(　)

(4) $3x-1=14$　　　　　　　　　　(　)

(5) $2x+3x=5x$　　　　　　　　　(　)

(6) $2+6x>1$　　　　　　　　　　(　)

03

다음 문장을 등식으로 나타내시오.

(1) 어떤 수 x의 2배에서 3을 빼면 5이다.

(2) 나의 나이 x세에서 동생의 나이 7세를 빼면 6세이다.

(3) 한 권에 700원인 공책 x권과 한 자루에 400원인 볼펜
4자루의 값은 3000원이다.

(4) 가로의 길이가 5 cm, 세로의 길이가 x cm인 직사각형의
넓이는 30 cm²이다.

04

다음 방정식이 $x=-2$일 때, 참이면 ○표, 거짓이면 ×표를
( ) 안에 쓰시오.

(1) $x-4=2$　　　　　　　　　　　(　)

(2) $\dfrac{1}{2}x+1=0$　　　　　　　　　(　)

(3) $x=6+4x$　　　　　　　　　　　(　)

(4) $2x+5=3x-1$　　　　　　　　　(　)

05

다음 [　] 안의 수가 주어진 방정식의 해인 것은 ○표, 해가 <u>아닌</u> 것은 ×표를 (　) 안에 쓰시오.

(1) $x+6=9$　[3]　　　　　　　　　　（　　）

(2) $6-x=-4$　[2]　　　　　　　　　（　　）

(3) $-5x=x+6$　[1]　　　　　　　　（　　）

(4) $1-\dfrac{1}{2}x=-2$　[6]　　　　　　（　　）

(5) $3x+1=2x+5$　[-1]　　　　　　（　　）

(6) $-x+9=-3x-3$　[4]　　　　　（　　）

(7) $3(1-x)=-3$　[2]　　　　　　（　　）

(8) $2(x-1)=x+3$　[5]　　　　　（　　）

06

다음 중 항등식인 것은 ○표, 항등식이 <u>아닌</u> 것은 ×표를 (　) 안에 쓰시오.

(1) $2x=6$　　　　　　　　　　　　（　　）

(2) $x+5=5+x$　　　　　　　　　（　　）

(3) $x+3x=4x$　　　　　　　　　（　　）

(4) $2(x-1)=10$　　　　　　　　（　　）

(5) $3(x+1)=3x+3$　　　　　　（　　）

07

다음 등식이 x에 대한 항등식이 되도록 하는 상수 a, b의 값을 각각 구하시오.

(1) $2x+b=ax+3 \Rightarrow a=\square,\ b=\square$

(2) $ax+1=3x+b$

(3) $ax+4=-2x+b$

(4) $5x+b=ax-7$

(5) $ax+2=x-b$

기본 문제

08

다음 중 등식을 모두 고르면? (정답 2개)

① $5x-3$
② $2x \leq -7y$
③ $5-2=3$
④ x^2-x+4
⑤ $7x+1=-\dfrac{1}{2}$

09

다음 문장을 등식으로 바르게 나타내면?

> 어떤 수 x의 2배에서 6을 뺀 것은 어떤 수 x에 4를 더한 것과 같다.

① $2x+6=x-4$
② $2(x-6)=x+4$
③ $2x-6=x+4$
④ $x^2-6=x+4$
⑤ $2x-6=x-4$

10

다음 방정식 중 해가 $x=-1$인 것을 모두 고르면?

(정답 2개)

① $x+2=5$
② $-x+3=2$
③ $-(x+4)=-3$
④ $-2x+4=x+7$
⑤ $\dfrac{x}{3}+1=\dfrac{x}{4}-2$

11

다음 중 [ ] 안의 수가 주어진 방정식의 해가 <u>아닌</u> 것은?

① $5-3x=-1$ [2]
② $x=6x-5$ [1]
③ $5x=8x+12$ [−4]
④ $3x+5=2x+3$ [−1]
⑤ $\dfrac{2}{3}x+1=\dfrac{x}{6}$ [−2]

12

다음 중 x의 값에 관계없이 항상 참이 되는 등식은?

① $2x-3=3-x$
② $5x-2x=2x$
③ $-(x+2)=x-3$
④ $4(x-1)=3x-3$
⑤ $2x+1=(3x-4)-(x-5)$

13

등식 $2ax+3=4x-b$가 모든 x의 값에 대하여 항상 참이 될 때, 상수 a, b에 대하여 $a-b$의 값을 구하시오.

개념 28 등식의 성질

01

$a=b$일 때, 다음 □ 안에 알맞은 수를 쓰시오.

(1) $a+3=b+$ □

(2) $a-2=b-$ □

(3) $4a=$ □ b

(4) $a \div 5=b \div$ □

(5) $\dfrac{a}{2}=\dfrac{b}{□}$

(6) $a \times \dfrac{1}{6}=b \times$ □

(7) $-3a=$ □ b

(8) $a \div (-2)=b \div (□)$

02

다음 중 옳은 것은 ○표, 옳지 <u>않은</u> 것은 ×표를 ( ) 안에 쓰시오.

(1) $a=b$이면 $a+4=b-4$이다. ( )

(2) $\dfrac{a}{3}=\dfrac{b}{3}$이면 $a=b$이다. ( )

(3) $\dfrac{a}{7}=b$이면 $a=7b$이다. ( )

(4) $8a=4b$이면 $2a=b$이다. ( )

(5) $a+6=b+8$이면 $a+3=b+4$이다. ( )

(6) $a=b$이면 $1+3a=1+3b$이다. ( )

(7) $a=-b$이면 $2a+3=2b-3$이다. ( )

(8) $a=4b$이면 $a-2=2(2b-1)$이다. ( )

03

다음 |보기|와 같이 등식의 성질을 이용하여 방정식을 푸시오.

> |보기|
>
> $$2x-8=4$$
> $$2x-8+8=4+8 \quad \text{등식의 양변에 8을 더하기}$$
> $$2x=12$$
> $$\frac{2x}{2}=\frac{12}{2} \quad \text{등식의 양변을 2로 나누기}$$
> $$\therefore x=6$$

(1) $x+2=5$

(2) $\dfrac{x}{3}=2$

(3) $3x-5=7$

(4) $7x+4=-24$

(5) $-2x+1=5$

(6) $-\dfrac{x}{2}+6=9$

기본 문제

04

$x=y$일 때, 다음 중 옳지 <u>않은</u> 것은?

① $x-3=y-3$ ② $-2x=-2y$

③ $\dfrac{1}{4}x=\dfrac{1}{4}y$ ④ $1-3x=3y-1$

⑤ $4x-5=4y-5$

05

다음 중 옳은 것은?

① $\dfrac{a}{2}=b$이면 $a=2+b$이다.

② $2a=3b$이면 $\dfrac{a}{2}=\dfrac{b}{3}$이다.

③ $a=4b$이면 $a-4=4(b-4)$이다.

④ $a=b$이면 $3a-1=3b+1$이다.

⑤ $a=-b$이면 $5-a=5+b$이다.

06

오른쪽은 등식의 성질을 이용하여 방정식 $5x+9=-1$을 푸는 과정이다. 다음 |보기|에서 (가), (나)에 이용된 등식의 성질을 각각 고르시오.

$$5x+9=-1$$
$$5x=-10 \quad \text{(가)}$$
$$\therefore x=-2 \quad \text{(나)}$$

> |보기|
>
> $a=b$이고, c가 자연수일 때
>
> ㄱ. $a+c=b+c$ ㄴ. $a-c=b-c$
>
> ㄷ. $ac=bc$ ㄹ. $\dfrac{a}{c}=\dfrac{b}{c}$

한번 더! 기본 문제

01

다음 중 문장을 등식으로 나타낸 것으로 옳은 것은?

① 어떤 수 x를 5배한 것은 어떤 수 x를 2배한 것과 같다.
　$\Rightarrow 5x=x+2$

② 시속 4 km로 x시간 동안 걸은 거리는 12 km이다.
　$\Rightarrow \dfrac{x}{4}=12$

③ 한 변의 길이가 x cm인 정사각형의 둘레의 길이는
　20 cm이다. $\Rightarrow 2x=20$

④ 밑변의 길이가 6 cm, 높이가 x cm인 삼각형의 넓이는
　21 cm²이다. $\Rightarrow 6x=21$

⑤ 입장료가 한 사람당 x원일 때, 5명의 입장료는 15000원
　이다. $\Rightarrow 5x=15000$

02

다음 방정식 중 해가 $x=2$인 것은?

① $2x-4=-2-x$ 　　② $x+1=-2$
③ $4x=-3x+1$ 　　④ $3-2x=1$
⑤ $2x-10=-x-4$

03 자신감 UP

등식 $(a-3)x+18=7x+6b$가 x에 대한 항등식일 때, 상
수 a, b에 대하여 $a+b$의 값을 구하시오.

04

다음 중 옳은 것을 모두 고르면? (정답 2개)

① $\dfrac{a}{2}=3b$이면 $a=6b$이다.

② $\dfrac{a}{3}=\dfrac{b}{2}$이면 $3a=2b$이다.

③ $a+b=c$이면 $a=b-c$이다.

④ $a-3=b$이면 $a=b+3$이다.

⑤ $a=b$이면 $2a-1=2b+1$이다.

05

다음은 등식의 성질을 이용하여 방정식 $5x+3=3x-2$를
푸는 과정이다. (가)~(마)에 알맞은 것을 구하시오.

$$5x+3=3x-2$$
$$5x+3-\boxed{\text{(가)}}=3x-2-\boxed{\text{(가)}}$$
$$5x=3x-\boxed{\text{(나)}}$$
$$5x-\boxed{\text{(다)}}=3x-\boxed{\text{(나)}}-\boxed{\text{(다)}}$$
$$2x=\boxed{\text{(라)}}$$
$$\therefore\ x=\boxed{\text{(마)}}$$

일차방정식

01

다음 □ 안에 알맞은 것을 쓰시오.

(1) 등식의 한 변에 있는 항을 그 항의 부호를 바꾸어 다른 변으로 옮기는 것을 □□이라 한다.

(2) 등식의 모든 항을 좌변으로 이항하여 정리한 식이 (일차식)$=0$의 꼴로 나타나는 방정식을 □□□□□ 이라 한다.

02

다음 등식에서 밑줄 친 항을 이항하시오.

(1) $x\underline{+2}=5$

(2) $2x\underline{-6}=-4$

(3) $x\underline{-7}=2$

(4) $2x=\underline{3x}+2$

(5) $x=8\underline{-5x}$

(6) $x=\underline{-2x}+6$

03

다음 등식에서 밑줄 친 항을 이항하여 $ax=b$의 꼴로 나타내시오. (단, a, b는 상수)

(1) $3x\underline{+1}=\underline{2x}+3$

(2) $6x\underline{-4}=\underline{3x}+3$

(3) $5x\underline{-2}=\underline{x}+4$

(4) $-5x\underline{+1}=\underline{-x}+3$

(5) $-4x\underline{-3}=\underline{x}+2$

(6) $2x\underline{-8}=\underline{-3x}+4$

(7) $6x\underline{-9}=\underline{-4x}+5$

(8) $-2x\underline{-7}=13\underline{+5x}$

04

다음 중 일차방정식인 것은 ○표, 일차방정식이 <u>아닌</u> 것은 ×표를 (　) 안에 쓰시오.

(1) $3x-4=2x+3$　　　　　　　　（　　）

(2) $3x+5$　　　　　　　　　　　（　　）

(3) $2+3=5$　　　　　　　　　　（　　）

(4) $6x-5=2x+3$　　　　　　　　（　　）

(5) $2x+5=3+2x$　　　　　　　　（　　）

(6) $-(x-1)=x-1$　　　　　　　（　　）

(7) $x^2+2x+1=0$　　　　　　　　（　　）

(8) $x^2+2=x(x-2)$　　　　　　　（　　）

05

다음 |보기|에서 밑줄 친 항을 바르게 이항한 것을 모두 고르시오.

| 보기 |

ㄱ. $2x\underline{-7}=3 \Rightarrow 2x=3+7$
ㄴ. $-x=\underline{-2x}+5 \Rightarrow -x-2x=5$
ㄷ. $x+1=\underline{2x} \Rightarrow x-2x=1$
ㄹ. $5x\underline{+2}=\underline{3x}+6 \Rightarrow 5x-3x=6-2$

06

다음 중 일차방정식이 <u>아닌</u> 것은?

① $x-2=3$　　　　　　② $x^2+3x=x^2-2$
③ $5(x-1)=5x^2$　　　④ $2x+4=4x$
⑤ $3x+1=2(x-6)$

07

등식 $(k-7)x-5=0$이 x에 대한 일차방정식일 때, 다음 중 상수 k의 값이 될 수 <u>없는</u> 것은?

① -7　　　　② -5　　　　③ 0
④ 5　　　　　⑤ 7

일차방정식의 풀이

01

다음 □ 안에 알맞은 것을 쓰시오.

> 일차방정식을 풀 때는 그 식을 $ax=b\,(a\neq0)$의 꼴로 정리
> 하여 해 $x=\boxed{}$를 구한다.
> 이때 괄호가 있으면 분배법칙을 이용하여 괄호를 먼저 푼다.

02

다음 일차방정식을 푸시오.

(1) $x+4=3$

(2) $4x+1=-7$

(3) $2x-5=5$

(4) $x=5x-8$

(5) $-3x+12=x$

(6) $-5x=x+12$

03

다음 일차방정식을 푸시오.

(1) $2x-4=x+5$

(2) $2x+1=4-x$

(3) $x-6=-2x+12$

(4) $-x+4=3x-8$

(5) $4x+1=-x+3$

(6) $-5x+4=-x+16$

(7) $9+2x=-x+3$

(8) $-7x+2=-4x+11$

04

다음 일차방정식을 푸시오.

(1) $4(2x-1)=12$

(2) $-2(x-5)=16$

(3) $3(x-4)=5x$

(4) $-(3x-4)=x$

(5) $2(3x+1)=x-8$

(6) $2(2x-3)=-(x+6)$

(7) $2(3-2x)=3(x-2)$

(8) $5-2(3x+1)=3(5-x)$

05

일차방정식 $-5x+2=x-4$를 풀면?

① $x=-2$ ② $x=-1$ ③ $x=0$
④ $x=1$ ⑤ $x=2$

06

일차방정식 $3(x+3)=5x-1$의 해를 $x=a$, 일차방정식 $6x-2=4x+2$의 해를 $x=b$라 할 때, $a-b$의 값을 구하시오.

07

x에 대한 일차방정식 $4x+a(x-1)=3$의 해가 $x=2$일 때, 상수 a의 값을 구하시오.

여러 가지 일차방정식의 풀이

01

다음 □ 안에 알맞은 것을 쓰시오.

(1) 계수가 소수인 일차방정식은 양변에 □의 거듭제곱을 곱하여 계수를 정수로 고친다.

(2) 계수가 분수인 일차방정식은 양변에 분모의 □를 곱하여 계수를 정수로 고친다.

02

다음 일차방정식을 푸시오.

(1) $0.3x+0.5=0.2$

(2) $-0.8x+2.4=-1.6$

(3) $0.1x+0.4=0.4x-0.8$

(4) $1.4x-2.8=0.5x+2.6$

(5) $0.03x+0.27=0.42$

(6) $0.04x-0.24=0.05x-0.36$

(7) $-0.02x+0.2=-0.3$

(8) $0.2x+0.8=-3(-0.3x+0.2)$

03

다음 일차방정식을 푸시오.

(1) $\dfrac{1}{2}x+\dfrac{1}{4}=\dfrac{5}{4}$

(2) $\dfrac{2}{5}x-1=-\dfrac{7}{5}$

(3) $\dfrac{1}{3}x-\dfrac{2}{3}=\dfrac{1}{2}x+\dfrac{1}{2}$

(4) $\dfrac{4}{9}x+\dfrac{1}{3}=\dfrac{1}{6}x+\dfrac{8}{9}$

(5) $\dfrac{x-6}{2}=\dfrac{x+2}{3}$

(6) $x-\dfrac{1}{2}(x-1)=5$

(7) $\dfrac{4}{5}x+\dfrac{7}{10}=\dfrac{1}{2}(x-7)$

(8) $\dfrac{4}{3}\left(x+\dfrac{3}{4}\right)=\dfrac{3}{2}-\dfrac{1-x}{4}$

04

다음 일차방정식을 푸시오.

(1) $\dfrac{4}{5}x-0.9=0.2x+\dfrac{3}{2}$

(2) $\dfrac{5}{2}x-\dfrac{6}{5}=1.6x+\dfrac{3}{5}$

(3) $0.3x-\dfrac{1}{3}(x-2)=0$

(4) $\dfrac{x}{2}-0.1x=-0.5(x-6)$

(5) $0.3(x+1)-\dfrac{1}{4}(x-1)=1.2$

05

일차방정식 $0.5x+0.4=0.3(x+6)$을 풀면?

① $x=-7$ ② $x=-5$ ③ $x=3$

④ $x=5$ ⑤ $x=7$

06

x에 대한 일차방정식 $0.7x+0.1=\dfrac{3x-1}{2}-5$의 해가 $x=a$ 일 때, a^2-a의 값을 구하시오.

07

x에 대한 일차방정식 $\dfrac{x+a}{5}=\dfrac{x-2}{4}+1$의 해가 $x=-2$일 때, 상수 a의 값을 구하시오.

개념 29~31

한번 더! 기본 문제

01

다음 중 밑줄 친 항을 이항한 것으로 옳지 <u>않은</u> 것은?

① $x\underline{-8}=2 \Rightarrow x=2+8$

② $2x=\underline{-3}\underline{+4x} \Rightarrow 2x-4x=-3$

③ $6=4\underline{-5x} \Rightarrow 5x=4-6$

④ $\underline{2}-4x=\underline{x}+7 \Rightarrow -4x+x=7+2$

⑤ $3x\underline{+1}=\underline{-x}+3 \Rightarrow 3x+x=3-1$

02

다음 |보기| 중 일차방정식의 개수는?

┌ **보기** ┐

ㄱ. $2x+6$ ㄴ. $-x+7=x^2-x$

ㄷ. $x-3=3-x$ ㄹ. $x^2-1=2(x+1)+x^2$

ㅁ. $5x-2>0$ ㅂ. $4(x+2)=x+8+3x$

① 1개 ② 2개 ③ 3개

④ 4개 ⑤ 5개

03

다음 일차방정식 중 일차방정식 $4(x+1)=3(x-1)+9$와 해가 같은 것은?

① $2x+1=-3$

② $5x-1=x+3$

③ $2(5x-2)=-14$

④ $-x-8=x-4$

⑤ $3(x+1)=2(x+2)+1$

04

다음 일차방정식을 푸시오.

$$\frac{1}{2}-\frac{1-x}{4}=0.5x$$

05

x에 대한 일차방정식 $1-(a-2x)=\dfrac{x+a}{3}$의 해가 $x=5$일 때, 상수 a의 값은?

① 0 ② 1 ③ 2

④ 4 ⑤ 7

06 자신감 UP

다음 x에 대한 두 일차방정식의 해가 같을 때, 상수 a의 값을 구하시오.

$$\frac{3x-1}{4}=\frac{x+2}{6}, \quad 0.6(a-x)=3$$

일차방정식의 활용 (1)

01

다음 문장을 방정식으로 나타내고, 그 방정식의 해를 구하시오.

(1) 어떤 수 x의 3배는 어떤 수 x에 6을 더한 수와 같다.

(2) 어떤 수 x를 2배한 수에서 3을 뺀 수는 어떤 수 x보다 5만큼 크다.

(3) 세 변의 길이가 각각 $6\,cm$, $8\,cm$, $x\,cm$인 삼각형의 둘레의 길이는 $19\,cm$이다.

(4) 밑변의 길이가 $8\,cm$, 높이가 $x\,cm$인 평행사변형의 넓이는 $72\,cm^2$이다.

(5) 한 권에 800원인 공책 x권을 사고 3000원을 냈을 때의 거스름돈은 600원이다.

(6) 1000원씩 8명, 500원씩 x명이 낸 금액은 모두 19000원이다.

02

연속하는 세 자연수의 합이 30일 때, 세 자연수를 구하려고 한다. 다음 물음에 답하시오.

(1) 다음 ☐ 안에 알맞은 것을 쓰고, 일차방정식을 세우시오.

> 연속하는 세 자연수 중 가운데 수를 x라 하면
> ⇨ 세 자연수: ☐, x, ☐

(2) (1)에서 세운 일차방정식을 푸시오.

(3) 연속하는 세 자연수를 구하시오.

03

십의 자리의 숫자가 2인 두 자리의 자연수가 있다. 이 자연수의 십의 자리의 숫자와 일의 자리의 숫자를 바꾼 수는 처음 수보다 18만큼 클 때, 처음 수를 구하려고 한다. 다음 물음에 답하시오.

(1) 다음 ☐ 안에 알맞은 것을 쓰고, 일차방정식을 세우시오.

> 처음 수의 일의 자리의 숫자를 x라 하면
> ⇨ 처음 수: ☐
> ⠀⠀바꾼 수: ☐

(2) (1)에서 세운 일차방정식을 푸시오.

(3) 처음 수를 구하시오.

04

동생의 나이는 형의 나이의 3배에서 31세를 뺀 것과 같다. 형과 동생의 나이의 합이 25세일 때, 형의 나이를 구하려고 한다. 다음 물음에 답하시오.

(1) 다음 □ 안에 알맞은 것을 쓰고, 일차방정식을 세우시오.

> 형의 나이를 x세라 하면
> ⇨ 동생의 나이: (＿＿＿＿)세

(2) (1)에서 세운 일차방정식을 푸시오.

(3) 형의 나이를 구하시오.

05

한 개에 400원인 사탕과 한 개에 600원인 초콜릿을 합하여 11개를 사고 5800원을 지불하였다. 사탕을 몇 개 샀는지 구하려고 할 때, 다음 물음에 답하시오.

(1) 다음 □ 안에 알맞은 것을 쓰고, 일차방정식을 세우시오.

> 사탕을 x개 샀다고 하면
> ⇨ 초콜릿의 개수: (＿＿＿＿)개

(2) (1)에서 세운 일차방정식을 푸시오.

(3) 사탕을 몇 개 샀는지 구하시오.

06

가로의 길이가 세로의 길이보다 7 cm만큼 긴 직사각형의 둘레의 길이가 66 cm일 때, 세로의 길이를 구하려고 한다. 다음 물음에 답하시오.

(1) 다음 □ 안에 알맞은 것을 쓰고, 일차방정식을 세우시오.

> 직사각형의 세로의 길이를 x cm라 하면
> ⇨ 가로의 길이: (＿＿＿＿) cm

(2) (1)에서 세운 일차방정식을 푸시오.

(3) 직사각형의 세로의 길이를 구하시오.

07

윗변의 길이가 아랫변의 길이보다 4 cm만큼 짧고, 높이가 5 cm인 사다리꼴의 넓이가 30 cm^{2}일 때, 아랫변의 길이를 구하려고 한다. 다음 물음에 답하시오.

(1) 다음 □ 안에 알맞은 것을 쓰고, 일차방정식을 세우시오.

> 사다리꼴의 아랫변의 길이를 x cm라 하면
> ⇨ 윗변의 길이: (＿＿＿＿) cm

(2) (1)에서 세운 일차방정식을 푸시오.

(3) 사다리꼴의 아랫변의 길이를 구하시오.

08

어떤 수에서 3을 빼고 4배한 수는 어떤 수의 2배보다 8만큼 클 때, 어떤 수를 구하시오.

09

연속하는 세 자연수의 합이 78일 때, 세 자연수 중 가장 작은 수는?

① 22　　　　② 23　　　　③ 24
④ 25　　　　⑤ 26

10

십의 자리의 숫자가 4인 두 자리의 자연수가 있다. 이 자연수의 십의 자리의 숫자와 일의 자리의 숫자를 바꾼 수는 처음 수보다 9만큼 클 때, 처음 수를 구하시오.

11

수연이의 20년 후의 나이는 현재 나이의 3배보다 4세가 적을 때, 수연이의 현재 나이를 구하시오.

12

민이는 개당 250원인 오렌지맛 사탕과 개당 300원인 포도맛 사탕을 모두 합하여 30개를 사고, 8400원을 지불했다. 이때 오렌지맛 사탕과 포토맛 사탕을 각각 몇 개씩 샀는지 차례로 구하시오.

13

가로의 길이가 세로의 길이보다 8 cm만큼 짧은 직사각형의 둘레의 길이가 56 cm일 때, 이 직사각형의 넓이를 구하시오.

일차방정식의 활용 (2)

01

학생들에게 음료수를 나누어 주는데 6개씩 나누어 주면 10개가 남고, 8개씩 나누어 주면 4개가 부족할 때, 학생 수와 음료수의 개수를 각각 구하려고 한다. 다음 물음에 답하시오.

(1) 다음 □ 안에 알맞은 것을 쓰고, 일차방정식을 세우시오.

> 학생 수를 x명이라 할 때
> (ⅰ) 음료수를 6개씩 나누어 주면 10개가 남으므로
> $\Rightarrow$ 음료수의 개수: $(6x+10)$개
> (ⅱ) 음료수를 8개씩 나누어 주면 4개가 부족하므로
> $\Rightarrow$ 음료수의 개수: (⬚)개 ← x에 대한 식으로 나타내기

(2) (1)에서 세운 일차방정식을 푸시오.

(3) 학생 수와 음료수의 개수를 차례로 구하시오.

02

어떤 일을 완성하는 데 연수가 혼자 하면 3일, 민호가 혼자 하면 6일이 걸린다고 한다. 이 일을 연수와 민호가 같이 완성하는 데 며칠이 걸리는지 구하려고 한다. 다음 물음에 답하시오.

(1) 연수와 민호가 이 일을 같이 완성하기 위해 일한 날수를 x일이라 할 때, 다음 □ 안에 알맞은 것을 쓰고, 일차방정식을 세우시오.

> 전체 일의 양을 1이라 하면 연수가 하루에 하는 일의 양은 $\dfrac{1}{3}$이고, 민호가 하루에 하는 일의 양은 ⬚ 이다.

(2) (1)에서 세운 일차방정식을 푸시오.

(3) 이 일을 연수와 민호가 같이 완성하는 데 며칠이 걸리는지 구하시오.

03

어느 중학교 댄스 동아리의 회원 수가 작년보다 10 % 증가하여 올해는 55명이 되었을 때, 작년의 회원 수를 구하려고 한다. 다음 물음에 답하시오.

(1) 다음 □ 안에 알맞은 것을 쓰고, 일차방정식을 세우시오.

> 작년의 회원 수를 x명이라 하면
> $\Rightarrow$ 올해의 회원 수: ⬚ 명

(2) (1)에서 세운 일차방정식을 푸시오.

(3) 작년의 회원 수를 구하시오.

04

두 지점 A, B를 왕복하는데 갈 때는 시속 3 km로 걷고, 올 때는 같은 길을 시속 2 km로 걸어서 총 5시간이 걸렸다. 두 지점 A, B 사이의 거리를 구하려고 할 때, 다음 물음에 답하시오.

(1) 두 지점 A, B 사이의 거리를 x km라 할 때, 다음 표를 완성하고, 일차방정식을 세우시오.

	갈 때	올 때
거리	x km	
속력	시속 3 km	
시간	$\dfrac{x}{3}$시간	

(2) (1)에서 세운 일차방정식을 푸시오.

(3) 두 지점 A, B 사이의 거리를 구하시오.

05

영우네 가족이 자동차를 타고 여행을 다녀왔는데 갈 때는 시속 80 km로 달리고, 올 때는 갈 때보다 20 km 더 짧은 길을 시속 70 km로 달려서 총 4시간이 걸렸다. 영우네 가족이 갈 때 이동한 거리를 구하려고 할 때, 다음 물음에 답하시오.

(1) 갈 때 이동한 거리를 x km라 할 때, 다음 표를 완성하고, 일차방정식을 세우시오.

	갈 때	올 때
거리	x km	
속력	시속 80 km	
시간	$\dfrac{x}{80}$시간	

(2) (1)에서 세운 일차방정식을 푸시오.

(3) 영우네 가족이 갈 때 이동한 거리를 구하시오.

06

두 지점 A, B를 자동차를 타고 왕복하는데 갈 때는 시속 60 km로 달리고, 올 때는 같은 길을 시속 90 km로 달렸더니 갈 때는 올 때보다 1시간이 더 걸렸다. 두 지점 A, B 사이의 거리를 구하려고 할 때, 다음 물음에 답하시오.

(1) 두 지점 A, B 사이의 거리를 x km라 할 때, 다음 표를 완성하고, 일차방정식을 세우시오.

	갈 때	올 때
거리	x km	
속력	시속 60 km	
시간	$\dfrac{x}{60}$시간	

(2) (1)에서 세운 일차방정식을 푸시오.

(3) 두 지점 A, B 사이의 거리를 구하시오.

07

체육대회에서 상품으로 받은 공책을 학생들에게 나누어 주려고 한다. 한 학생에게 4권씩 나누어 주면 16권이 남고, 6권씩 나누어 주면 2권이 부족하다고 할 때, 공책의 수를 구하시오.

08

어떤 벽을 전부 칠하는 작업을 하는 데 A가 혼자 하면 8시간, B가 혼자 하면 16시간이 걸린다고 한다. 처음에 A가 혼자 2시간 동안 작업한 후 둘이 함께 작업하여 이 벽을 전부 칠했다면 둘이 함께 작업한 시간을 구하시오.

09

어느 봉사 단체의 회원 수가 작년보다 10 % 감소하여 올해는 1215명이 되었을 때, 작년의 회원 수를 구하시오.

10

승우가 등산을 하는데 올라갈 때는 시속 2 km로 걷고, 내려올 때는 같은 길을 시속 4 km로 걸어서 총 3시간이 걸렸다. 승우가 올라간 거리는?

① 2 km 　　② 3 km 　　③ 4 km
④ 5 km 　　⑤ 6 km

11

민이가 집과 할머니 댁 사이를 왕복하는데 갈 때는 시속 2 km으로 걷고, 올 때는 갈 때보다 1 km 더 먼 길을 시속 3 km로 걸어서 총 3시간이 걸렸다. 민이가 할머니 댁에서 집으로 이동한 거리를 구하시오.

12

집에서 서점까지 가는데 시속 4 km로 걸어가면 시속 3 km로 걸어가는 것보다 30분 빨리 도착한다고 할 때, 집에서 서점까지의 거리를 구하시오.

한번 더! 기본 문제

01

연속하는 세 짝수의 합이 66일 때, 세 짝수를 구하시오.

02

일의 자리의 숫자가 4인 두 자리의 자연수가 있다. 이 자연수는 각 자리의 숫자의 합의 4배와 같을 때, 이 자연수를 구하시오.

03

현재 아버지의 나이는 44세이고, 딸의 나이는 6세이다. 아버지의 나이가 딸의 나이의 3배가 되는 것은 현재로부터 몇 년 후인가?

① 9년 후 ② 10년 후 ③ 11년 후
④ 12년 후 ⑤ 13년 후

04

어떤 가축 우리 안에 소와 닭이 합하여 15마리가 있다. 소와 닭의 다리의 수의 합이 44개일 때, 가축 우리 안의 소는 모두 몇 마리인지 구하시오.

05

밑변의 길이가 $8\,\text{cm}$, 높이가 $6\,\text{cm}$인 삼각형이 있다. 이 삼각형의 밑변의 길이를 $2\,\text{cm}$만큼 줄이고 높이를 $x\,\text{cm}$만큼 늘였더니 처음 삼각형의 넓이의 2배가 되었을 때, x의 값을 구하시오.

06

학생들에게 사탕을 나누어 주려고 한다. 한 학생에게 3개씩 나누어 주면 8개가 남고, 4개씩 나누어 주면 5개가 부족하다고 할 때, 학생 수는?

① 4명 ② 7명 ③ 10명
④ 13명 ⑤ 16명

07

컴퓨터로 어떤 문서 작업을 하는 데 예나는 4시간, 진수는 8시간이 걸린다고 한다. 이 문서 작업을 예나와 진수가 함께 완성하는 데 몇 시간 몇 분이 걸리는지 구하시오.

08 자신감 UP

어느 중학교에서 올해의 남학생 수는 작년보다 5 % 감소했고, 여학생 수는 작년보다 8 % 증가했다. 올해의 남학생 수는 152명, 여학생 수는 162명일 때, 다음 물음에 답하시오.

(1) 작년의 남학생 수를 구하시오.
(2) 작년의 여학생 수를 구하시오.
(3) 작년의 전체 학생 수를 구하시오.

09

동하가 등산을 하는데 시속 3 km로 정상에 올라간 후 내려올 때는 올라갈 때보다 1 km 더 긴 등산로를 따라 시속 4 km로 내려와서 총 4시간 20분이 걸렸다. 동하가 올라간 거리를 구하시오.

10

둘레의 길이가 1400 m인 트랙이 있다. 이 트랙을 A, B 두 사람이 같은 지점에서 동시에 출발하여 서로 반대 방향으로 걸어갔다. A는 매분 40 m의 속력으로, B는 매분 30 m의 속력으로 걸었다면 A, B 두 사람은 같은 지점에서 출발한 지 몇 분 후에 처음으로 만나는지 구하시오.

5

좌표와 그래프

순서쌍과 좌표

01

다음 □ 안에 알맞을 것을 쓰시오.

(1) 수직선 위의 한 점에 대응하는 수를 그 점의 ☐ 라 한다.

(2) 순서를 생각하여 두 수를 짝 지어 나타낸 것을 ☐ 이라 한다.

(3) 두 수직선이 점 O에서 서로 수직으로 만날 때

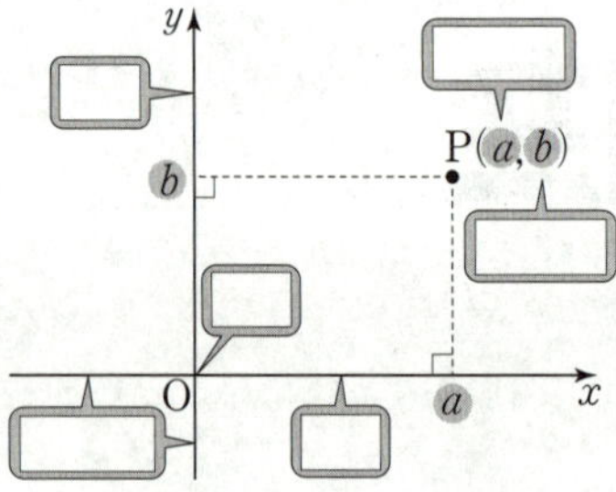

02

다음 수직선 위의 세 점 A, B, C의 좌표를 각각 기호로 나타내시오.

(1)
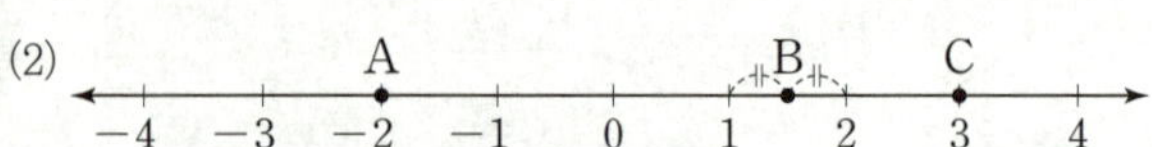

(2)
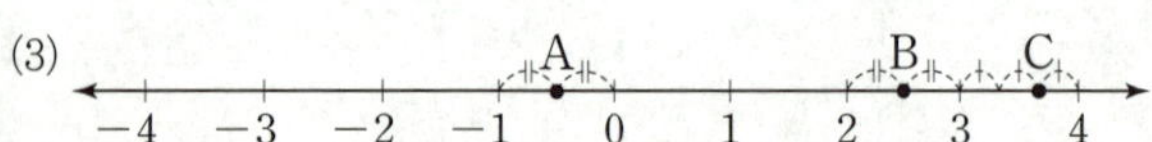

(3)

03

다음 점을 각각 수직선 위에 나타내시오.

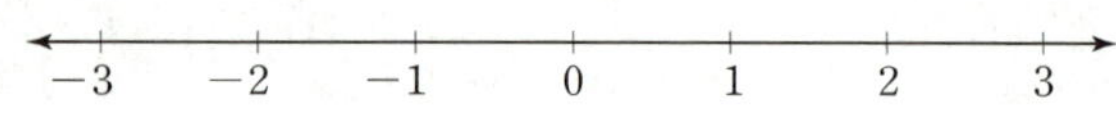

(1) A(1)

(2) B(0)

(3) C(-3)

(4) D(3)

(5) E$\left(\dfrac{5}{2}\right)$

(6) F$\left(-\dfrac{3}{2}\right)$

(7) G$\left(\dfrac{4}{3}\right)$

04

다음 좌표평면 위의 세 점 A, B, C의 좌표를 각각 기호로 나타내시오.

(1)
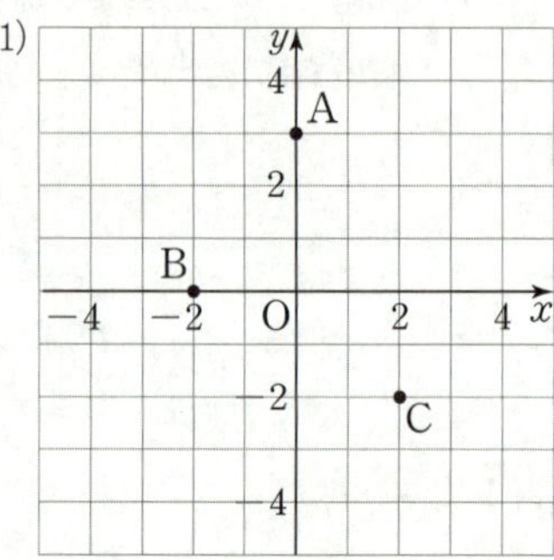

(2)
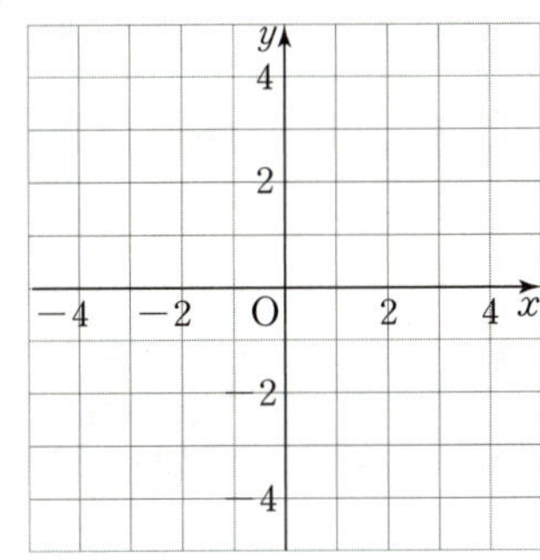

05

다음 점을 각각 좌표평면 위에 나타내시오.

(1) A$(-2, 3)$

(2) B$(2, 0)$

(3) C$(3, -1)$

(4) D$(0, -4)$

(5) E$(0, 0)$

(6) F$(-3, -2)$

(7) G$(4, 2)$

06

다음 점의 좌표를 기호로 나타내시오.

(1) 원점

(2) x좌표가 3, y좌표가 2인 점

(3) x좌표가 -1, y좌표가 1인 점

(4) x좌표가 -5, y좌표가 -6인 점

(5) x좌표가 -3이고, y좌표가 0인 점

(6) x좌표가 0이고, y좌표가 -2인 점

(7) x축 위에 있고, x좌표가 4인 점

(8) y축 위에 있고, y좌표가 1인 점

07

다음 수직선 위에 두 점 A(-2), B(3)을 각각 나타내고, 두 점 A, B 사이의 거리를 구하시오.

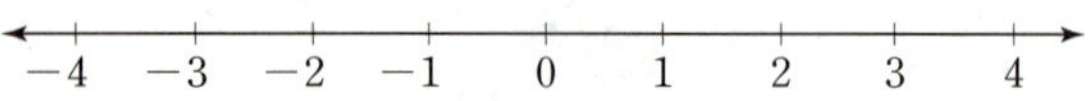

08

두 순서쌍 $(-2,\ a+3)$, $(b-1,\ 4)$가 서로 같을 때, a, b의 값을 각각 구하시오.

09

다음 좌표평면 위의 5개의 점 A, B, C, D, E의 좌표를 나타낸 것으로 옳지 <u>않은</u> 것은?

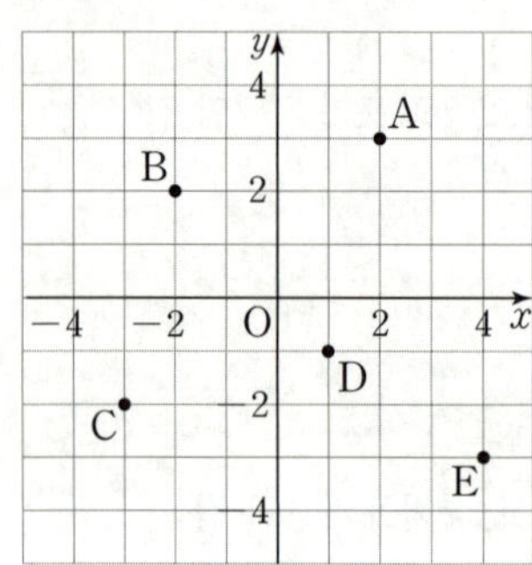

① A($2,\ 3$)   ② B($-2,\ 2$)   ③ C($-2,\ -3$)
④ D($1,\ -1$)   ⑤ E($4,\ -3$)

10

다음 중 x축 위에 있고, 점 $(1,\ -4)$와 x좌표가 같은 점의 좌표는?

① $(-4,\ 0)$ ② $(-1,\ 0)$ ③ $(1,\ 0)$
④ $(0,\ -4)$ ⑤ $(0,\ 1)$

11

점 $(a-1,\ 2+a)$는 x축 위의 점이고, 점 $(b+1,\ b-3)$은 y축 위의 점일 때, ab의 값은?

① -2 ② -1 ③ 0
④ 1 ⑤ 2

12

세 점 A($0,\ 2$), B($-3,\ -2$), C($4,\ -2$)를 꼭짓점으로 하는 삼각형 ABC의 넓이를 구하려고 한다. 다음 물음에 답하시오.

⑴ 다음 좌표평면 위에 세 점 A($0,\ 2$), B($-3,\ -2$), C($4,\ -2$)를 각각 나타내고, 삼각형 ABC를 그리시오.

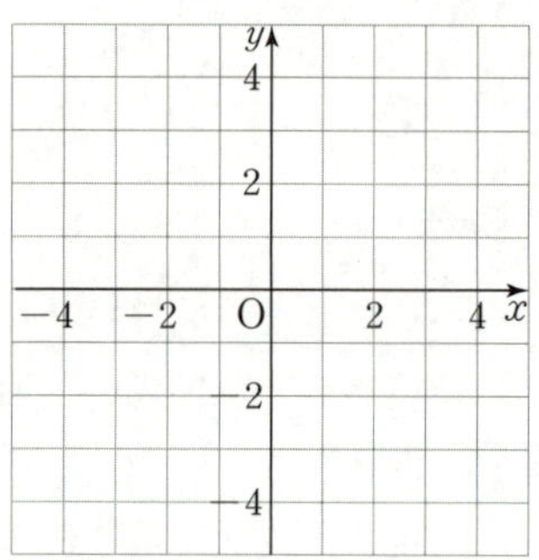

⑵ 삼각형 ABC의 넓이를 구하시오.

개념 35 사분면

01

좌표평면은 좌표축에 의해 네 부분으로 나뉘는데, 그 각각을 제1사분면, 제2사분면, 제3사분면, 제4사분면이라 한다. 다음 사분면 위의 점의 x좌표의 부호와 y좌표의 부호를 각각 쓰시오.

	x좌표의 부호	y좌표의 부호
(1) 제1사분면		
(2) 제2사분면		
(3) 제3사분면		
(4) 제4사분면		

02

아래 좌표평면 위의 점에서 다음 사분면 위의 점을 모두 고르시오.

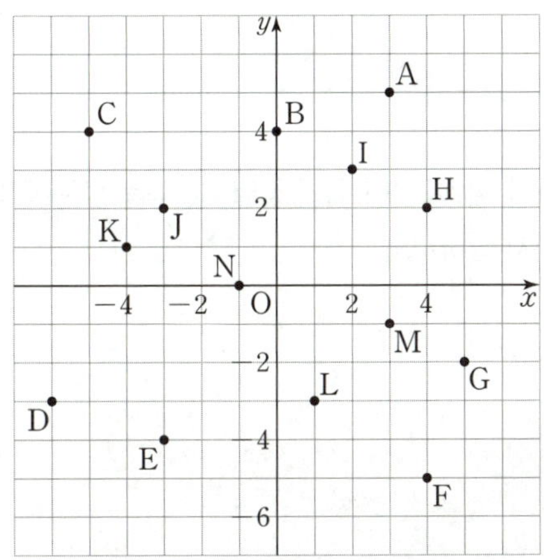

(1) 제1사분면

(2) 제2사분면

(3) 제3사분면

(4) 제4사분면

03

다음 점은 제몇 사분면 위의 점인지 말하시오.

(1) $(2, 5)$

(2) $(-1, 4)$

(3) $(-5, -6)$

(4) $(3, -4)$

(5) $(2, -5)$

(6) $(-1, -4)$

(7) $(7, 3)$

(8) $(-3, 5)$

04

다음을 만족시키는 점을 ㅣ보기ㅣ에서 모두 고르시오.

> ㅣ보기ㅣ
>
> ㄱ. $A(-2, 3)$ ㄴ. $B(4, 7)$
> ㄷ. $C(-5, 0)$ ㄹ. $D(1, 5)$
> ㅁ. $E(-3, -7)$ ㅂ. $F(6, -1)$
> ㅅ. $G(4, -8)$ ㅇ. $H(0, 1)$

(1) 제2사분면 위의 점

(2) 제4사분면 위의 점

(3) 어느 사분면에도 속하지 않는 점

05

$a>0$, $b>0$일 때, 다음 ◯ 안에 $+$, $-$ 중 알맞은 것을 쓰고, 주어진 점은 제몇 사분면 위의 점인지 말하시오.

(1) (a, b) ⇨ $(◯, ◯)$

(2) (b, a) ⇨ $(◯, ◯)$

(3) $(a, -b)$ ⇨ $(◯, ◯)$

(4) $(-a, b)$ ⇨ $(◯, ◯)$

(5) $(-a, -b)$ ⇨ $(◯, ◯)$

06

$a>0$, $b<0$일 때, 다음 점은 제몇 사분면 위의 점인지 말하시오.

(1) (a, b)

(2) $(-a, b)$

(3) $(a, -b)$

(4) $(-a, -b)$

07

점 (a, b)가 제2사분면 위의 점일 때, 다음 점은 제몇 사분면 위의 점인지 말하시오.

(1) (b, a)

(2) $(-a, b)$

(3) $(a, -b)$

(4) $(-b, -a)$

08

다음 중 제3사분면 위의 점은?

① $(2, 6)$ ② $(-3, 7)$ ③ $(5, -2)$
④ $(-1, -4)$ ⑤ $(0, 8)$

09

다음 중 점의 좌표와 그 점이 속하는 사분면이 바르게 연결된 것은?

① $A(0, 2)$ ⇨ 제1사분면
② $B(-4, 3)$ ⇨ 제3사분면
③ $C(-3, 0)$ ⇨ 제2사분면
④ $D(5, -4)$ ⇨ 제4사분면
⑤ $E(-2, -1)$ ⇨ 제4사분면

10

다음 중 옳지 <u>않은</u> 것을 모두 고르면? (정답 2개)

① 점 $(-4, 0)$은 x축 위의 점이다.
② 점 $(1, 2)$는 제1사분면 위의 점이다.
③ 점 $(2, -5)$는 제4사분면 위의 점이다.
④ 점 $(-3, 3)$은 제3사분면 위의 점이다.
⑤ 점 $(0, 0)$은 모든 사분면에 속하는 점이다.

11

$a<0$, $b<0$일 때, 점 $(-b, a)$는 제몇 사분면 위의 점인지 말하시오.

12

점 (a, b)가 제4사분면 위의 점일 때, 점 $(-a, -b)$는 제몇 사분면 위의 점인가?

① 제1사분면
② 제2사분면
③ 제3사분면
④ 제4사분면
⑤ 어느 사분면에도 속하지 않는다.

13

$a<0$, $b>0$일 때, 점 (a, ab)는 제몇 사분면 위의 점인지 말하시오.

한번 더! 기본 문제

01

두 순서쌍 $(2a-5, b+1)$, $(-1, 3b+5)$가 서로 같을 때, $a+b$의 값은?

① -4 ② -2 ③ 0
④ 2 ⑤ 4

02

오른쪽 좌표평면 위의 5개의 점 A, B, C, D, E의 좌표를 나타낸 것으로 옳지 않은 것을 모두 고르면?

(정답 2개)

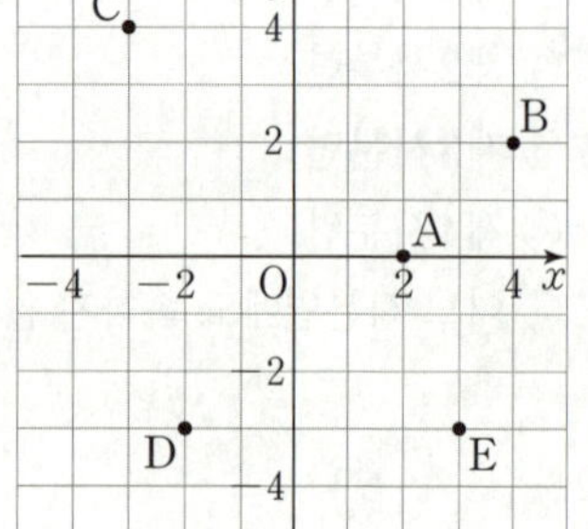

① $A(0, 2)$
② $B(4, 2)$
③ $C(-3, 4)$
④ $D(-2, -3)$
⑤ $E(-3, -3)$

03

점 $(3-2a, a-1)$은 x축 위의 점이고, 점 $(2b-4, 4b-1)$은 y축 위의 점일 때, $a+b$의 값을 구하시오.

04

네 점 $A(-1, 6)$, $B(-1, -2)$, $C(4, -2)$, $D(4, 6)$을 꼭짓점으로 하는 사각형 ABCD의 넓이는?

① 28 ② 30 ③ 32
④ 36 ⑤ 40

05

다음 중 옳지 않은 것은?

① 점 $(0, -4)$는 y축 위의 점이다.
② 점 $(-2, 6)$은 제4사분면 위의 점이다.
③ 점 $(2, 4)$와 점 $(4, 2)$는 서로 다른 점이다.
④ 점 $(3, 0)$은 어느 사분면에도 속하지 않는다.
⑤ 좌표평면에서 x축과 y축이 만나는 점을 원점이라 한다.

06 자신감 UP

$ab>0$, $a+b<0$일 때, 점 $(a, -b)$는 제몇 사분면 위의 점인지 말하시오.

개념 36 그래프의 이해 (1)

01

다음 ☐ 안에 알맞을 것을 쓰시오.

(1) x, y와 같이 여러 가지로 변하는 값을 나타내는 문자를 ☐ 라 한다.

(2) 두 변수 x, y의 순서쌍 (x, y)를 좌표로 하는 점 전체를 좌표평면 위에 점, 직선, 곡선 등으로 나타낸 것을 ☐ 라 한다.

02

다음 그래프는 속력을 시간에 따라 나타낸 것이다. 각 그래프에 알맞은 상황을 |보기|에서 골라 문장을 완성하시오.

┤ 보기 ├
일정하게 증가한다,　일정하게 감소한다
점점 느리게 증가한다,　점점 빠르게 증가한다
변함없이 일정하다,　증가와 감소를 반복한다

(1)  ⇨ 속력이 ____________.

(2) 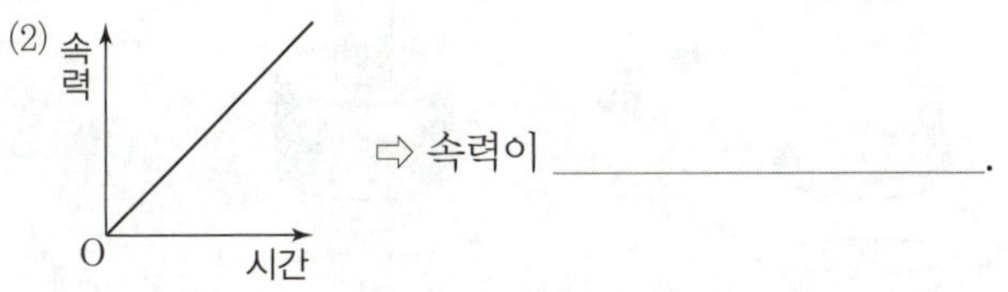 ⇨ 속력이 ____________.

(3) 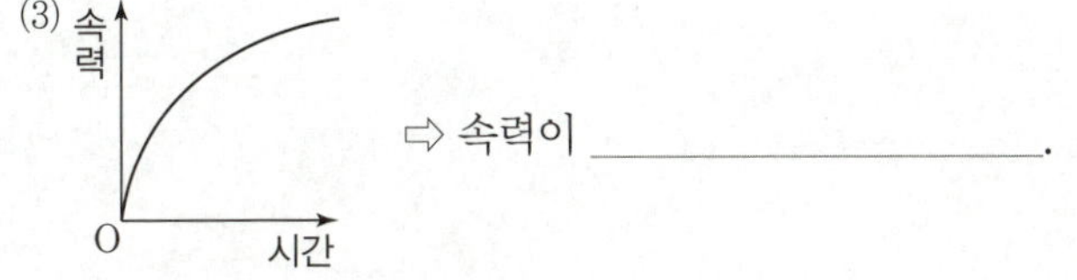 ⇨ 속력이 ____________.

(4) 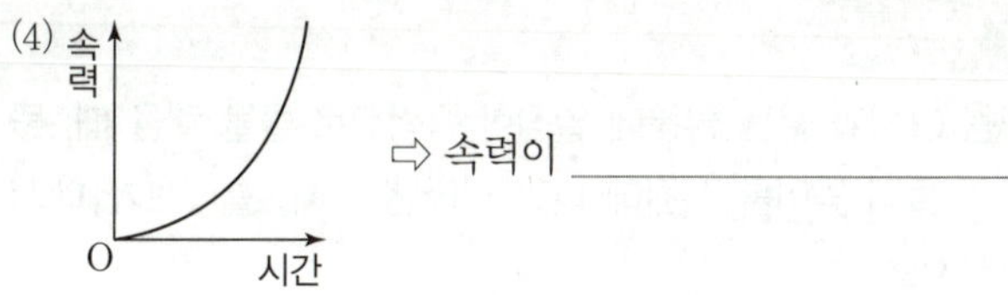 ⇨ 속력이 ____________.

(5) 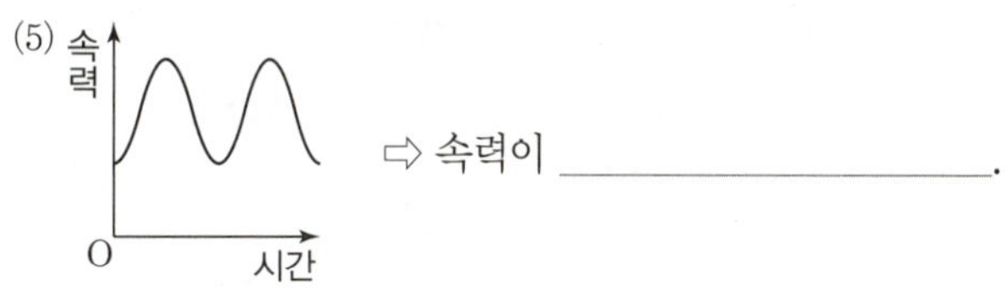 ⇨ 속력이 ____________.

03

다음 상황에 알맞은 그래프를 |보기|에서 고르시오.

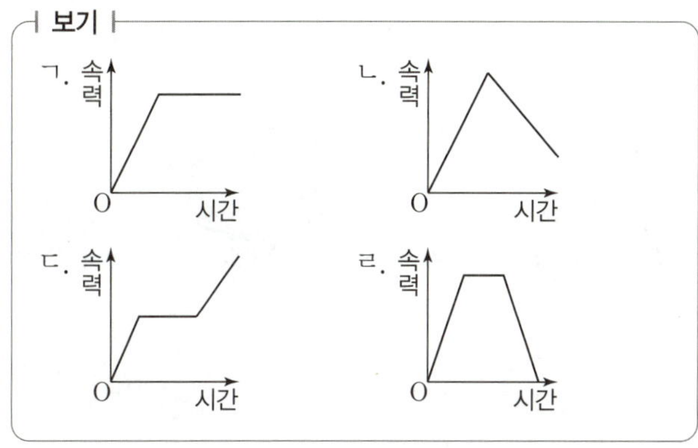

(1) 선우는 일정하게 속력을 올리며 뛰다가 일정하게 속력을 줄이며 걷고 있다.

(2) 한준이는 일정하게 속력을 올린 후 그 속력을 유지하며 뛰고 있다.

(3) 은지는 일정하게 속력을 올린 후 그 속력을 유지하며 뛰다가 다시 속력을 일정하게 올리며 뛰고 있다.

(4) 연준이는 일정하게 속력을 올린 후 그 속력을 유지하며 뛰다가 일정하게 속력을 줄이면서 걷다가 멈추었다.

04

다음 그림과 같은 물통에 일정한 속력으로 물을 채울 때, 물통의 물의 높이를 시간에 따라 나타낸 그래프를 |보기|에서 고르시오.

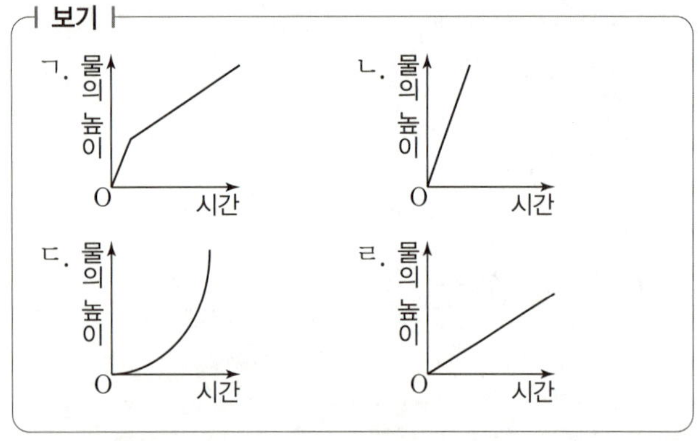

(1) 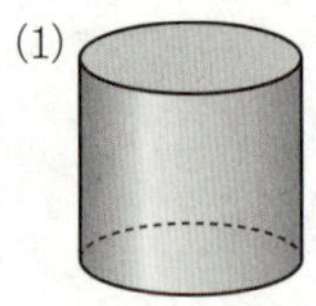

(2) 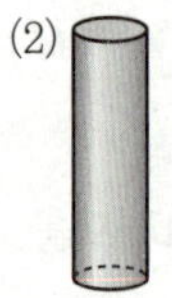

(3) 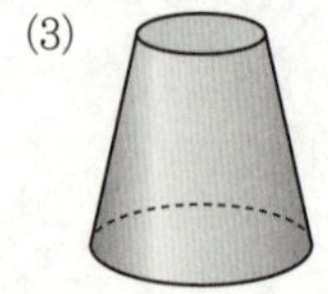

(4) 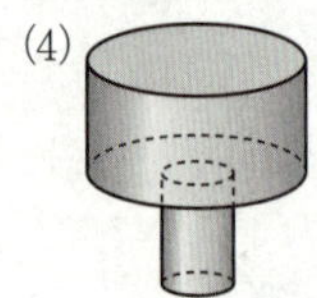

기본 문제

05

오른쪽 그래프는 어느 잔디밭을 달리는 토끼의 속력을 시간에 따라 나타낸 것이다. 다음 |보기|에서 ㈎ 구간에 대한 설명으로 옳은 것을 고르시오.

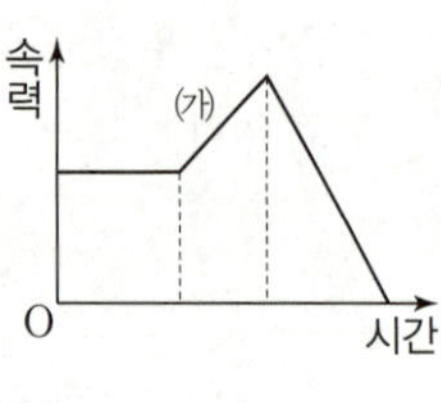

|보기|

ㄱ. 토끼가 일정한 속력으로 달린다.
ㄴ. 토끼가 속력을 증가시키면서 달린다.
ㄷ. 토끼가 속력을 감소시키면서 달린다.

06

다음 상황에 대하여 지원이가 집에서 떨어진 거리를 시간에 따라 나타낸 그래프로 알맞은 것을 |보기|에서 고르시오.

지원이는 학교에서 집으로 가는 도중 친구를 만나 멈춰 서서 대화를 나누다가 집으로 갔다.

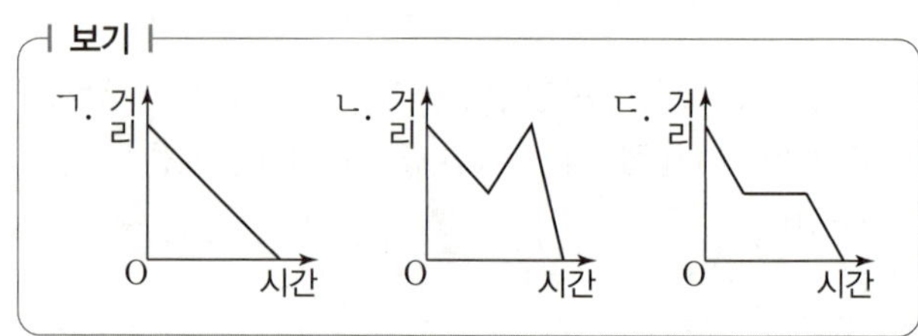

07

오른쪽 그래프는 어떤 용기에 일정한 속력으로 물을 채울 때, 물의 높이를 시간에 따라 나타낸 것이다. 다음 중 이 용기의 모양으로 가장 알맞은 것은?

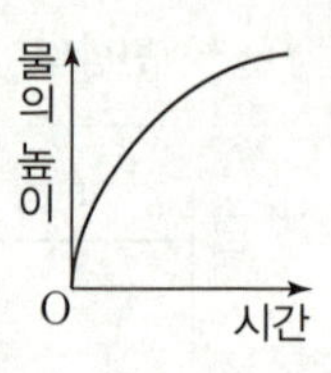

① 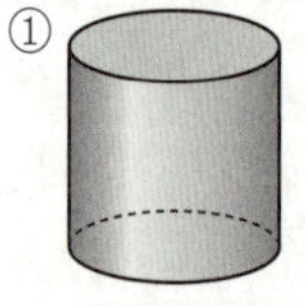

② 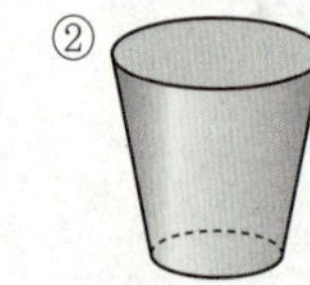

③ 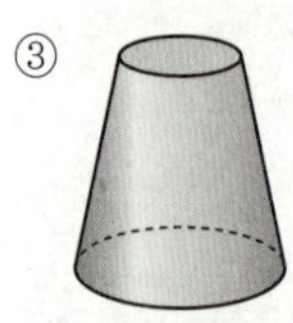

④ 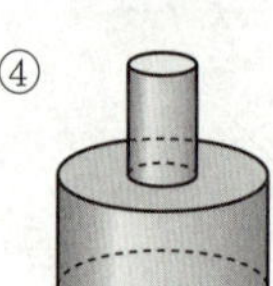

⑤ 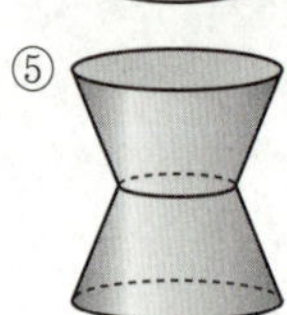

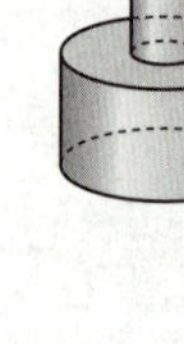

그래프의 이해 (2)

01

다음 그래프는 기온을 지면으로부터의 높이에 따라 나타낸
것이다. 물음에 답하시오.

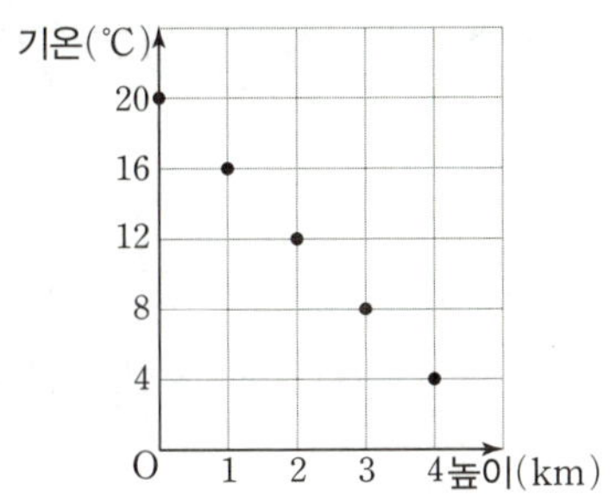

(1) 지면으로부터의 높이가 2 km인 곳의 기온을 구하시오.

(2) 기온이 16 °C인 곳의 지면으로부터의 높이를 구하시오.

02

다음 그래프는 영지가 집에서 900 m 떨어진 놀이터에서 집
으로 돌아올 때, 집에서 떨어진 거리를 시간에 따라 나타낸
것이다. 물음에 답하시오.

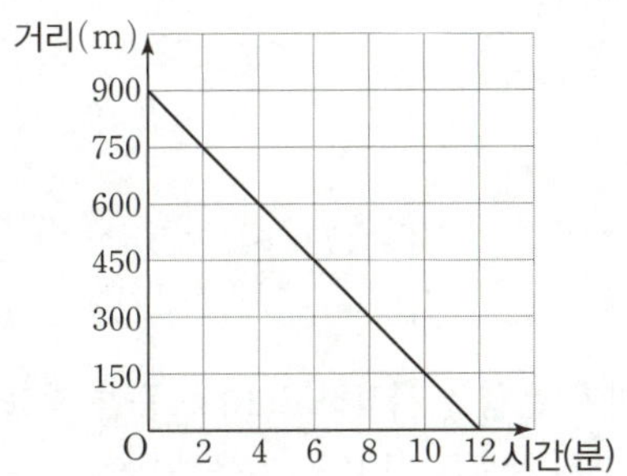

(1) 영지가 놀이터에서 출발하여 집에 도착할 때까지 걸린
시간을 구하시오.

(2) 영지가 놀이터에서 출발한 지 8분 후에 집에서 떨어진
거리를 구하시오.

(3) 영지가 놀이터에서 출발하여 8분 동안 이동한 거리를 구
하시오.

03

다음 그래프는 준호가 공원 입구에서 출발하여 이동한 거리를
시간에 따라 나타낸 것이다. 물음에 답하시오.

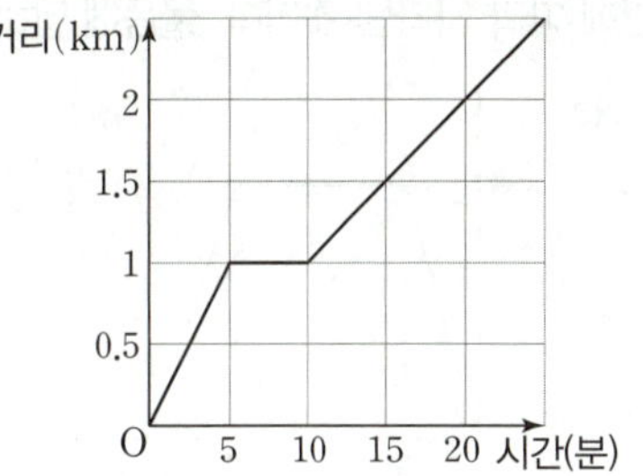

(1) 준호가 공원 입구에서 출발하여 5분 동안 이동한 거리를
구하시오.

(2) 준호가 공원 입구에서 출발하여 20분 동안 이동한 거리를
구하시오.

(3) 준호가 이동한 거리가 1.5 km인 것은 공원 입구에서 출발
한 지 몇 분 후인지 구하시오.

(4) 준호가 멈춰 있기 시작한 것은 공원 입구에서 출발한 지
몇 분 후인지 구하시오.

(5) 준호는 공원 입구에서 출발한 후 총 몇 분 동안 멈춰 있
었는지 구하시오.

다음 그래프는 혜미가 집에서 출발하여 도서관까지 걸어갔다가 같은 길을 걸어서 집으로 돌아올 때까지 집에서 떨어진 거리를 시간에 따라 나타낸 것이다. 물음에 답하시오.

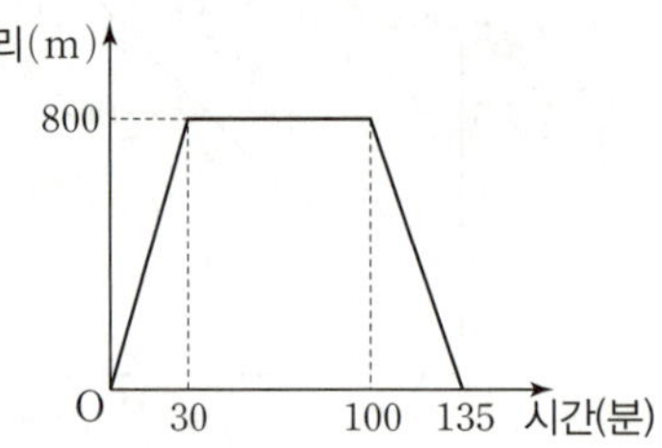

(1) 도서관은 혜미네 집에서 몇 m 떨어진 곳에 있는지 구하시오.

(2) 혜미가 집에서 출발하여 도서관에 다녀오는 데 걸린 시간을 구하시오.

(3) 혜미가 도서관에 도착한 것은 집에서 출발한 지 몇 분 후인지 구하시오.

(4) 혜미가 도서관에 머문 시간을 구하시오.

(5) 혜미가 도서관에서 출발하여 집으로 돌아오는 데 걸린 시간을 구하시오.

다음 그래프는 일정한 속력으로 움직이고 있는 회전목마의 지면으로부터의 높이를 시간에 따라 나타낸 것이다. 물음에 답하시오.

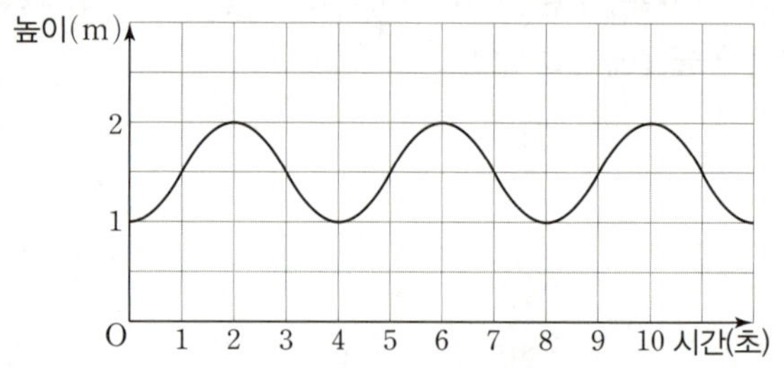

(1) 회전목마가 운행을 시작할 때의 지면으로부터의 높이를 구하시오.

(2) 회전목마가 가장 높이 올라갔을 때의 지면으로부터의 높이를 구하시오.

(3) 회전목마가 운행을 시작한 지 10초 후 지면으로부터의 높이를 구하시오.

(4) 회전목마가 운행을 시작하고 10초 동안 최고 높이에 올라가는 경우는 모두 몇 번인지 구하시오.

(5) 회전목마가 운행을 시작하고 10초 동안 지면으로부터의 높이가 1.5 m인 경우는 모두 몇 번인지 구하시오.

06

아래 그래프는 세희가 자전거를 타고 달린 거리를 시간에 따라 나타낸 것이다. 이 그래프에 대한 설명으로 다음 중 옳지 않은 것은?

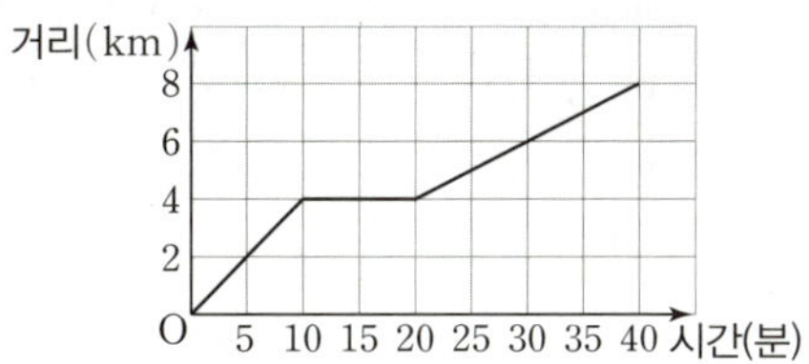

① 달린 거리는 총 8 km이다.

② 20분 동안 멈춰 있었다.

③ 6 km의 거리를 달렸을 때는 출발한 지 30분 후이다.

④ 출발한 후 10분 동안 달린 거리는 4 km이다.

⑤ 멈췄다가 다시 출발한 후 달린 거리는 4 km이다.

07

아래 그래프는 성재가 날린 드론의 지면으로부터의 높이를 시간에 따라 나타낸 것이다. 이 그래프에 대한 설명으로 옳은 것을 다음 | 보기 |에서 고르시오.

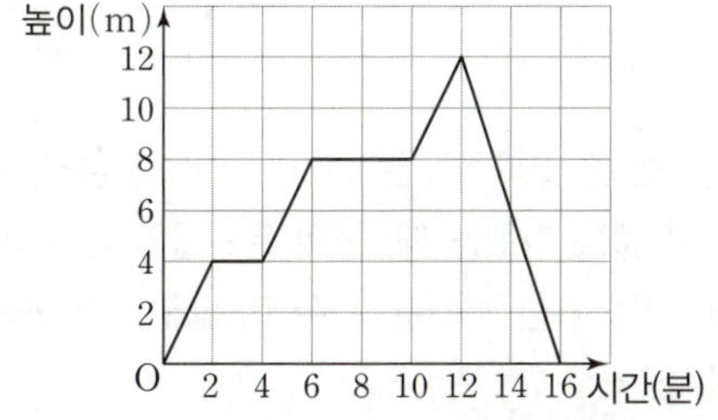

| 보기 |

ㄱ. 드론의 지면으로부터의 높이가 처음으로 8 m가 되는 것은 드론을 날리기 시작한 지 10분 후이다.

ㄴ. 드론이 가장 높게 날았을 때의 지면으로부터의 높이는 12 m이다.

ㄷ. 드론의 지면으로부터의 높이가 10 m가 되는 경우는 총 1번이다.

08

일정한 속력으로 달리던 자동차가 장애물을 발견한 후 브레이크를 밟아 서서히 정지했다. 다음 그래프는 자동차의 속력을 시간에 따라 나타낸 것이다. 브레이크를 밟은 후 자동차가 완전히 정지하는 데 걸린 시간을 구하시오.

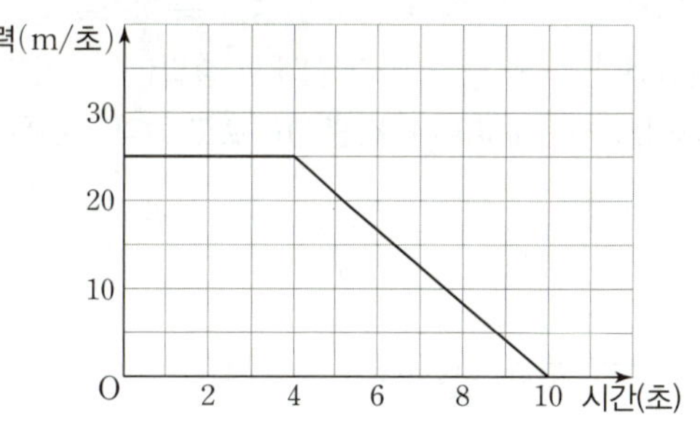

09

다음 그래프는 현진이와 수하가 학교에서 동시에 출발하여 학교로부터 4 km 떨어진 공원까지 같은 길로 걸어간 거리를 시간에 따라 나타낸 것이다. 물음에 답하시오.

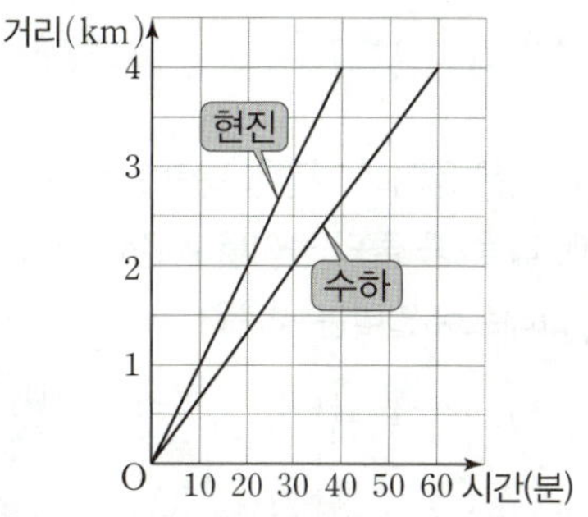

(1) 현진이와 수하가 학교에서 출발한 후 30분 동안 걸은 거리를 각각 구하시오.

(2) 현진이와 수하가 학교에서 공원까지 걸어갈 때 각각 몇 분이 걸리는지 구하시오.

(3) 수하는 현진이가 공원에 도착한 지 몇 분 후 공원에 도착하는지 구하시오.

(4) 현진이와 수하가 학교에서 동시에 출발한 지 30분 후 현진이와 수하 사이의 거리를 구하시오.

개념 36~37 **한번 더! 기본 문제**

01

윤아가 집에서 출발하여 공원까지 일정한 속력으로 걸어가서 공원에서 잠시 머물다가 다시 일정한 속력으로 걸어서 집에 도착하였다. 다음 중 윤아가 집에서 출발한 후 집에서 떨어진 거리를 시간에 따라 나타낸 그래프로 알맞은 것은?

① 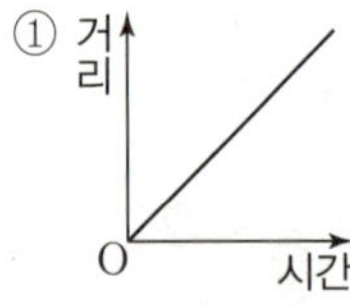
② 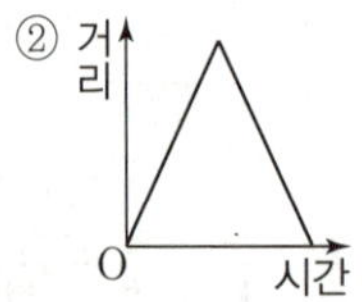
③ 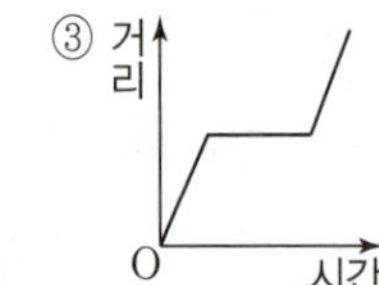
④ 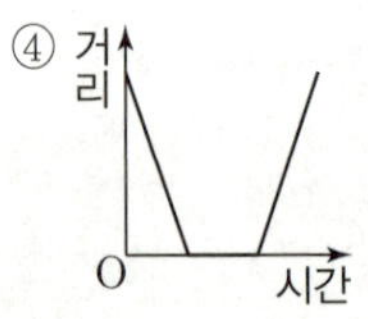
⑤ 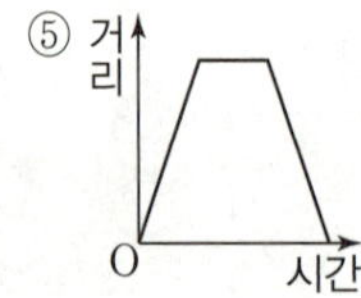

02

오른쪽 그림과 같은 용기에 일정한 속력으로 물을 채울 때, 다음 중 물의 높이를 시간에 따라 나타낸 그래프로 알맞은 것은?

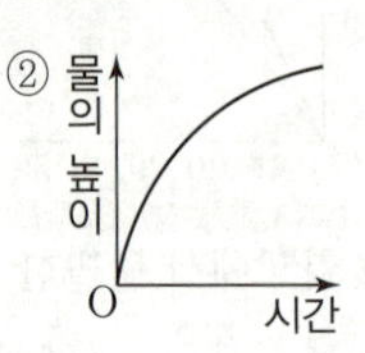

① 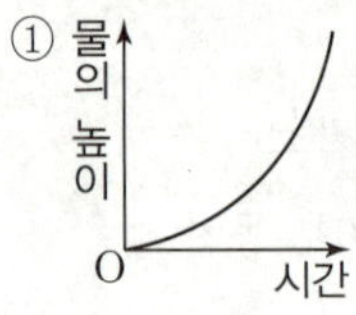
③ 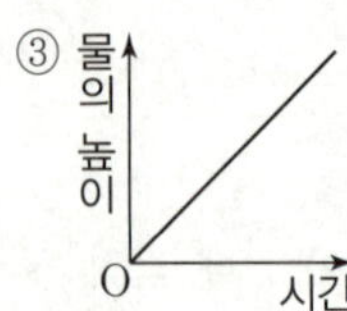
⑤ 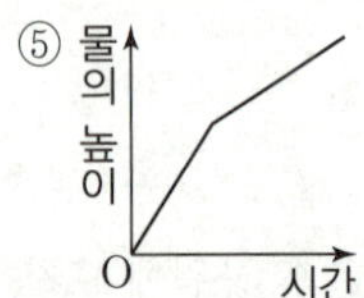
②④ 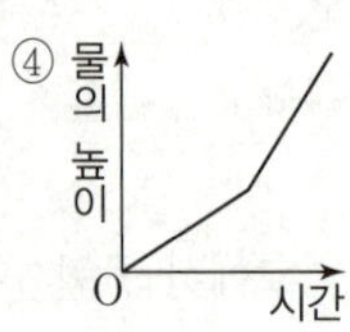

03 자신감 UP

아래 그래프는 유미가 아파트 1층에서 엘리베이터를 타고 자신의 집까지 올라갔을 때, 엘리베이터가 이동한 거리를 시간에 따라 나타낸 것이다. 이 그래프에 대한 설명으로 옳지 <u>않은</u> 것을 다음 |보기|에서 모두 고르시오.

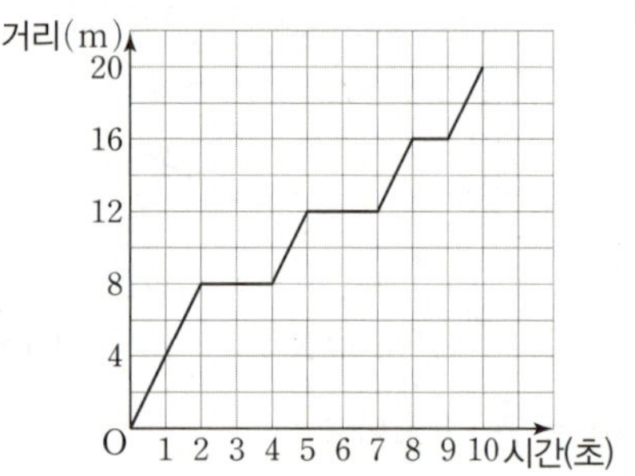

┤ 보기 ├

ㄱ. 유미가 1층에서 집까지 올라가는 동안 엘리베이터가 이동한 거리는 20 m이다.

ㄴ. 유미가 엘리베이터를 탄 후 엘리베이터가 처음으로 멈춘 것은 엘리베이터가 출발한 지 3초 후이다.

ㄷ. 유미는 엘리베이터가 출발한 지 10초 후 집에 도착했다.

ㄹ. 유미가 엘리베이터를 탄 후 집에 도착하기 전까지 엘리베이터는 총 4번 멈췄다.

04

다음 그래프는 물 100 g과 물 200 g이 각각 담긴 두 비커에 같은 세기의 열을 가했을 때, 물의 온도를 시간에 따라 나타낸 것이다. 열을 가한 지 5분 후 두 비커에 담긴 물의 온도의 차를 구하시오.

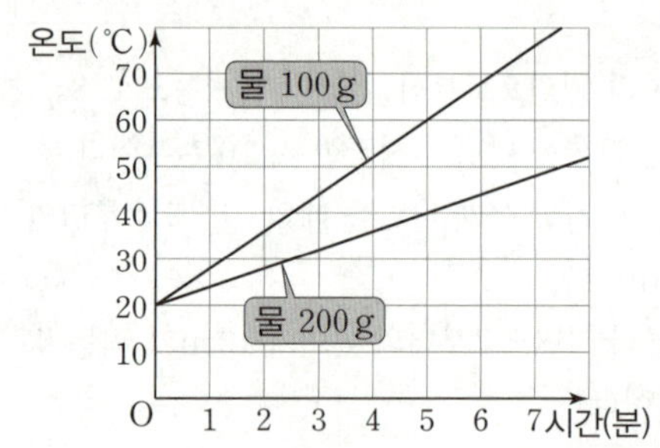

6

정비례와 반비례

01

다음 □ 안에 알맞을 것을 쓰시오.

(1) 두 변수 x, y에 대하여 x의 값이 2배, 3배, 4배, …로 변함에 따라 y의 값도 2배, 3배, 4배, …로 변할 때, y는 x에 □한다고 한다.

(2) x와 y 사이에 $y = ax\,(a \neq 0)$인 관계가 있으면 y는 x에 □한다.

02

가로의 길이가 $4\,\text{cm}$, 세로의 길이가 $x\,\text{cm}$인 직사각형의 넓이를 $y\,\text{cm}^2$라 할 때, 다음 물음에 답하시오.

(1) 다음 표를 완성하시오.

x	1	2	3	4	5	…
y						…

(2) y가 x에 정비례하는지 말하시오.

(3) x와 y 사이의 관계식을 구하시오.

03

다음 중 y가 x에 정비례하는 것은 ○표, 정비례하지 <u>않는</u> 것은 ×표를 (   ) 안에 쓰시오.

(1) $y = 5x$ (   )

(2) $y = -3x$ (   )

(3) $y = x + 3$ (   )

(4) $y = \dfrac{x}{2}$ (   )

(5) $y = -\dfrac{5}{x}$ (   )

(6) $xy = -3$ (   )

(7) $\dfrac{y}{x} = 6$ (   )

04

다음을 x와 y 사이의 관계식으로 나타내고, y가 x에 정비례하는지 말하시오.

(1) $1\,\text{m}$당 무게가 $30\,\text{g}$인 철사 $x\,\text{m}$의 무게 $y\,\text{g}$

(2) 나이가 x세인 동생보다 5세 많은 누나의 나이 y세

(3) 전체 쪽수가 150쪽인 책을 하루에 10쪽씩 x일 동안 읽고 남은 쪽수 y쪽

(4) 시간당 강수량이 $20\,\text{mm}$일 때, x시간 동안 비가 내렸을 때의 강수량 $y\,\text{mm}$

(5) 자동차를 타고 시속 $40\,km$로 x시간 동안 달린 거리 $y\,km$

(6) 가로의 길이 $x\,cm$, 넓이가 $30\,cm^2$인 직사각형의 세로의 길이 $y\,cm$

(7) 밑변의 길이가 $x\,cm$, 높이가 $5\,cm$인 삼각형의 넓이 $y\,cm^2$

(8) 길이가 $80\,cm$인 테이프를 x조각으로 똑같이 나누었을 때, 한 조각의 길이 $y\,cm$

05

y가 x에 정비례할 때, 다음 표를 완성하고, x와 y 사이의 관계식을 구하시오.

(1)

x	1	2	3	4	5	6
y	3					

(2)

x	1	2	3	4	5	6
y	-4					

(3)

x	2	4	6	8	10	12
y	1					

06

$1\,L$의 휘발유로 $13\,km$의 거리를 달릴 수 있는 자동차가 있다. 이 자동차가 $x\,L$의 휘발유로 달릴 수 있는 거리를 $y\,km$라 할 때, 다음 물음에 답하시오.

(1) 다음 표를 완성하고, x와 y 사이의 관계식을 구하시오.

x	1	2	3	4	5	$\cdots$
y						$\cdots$

(2) 이 자동차가 휘발유 $10\,L$로 달릴 수 있는 거리를 구하시오.

(3) 이 자동차로 $195\,km$의 거리를 달리려면 몇 L의 휘발유가 필요한지 구하시오.

07

사람이 보통 걸음으로 걸으면 1분에 $4\,kcal$의 열량이 소모된다고 한다. 보통 걸음으로 x분 동안 걸으면 소모되는 열량을 $y\,kcal$라 할 때, 다음 물음에 답하시오.

(1) 다음 표를 완성하고, x와 y 사이의 관계식을 구하시오.

x	1	2	3	4	5	$\cdots$
y						$\cdots$

(2) 보통 걸음으로 30분 동안 걸으면 소모되는 열량을 구하시오.

(3) $240\,kcal$의 열량을 소모하려면 보통 걸음으로 몇 분 동안 걸어야 하는지 구하시오.

08

다음 중 y가 x에 정비례하는 것은?

① $y=x-3$ ② $y=-\dfrac{1}{2}x$ ③ $xy=3$

④ $y=x+1$ ⑤ $y=\dfrac{1}{x}$

09

다음 중 y가 x에 정비례하지 <u>않는</u> 것을 모두 고르면?

(정답 2개)

① 올해 15세인 동생의 x년 후의 나이 y세
② 분속 200 m로 x분 동안 걸은 거리 y m
③ 하루 24시간 중 깨어 있는 시간 x시간과 잠을 자는 시간 y시간
④ 한 변의 길이가 x cm인 정삼각형의 둘레의 길이 y cm
⑤ 한 권에 500원인 공책 x권의 가격 y원

10

y가 x에 정비례하고, $x=-2$일 때 $y=10$이다. 이때 x와 y 사이의 관계식은?

① $y=5x$ ② $y=-5x$ ③ $y=\dfrac{1}{5}x$

④ $y=-\dfrac{1}{5}x$ ⑤ $y=-\dfrac{5}{x}$

11

다음 표에서 y가 x에 정비례할 때, A, B의 값을 각각 구하시오.

x	-2	-1	1	2	$\cdots$
y	A	4	B	-8	$\cdots$

12

높이가 96 cm인 원기둥 모양의 물통에 물을 부을 때, 물의 높이가 매분 8 cm씩 올라간다고 한다. x분 후의 물의 높이를 y cm라 할 때, 빈 물통에 물을 가득 채우는 데 몇 분이 걸리는지 구하시오.

13

재현이는 매분 일정한 양이 투여되는 수액을 맞고 있는데 5분 동안 20 mL가 투여되었다. x분 동안 투여한 수액의 양을 y mL라 할 때, 30분 동안 투여한 수액의 양은 몇 mL인지 구하시오.

정비례 관계의 그래프

01

다음 □ 안에 알맞을 것을 쓰고, (　) 안의 알맞은 것에 ○표 하시오.

(1) 정비례 관계 $y=ax$ $(a\neq0)$의 그래프는 원점을 지나는 □이다.

(2) 정비례 관계 $y=ax$ $(a\neq0)$의 그래프는
$\Rightarrow$ $a>0$이면 오른쪽 (위, 아래)로 향하는 직선
$\Rightarrow$ $a<0$이면 오른쪽 (위, 아래)로 향하는 직선

02

x의 값의 범위가 수 전체일 때, 다음 □ 안에 알맞은 수를 쓰고, 주어진 정비례 관계의 그래프를 좌표평면 위에 그리시오.

(1) $y=2x$ $\Rightarrow$ 원점과 점 $(1,\ \Box)$를 지나는 직선

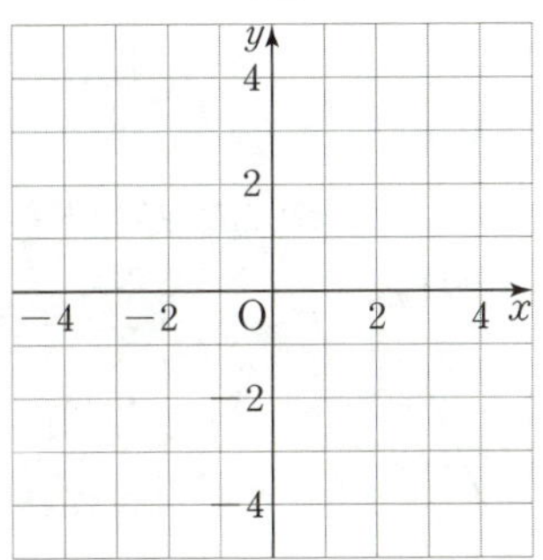

(2) $y=-\dfrac{1}{3}x$ $\Rightarrow$ 원점과 점 $(3,\ \Box)$을 지나는 직선

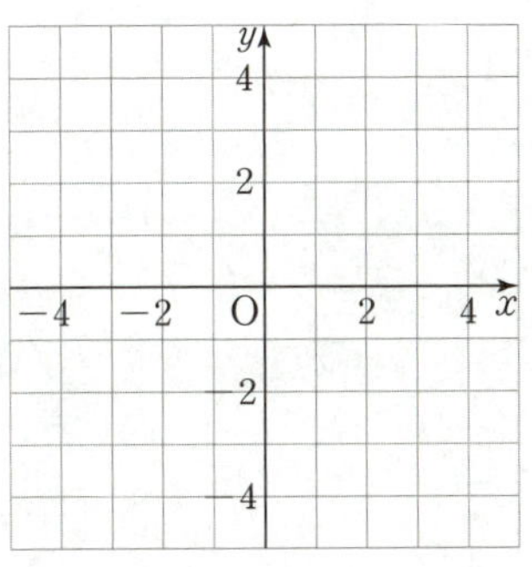

03

x의 값의 범위가 수 전체일 때, 아래 |보기|의 정비례 관계의 그래프에 대하여 다음을 만족시키는 것을 모두 고르시오.

┌ 보기 ├─
ㄱ. $y=-x$ 　　　ㄴ. $y=4x$
ㄷ. $y=\dfrac{1}{3}x$ 　　ㄹ. $y=-3x$
ㅁ. $y=-\dfrac{3}{4}x$ 　ㅂ. $y=2x$
ㅅ. $y=\dfrac{2}{5}x$ 　　ㅇ. $y=-\dfrac{x}{2}$

(1) 오른쪽 위로 향하는 직선이다.

(2) 오른쪽 아래로 향하는 직선이다.

(3) x의 값이 증가하면 y의 값도 증가한다.

(4) x의 값이 증가하면 y의 값은 감소한다.

(5) 제1사분면과 제3사분면을 지난다.

(6) 제2사분면과 제4사분면을 지난다.

04

다음 점이 정비례 관계 $y=-3x$의 그래프 위에 있으면 ○표,
그래프 위에 있지 <u>않으면</u> ×표를 (   ) 안에 쓰시오.

(1) $(1, -3)$ (   )

(2) $(2, -5)$ (   )

(3) $(-3, -9)$ (   )

(4) $\left(-\dfrac{1}{3}, 1\right)$ (   )

05

다음 주어진 점이 각각의 정비례 관계의 그래프 위의 점일 때,
a의 값을 구하시오.

(1) $(-1, a)$, $y=2x$

(2) $(a, -10)$, $y=-5x$

(3) $(a, 2)$, $y=\dfrac{2}{3}x$

(4) $(12, a)$, $y=-\dfrac{1}{4}x$

06

다음 점이 정비례 관계 $y=ax$의 그래프 위의 점일 때, 상수
a의 값을 구하시오.

(1) $(3, 9)$

(2) $(2, -2)$

(3) $(-6, 3)$

(4) $\left(\dfrac{1}{2}, 4\right)$

07

정비례 관계 $y=ax$ $(a\neq0)$의 그래프가 다음 그림과 같을 때,
상수 a의 값을 구하시오.

(1)

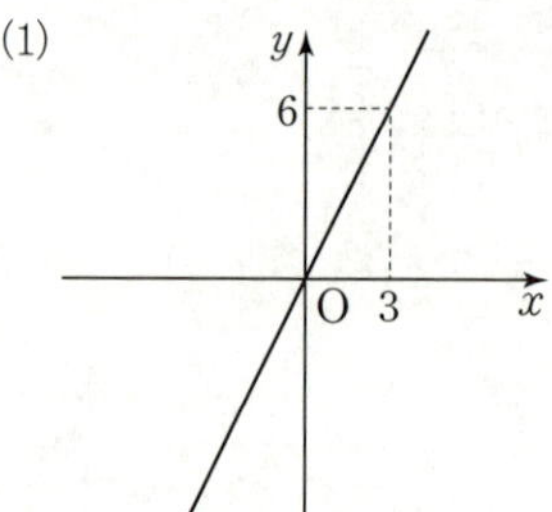

(2)

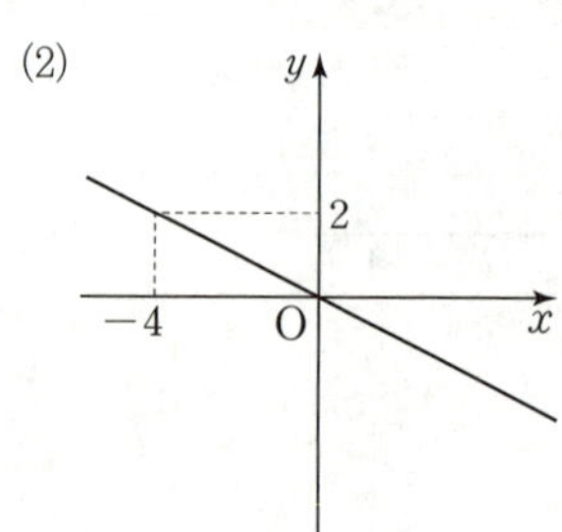

08

다음 중 정비례 관계 $y=-\dfrac{3}{4}x$의 그래프는?

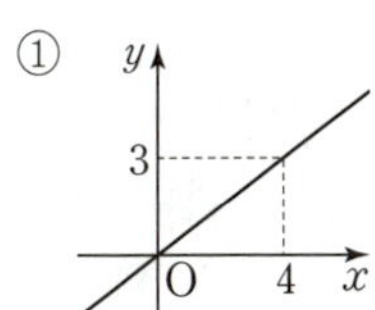
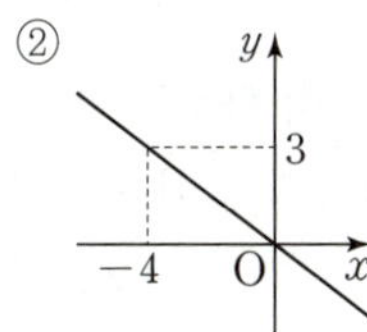
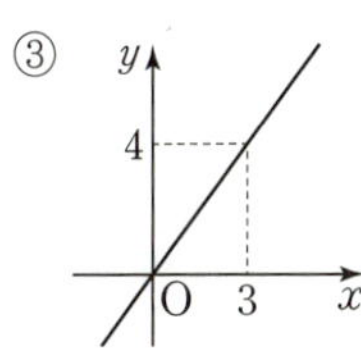
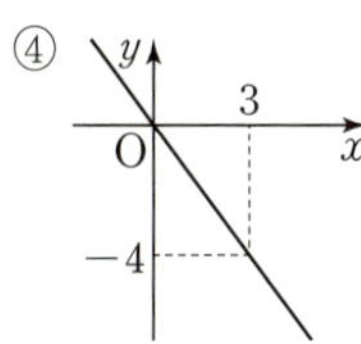
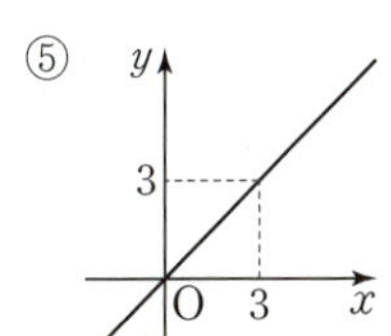

09

다음 중 정비례 관계 $y=2x$의 그래프에 대한 설명으로 옳지 않은 것을 모두 고르면? (정답 2개)

① 점 $(6, 12)$를 지난다.
② 원점을 지나는 직선이다.
③ 오른쪽 위로 향하는 직선이다.
④ 제2사분면과 제4사분면을 지난다.
⑤ x의 값이 증가하면 y의 값은 감소한다.

10

다음 정비례 관계의 그래프 중 y축에 가장 가까운 것은?

① $y=\dfrac{4}{3}x$ 　　② $y=-2x$ 　　③ $y=5x$

④ $y=-\dfrac{5}{4}x$ 　　⑤ $y=\dfrac{7}{5}x$

11

다음 중 정비례 관계 $y=-\dfrac{4}{3}x$의 그래프 위의 점이 <u>아닌</u> 것은?

① $\left(1, -\dfrac{4}{3}\right)$ 　　② $(3, -4)$ 　　③ $(6, -8)$

④ $\left(-1, \dfrac{4}{3}\right)$ 　　⑤ $(-3, -4)$

12

오른쪽 그림과 같은 그래프가 나타내는 x와 y 사이의 관계식을 구하시오.

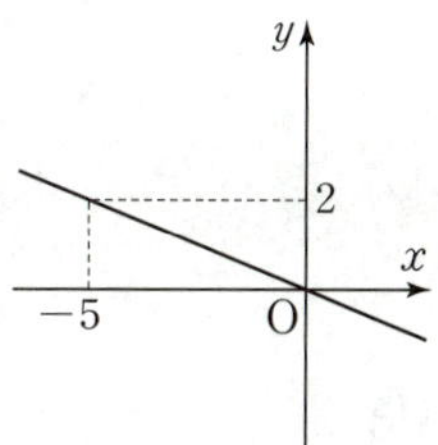

13

점 $(a-1, 3a)$가 정비례 관계 $y=7x$의 그래프 위의 점일 때, a의 값을 구하시오.

개념 38~39

한번 더! 기본 문제

01

다음 |보기| 중 y가 x에 정비례하는 것의 개수를 구하시오.

> **|보기|**
>
> ㄱ. $y=2x$　　　ㄴ. $y=-\dfrac{3}{x}$　　　ㄷ. $y=3-x$
>
> ㄹ. $y=-\dfrac{8}{3}x$　　　ㅁ. $\dfrac{y}{x}=-1$　　　ㅂ. $xy=5$

02

y가 x에 정비례하고, $x=-3$일 때 $y=-9$이다. 다음 중 옳지 않은 것은?

① x와 y 사이의 관계식은 $y=3x$이다.

② 그래프는 점 $(2, 6)$을 지난다.

③ 그래프는 제1사분면과 제3사분면을 지난다.

④ 그래프는 오른쪽 위로 향하는 직선이다.

⑤ x의 값이 증가하면 y의 값은 감소한다.

03

추의 무게에 따라 용수철의 길이가 일정하게 늘어나고, 무게가 $10\,\mathrm{g}$인 추를 매달면 용수철의 길이가 $3\,\mathrm{cm}$ 늘어나는 용수철 저울이 있다. 이 저울에 무게가 $x\,\mathrm{g}$인 추를 매달면 용수철의 길이가 $y\,\mathrm{cm}$ 늘어날 때, 용수철의 길이가 $15\,\mathrm{cm}$ 늘어나려면 무게가 몇 g인 추를 매달아야 하는지 구하시오.

04

다음 중 정비례 관계 $y=ax\,(a\neq0)$의 그래프에 대한 설명으로 옳은 것을 모두 고르면? (정답 2개)

① 점 $(1, a)$를 지나는 직선이다.

② 제2사분면과 제4사분면을 지난다.

③ a의 절댓값이 클수록 그래프는 x축에 가까워진다.

④ $a>0$이면 x의 값이 증가할 때, y의 값은 감소한다.

⑤ $a<0$이면 그래프는 오른쪽 아래로 향하는 직선이다.

05

정비례 관계 $y=\dfrac{9}{4}x$의 그래프가 점 $(a, -6)$을 지날 때, a의 값을 구하시오.

06 자신감 UP

정비례 관계 $y=ax$의 그래프가 오른쪽 그림과 같을 때, a, b의 값을 각각 구하시오. (단, a는 상수)

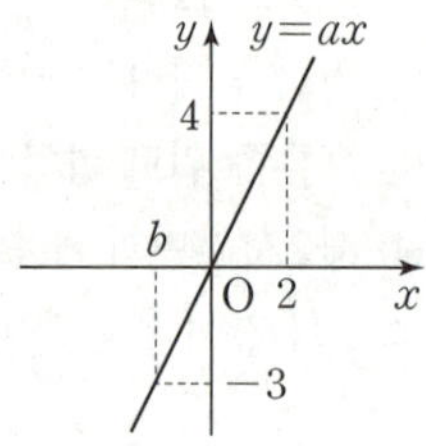

개념 40 반비례 관계

01

다음 □ 안에 알맞을 것을 쓰시오.

(1) 두 변수 x, y에 대하여 x의 값이 2배, 3배, 4배, …로 변함에 따라 y의 값은 $\frac{1}{2}$배, $\frac{1}{3}$배, $\frac{1}{4}$배, …로 변할 때, y는 x에 □한다고 한다.

(2) x와 y 사이에 $y=\dfrac{a}{x}\,(a\neq 0)$인 관계가 있으면 y는 x에 □한다.

02

넓이가 $60\,\mathrm{cm}^2$인 직사각형의 가로의 길이를 $x\,\mathrm{cm}$, 세로의 길이를 $y\,\mathrm{cm}$라 할 때, 다음 물음에 답하시오.

(1) 다음 표를 완성하시오.

x	1	2	3	4	5	…
y						…

(2) y가 x에 반비례하는지 말하시오.

(3) x와 y 사이의 관계식을 구하시오.

03

다음 중 y가 x에 반비례하는 것은 ○표, 반비례하지 <u>않는</u> 것은 ×표를 ( ) 안에 쓰시오.

(1) $y=\dfrac{x}{4}$ ( )

(2) $y=\dfrac{3}{x}$ ( )

(3) $y=-\dfrac{2}{x}$ ( )

(4) $y=\dfrac{1}{x}+2$ ( )

(5) $y=\dfrac{1}{3x}$ ( )

(6) $\dfrac{y}{x}=8$ ( )

(7) $xy=6$ ( )

04

다음을 x와 y 사이의 관계식으로 나타내고, y가 x에 반비례하는지 말하시오.

(1) 음료수 $1200\,\mathrm{mL}$를 x명이 똑같이 나누어 마실 때, 한 명이 마시게 되는 음료수의 양 $y\,\mathrm{mL}$

(2) 귤 50개 중에서 x개를 먹고 남은 귤의 개수 y개

(3) x개에 8000원인 과자 한 개의 가격 y원

(4) 가로의 길이가 $x\,\mathrm{cm}$, 세로의 길이가 $6\,\mathrm{cm}$인 직사각형의 넓이 $y\,\mathrm{cm}^2$

(5) 넓이가 $50\,cm^2$, 밑변의 길이가 $x\,cm$인 평행사변형의 높이 $y\,cm$

(6) 시속 $x\,km$로 $20\,km$의 거리를 이동하는 데 걸린 시간 y시간

(7) 무게가 $x\,g$인 접시에 케이크 $500\,g$을 올렸을 때, 전체 무게 $y\,g$

(8) 영어 단어 100개를 하루에 x개씩 외울 때, 단어를 모두 외우기 위해 필요한 날수 y일

05

y가 x에 반비례할 때, 다음 표를 완성하고 x와 y 사이의 관계식을 구하시오.

(1)

x	1	2	3	4	5	6
y	60					

(2)

x	1	2	3	4	5	6
y	-12					

(3)

x	1	2	3	4	5	6
y	$\dfrac{1}{2}$					

06

초콜릿 72개를 학생 x명이 똑같이 나누어 가지면 한 명당 y개씩 가질 수 있다고 할 때, 다음 물음에 답하시오.

(1) 다음 표를 완성하고, x와 y 사이의 관계식을 구하시오.

x	1	2	3	4	⋯
y					⋯

(2) 9명의 학생이 똑같이 나누어 가지면 한 명당 몇 개씩 가질 수 있는지 구하시오.

(3) 학생 한 명당 12개씩 가지려면 몇 명이 똑같이 나누어 가져야 하는지 구하시오.

07

$120\,km$만큼 떨어져 있는 두 지점 A, B가 있다. 자동차를 타고 A지점에서 출발하여 B지점까지 시속 $x\,km$로 갈 때 걸리는 시간을 y시간이라 한다. 다음 물음에 답하시오.

(1) 다음 표를 완성하고, x와 y 사이의 관계식을 구하시오.

x	1	2	3	4	⋯
y					⋯

(2) 시속 $40\,km$로 갈 때, A지점에서 B지점까지 가는 데 걸리는 시간을 구하시오.

(3) A지점에서 B지점까지 2시간 만에 가려면 시속 몇 km로 가야 하는지 구하시오.

기본 문제

08

다음 중 y가 x에 반비례하는 것을 모두 고르면? (정답 2개)

① $xy=-1$ ② $y=-\dfrac{1}{3}x$ ③ $\dfrac{y}{x}=3$

④ $y=x+2$ ⑤ $y=\dfrac{6}{x}$

09

다음 중 y가 x에 반비례하는 것을 모두 고르면? (정답 2개)

① 일주일에 2권씩 x주 동안 읽은 책의 수 y권
② 사과 120개를 한 상자에 x개씩 담을 때 필요한 상자의 개수 y개
③ 한 변의 길이가 $x\,\mathrm{cm}$인 정사각형의 둘레의 길이 $y\,\mathrm{cm}$
④ 넓이가 $36\,\mathrm{cm}^2$, 밑변의 길이가 $x\,\mathrm{cm}$인 삼각형의 높이 $y\,\mathrm{cm}$
⑤ 시속 $60\,\mathrm{km}$로 x시간 동안 달린 거리 $y\,\mathrm{km}$

10

y가 x에 반비례하고, $x=8$일 때 $y=3$이다. 이때 x와 y 사이의 관계식을 구하시오.

11

다음 표에서 y가 x에 반비례할 때, $A+B$의 값을 구하시오.

x	-4	-2	B	4
y	1	A	-2	-1

12

일정한 온도에서 기체의 부피 $y\,\mathrm{m}^3$는 압력 x기압에 반비례한다. 일정한 온도에서 어떤 기체의 부피가 $12\,\mathrm{m}^3$일 때, 압력이 4기압이었다. 압력이 8기압일 때, 이 기체의 부피를 구하시오.

13

비어 있는 어떤 물탱크에 매분 $6\,\mathrm{L}$씩 물을 넣으면 가득 차는 데 40분이 걸린다고 한다. 이 물탱크에 매분 $x\,\mathrm{L}$씩 물을 넣으면 가득 차는 데 y분이 걸린다고 할 때, 15분 만에 이 물탱크에 물을 가득 채우려면 매분 몇 L씩 물을 넣어야 하는지 구하시오.

반비례 관계의 그래프

01

다음 □ 안에 알맞을 것을 쓰고, (   ) 안의 알맞은 것에 ○표 하시오.

(1) 반비례 관계 $y=\dfrac{a}{x}\,(a\neq0)$의 그래프는 좌표축에 가까워지면서 한없이 뻗어 나가는 한 쌍의 매끄러운 □이다.

(2) 반비례 관계 $y=\dfrac{a}{x}\,(a\neq0)$의 그래프는

⇨ $a>0$이면 제1사분면과 제(제3사분면, 제4사분면)을 지난다.

⇨ $a<0$이면 제2사분면과 제(제3사분면, 제4사분면)을 지난다.

02

x의 값의 범위가 0이 아닌 수 전체일 때, 다음 □ 안에 알맞은 수를 쓰고, 주어진 반비례 관계의 그래프를 좌표평면 위에 그리시오.

(1) $y=\dfrac{6}{x}$

⇨ 네 점 $(-3,\ \boxed{})$, $(-2,\ \boxed{})$, $(2,\ \boxed{})$, $(3,\ \boxed{})$를 지나는 한 쌍의 매끄러운 곡선

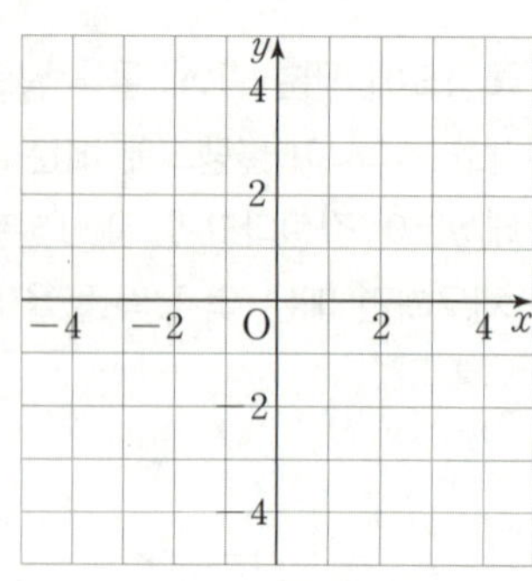

(2) $y=-\dfrac{2}{x}$

⇨ 네 점 $(-2,\ \boxed{})$, $(-1,\ \boxed{})$, $(1,\ \boxed{})$, $(2,\ \boxed{})$을 지나는 한 쌍의 매끄러운 곡선

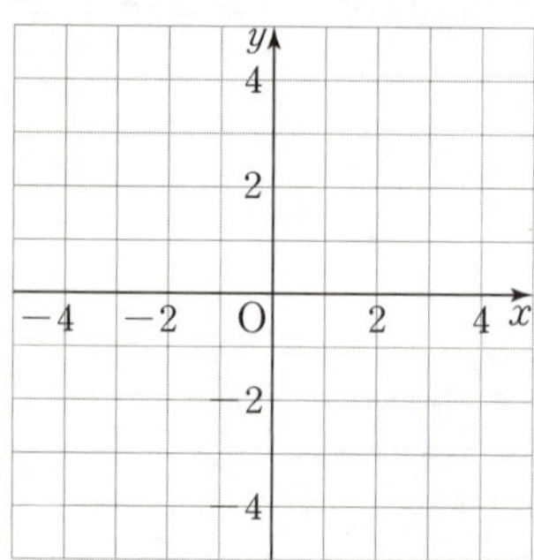

03

x의 값의 범위가 0이 아닌 수 전체일 때, 아래 |보기|의 반비례 관계의 그래프에 대하여 다음을 만족시키는 것을 모두 고르시오.

| 보기 |

ㄱ. $y=\dfrac{5}{x}$ ㄴ. $y=-\dfrac{5}{x}$

ㄷ. $y=\dfrac{15}{x}$ ㄹ. $y=\dfrac{18}{x}$

ㅁ. $y=-\dfrac{20}{x}$ ㅂ. $y=-\dfrac{3}{x}$

(1) $x>0$일 때, x의 값이 증가하면 y의 값도 증가한다.

(2) $x>0$일 때, x의 값이 증가하면 y의 값은 감소한다.

(3) 제1사분면과 제3사분면을 지난다.

(4) 제2사분면과 제4사분면을 지난다.

04

다음 점이 반비례 관계 $y=\dfrac{8}{x}$ 의 그래프 위에 있으면 ○표, 그래프 위에 있지 <u>않으면</u> ×표를 ( ) 안에 쓰시오.

(1) $(2,\,4)$ ( )

(2) $(-1,\,8)$ ( )

(3) $(-4,\,-2)$ ( )

(4) $(1,\,8)$ ( )

05

다음 주어진 점이 각각의 반비례 관계의 그래프 위의 점일 때, a의 값을 구하시오.

(1) $(2,\,a)$, $y=-\dfrac{2}{x}$

(2) $(1,\,a)$, $y=\dfrac{3}{x}$

(3) $(a,\,3)$, $y=-\dfrac{9}{x}$

(4) $(a,\,-6)$, $y=\dfrac{12}{x}$

06

다음 점이 반비례 관계 $y=\dfrac{a}{x}$ 의 그래프 위의 점일 때, 상수 a의 값을 구하시오.

(1) $(3,\,1)$

(2) $(-2,\,-2)$

(3) $(-8,\,3)$

(4) $\left(4,\,-\dfrac{3}{2}\right)$

07

반비례 관계 $y=\dfrac{a}{x}\,(a\neq0)$ 의 그래프가 다음 그림과 같을 때, 상수 a의 값을 구하시오.

(1)

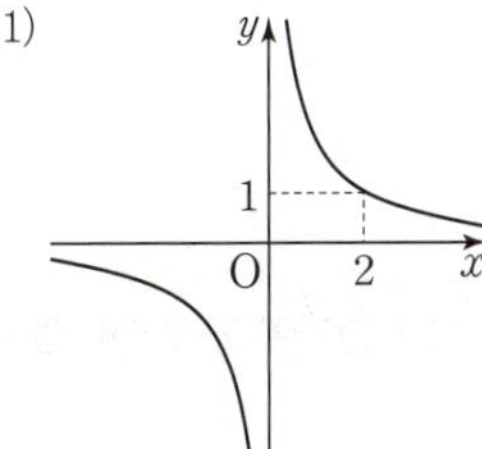

(2)

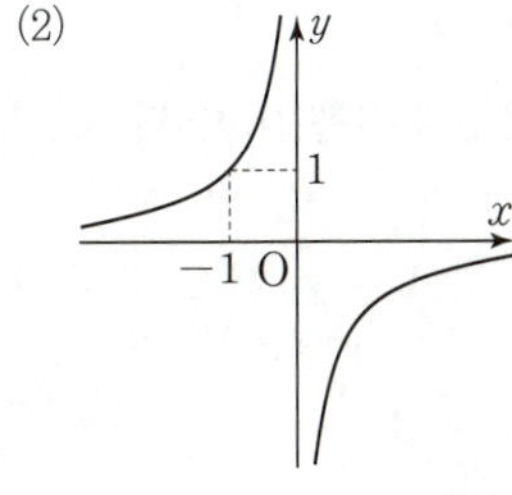

기본 문제

08

다음 중 반비례 관계 $y=\dfrac{2}{x}$의 그래프로 알맞은 것은?

① 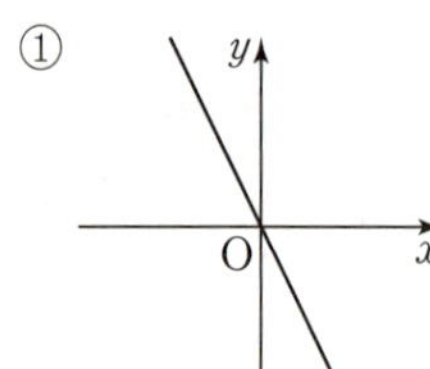 ② 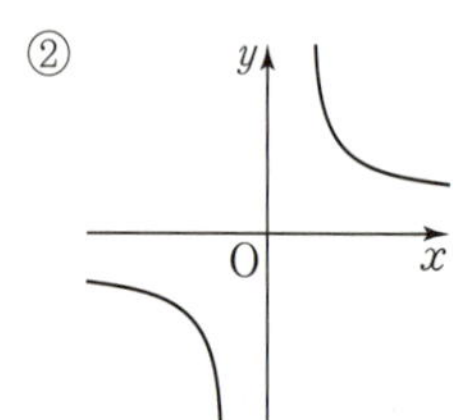

③ 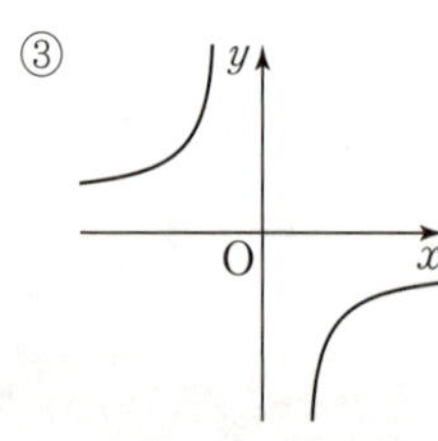 ④ 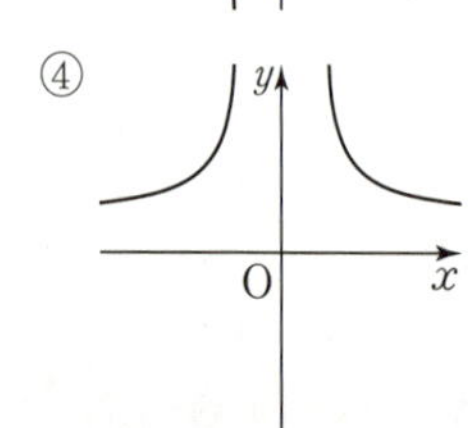

⑤ 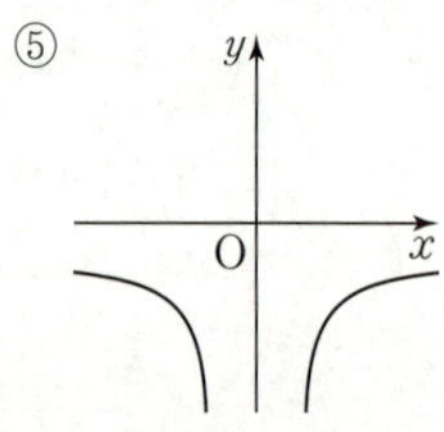

09

다음 |보기| 중 반비례 관계 $y=\dfrac{21}{x}$의 그래프에 대한 설명으로 옳은 것을 모두 고르시오.

|보기|

ㄱ. 점 $(3, 7)$을 지난다.

ㄴ. y축과 점 $(0, 21)$에서 만난다.

ㄷ. 제2사분면과 제3사분면을 지난다.

ㄹ. $x>0$일 때, x의 값이 증가하면 y의 값은 감소한다.

10

다음 반비례 관계의 그래프 중 좌표축에 가장 가까운 것은?

① $y=\dfrac{1}{x}$ ② $y=-\dfrac{1}{2x}$ ③ $y=-\dfrac{3}{x}$

④ $y=-\dfrac{5}{7x}$ ⑤ $y=\dfrac{4}{x}$

11

반비례 관계 $y=-\dfrac{8}{x}$의 그래프가 점 $(2, k)$를 지날 때, k의 값을 구하시오.

12

반비례 관계 $y=\dfrac{a}{x}$의 그래프가 점 $\left(-6, -\dfrac{1}{3}\right)$을 지날 때, 상수 a의 값을 구하시오.

13

반비례 관계 $y=\dfrac{a}{x}$의 그래프가 오른쪽 그림과 같을 때, k의 값을 구하시오. (단, a는 상수)

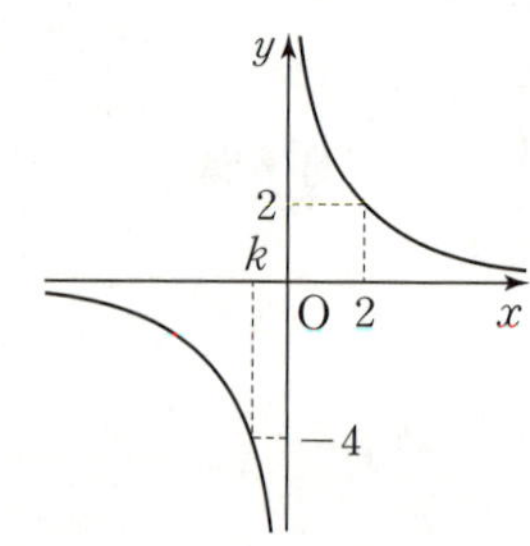

한번 더! 기본 문제

01

다음 중 x의 값이 2배, 3배, 4배, …가 될 때, y의 값은 $\frac{1}{2}$배, $\frac{1}{3}$배, $\frac{1}{4}$배, …가 되는 것은?

① $y=-2x$　　② $y=\dfrac{5}{x}$　　③ $y=\dfrac{x}{4}$

④ $\dfrac{y}{x}=9$　　⑤ $y=1+x$

02

희수네 집은 학교에서 1200 m 떨어진 곳에 있다. 분속 x m로 가면 등교하는 데 y분이 걸린다고 할 때, 8분 만에 등교하려면 분속 몇 m로 가야 하는지 구하시오.

03

다음 중 반비례 관계 $y=-\dfrac{6}{x}$의 그래프에 대한 설명으로 옳지 <u>않은</u> 것을 모두 고르면? (정답 2개)

① 점 $(6,\ -1)$을 지난다.

② 원점을 지나지 않는다.

③ 한 쌍의 매끄러운 곡선이다.

④ 제1사분면과 제3사분면을 지난다.

⑤ $x<0$일 때, x의 값이 증가하면 y의 값은 감소한다.

04

반비례 관계 $y=-\dfrac{24}{x}$의 그래프가 두 점 $(8,\ a)$, $\left(b,\ -\dfrac{1}{2}\right)$을 지날 때, $a+b$의 값을 구하시오.

05

오른쪽 그림과 같은 그래프가 나타내는 x와 y 사이의 관계식은?

① $y=-3x$　　② $y=6x$

③ $y=\dfrac{12}{x}$　　④ $y=\dfrac{6}{x}$

⑤ $y=\dfrac{3}{x}$

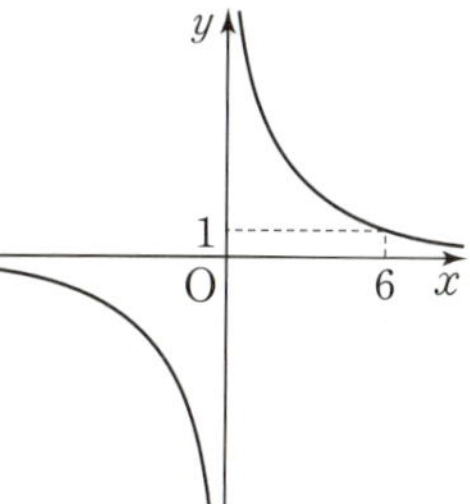

06 자신감 UP

오른쪽 그림과 같이 정비례 관계 $y=ax$의 그래프와 반비례 관계 $y=\dfrac{b}{x}$의 그래프가 점 $(4, 3)$에서 만날 때, 상수 a, b에 대하여 ab의 값을 구하시오.

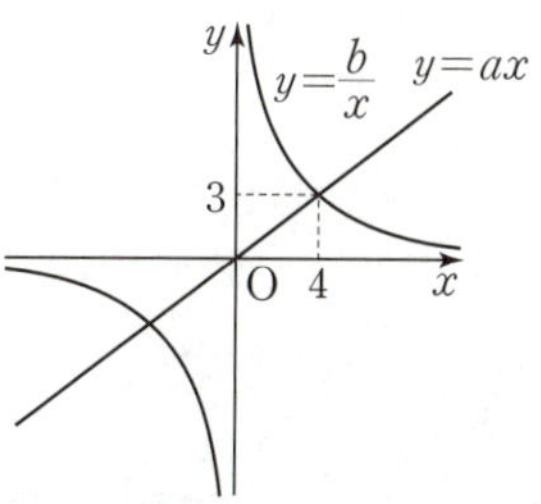

"수학 공부는 숙제다!"

PART 2 테스트

단원 테스트

서술형 테스트

01

다음 수 중 소수가 <u>아닌</u> 것의 개수는?

$$1, \quad 2, \quad 9, \quad 11, \quad 15, \quad 17, \quad 21, \quad 27, \quad 29, \quad 31$$

① 4개 ② 5개 ③ 6개
④ 7개 ⑤ 8개

02 중요

다음 |보기| 중 옳은 것을 모두 고른 것은?

┤ 보기 ├

ㄱ. 소수의 약수의 개수는 1개이다.
ㄴ. 10 이하의 자연수 중 소수의 개수는 4개이다.
ㄷ. 자연수는 1, 소수, 합성수로 이루어져 있다.
ㄹ. 모든 짝수는 합성수이다.

① ㄱ, ㄴ ② ㄱ, ㄷ ③ ㄴ, ㄷ
④ ㄴ, ㄹ ⑤ ㄷ, ㄹ

03

다음 중 옳은 것은?

① $10^6 = 100000$

② $\dfrac{1}{4} \times \dfrac{1}{4} \times \dfrac{1}{4} = \dfrac{3}{4}$

③ $a \times a \times a \times a \times a = 5 \times a$

④ $5 \times 7 \times 5 \times 5 \times 7 \times 5 = 5^4 \times 7^2$

⑤ $\dfrac{1}{2^3 \times 3^5} = \dfrac{1}{2 \times 3 + 3 \times 5}$

04

$64 \times 81 = 2^a \times 3^b$을 만족시키는 자연수 a, b에 대하여 $a+b$의 값을 구하시오.

05 중요

다음 중 소인수분해한 것으로 옳지 <u>않은</u> 것은?

① $28 = 2^2 \times 7$ ② $70 = 2 \times 5 \times 7$
③ $75 = 3 \times 5^2$ ④ $100 = 10^2$
⑤ $126 = 2 \times 3^2 \times 7$

06

441을 소인수분해하면 $3^a \times 7^b$일 때, 자연수 a, b에 대하여 $a \times b$의 값을 구하시오.

07

다음 중 12와 소인수가 같은 것은?

① 15   ② 21   ③ 54

④ 63   ⑤ 80

08

72에 자연수 x를 곱하여 어떤 자연수의 제곱이 되게 할 때, x의 값이 될 수 있는 수 중 두 번째로 작은 수를 구하시오.

09

다음 중 120의 약수가 <u>아닌</u> 것은?

① 2^3 ② $2^2 \times 5$ ③ $2^2 \times 3^2$

④ $2^3 \times 5$ ⑤ $2 \times 3 \times 5$

10

다음 중 약수의 개수가 15개인 것은?

① 15   ② $3^2 \times 5^2$ ③ 5^3

④ $2^4 \times 3^2$ ⑤ 1024

11

$2^a \times 25$의 약수의 개수가 12개일 때, 자연수 a의 값을 구하시오.

12 중요

다음 |보기| 중 두 수가 서로소인 것을 모두 고른 것은?

| 보기 |
ㄱ. 6, 13   ㄴ. 8, 15   ㄷ. 17, 51
ㄹ. 40, 49   ㅁ. 28, 63   ㅂ. 21, 57

① ㄱ, ㄴ   ② ㄱ, ㄴ, ㄷ   ③ ㄱ, ㄴ, ㄹ

④ ㄱ, ㄷ, ㅂ   ⑤ ㄱ, ㄷ, ㄹ, ㅂ

13 중요

세 수 $2^2 \times 3^2 \times 5^2$, $2 \times 3^3 \times 5$, $2^2 \times 3^2$의 최대공약수와 최소공배수를 차례로 구하면?

① 6, 900   ② 6, 2700   ③ 12, 1800

④ 18, 1800   ⑤ 18, 2700

14

다음 중 두 수 $2^2 \times 3^3 \times 5^2 \times 7$, $2^2 \times 3^2 \times 5$의 공약수를 모두 고른 것은?

┤ 보기 ├

ㄱ. $2 \times 3 \times 5$ ㄴ. $2^2 \times 3^2$ ㄷ. $2 \times 3 \times 5^2$

ㄹ. $3^3 \times 5$ ㅁ. $3 \times 5 \times 7$ ㅂ. 5

① ㄱ, ㄴ, ㄷ ② ㄱ, ㄴ, ㅂ ③ ㄱ, ㄹ, ㅂ
④ ㄷ, ㄹ, ㅁ ⑤ ㄹ, ㅁ, ㅂ

15

다음 |조건|을 모두 만족시키는 가장 작은 자연수를 구하시오.

┤ 조건 ├

㈎ 12, 30으로 모두 나누어떨어진다.
㈏ 세 자리의 자연수이다.

16

두 수 $2^a \times 3 \times 5^b$, $2^3 \times 3^c \times 5$의 최대공약수가 $2 \times 3 \times 5$, 최소공배수가 $2^3 \times 3^2 \times 5^2$일 때, 자연수 a, b, c에 대하여 $a+b+c$의 값은?

① 3 ② 4 ③ 5
④ 6 ⑤ 7

17

$1 \times 2 \times 3 \times 4 \times 5 \times 6 \times 7 \times 8 \times 9 \times 10$을 소인수분해하면 $2^a \times 3^b \times 5^c \times 7^d$일 때, 자연수 a, b, c, d에 대하여 $a+b+c+d$의 값을 구하시오.

(단, 풀이 과정을 자세히 쓰시오.)

풀이

답

18

소인수분해를 이용하여 세 수 6, 20, 24의 공배수 중 400에 가장 가까운 수를 구하시오.

(단, 풀이 과정을 자세히 쓰시오.)

풀이

답

단원 테스트 ▶ 1. 소인수분해 [2회]

01

다음 수 중 소수의 개수를 a개, 합성수의 개수를 b개라 할 때, $a-b$의 값을 구하시오.

$$1, \quad 2, \quad 5, \quad 14, \quad 19, \quad 27, \quad 37, \quad 39$$

02

다음 중 옳은 것은?

① 1은 소수이다.
② 소수는 모두 홀수이다.
③ 가장 작은 소수는 2이다.
④ 소수가 아닌 수의 약수의 개수는 3개 이상이다.
⑤ 자연수는 소수와 합성수로 이루어져 있다.

03 중요

다음 중 옳은 것을 모두 고르면? (정답 2개)

① $4 \times 4 \times 4 = 3^4$
② $2 \times 2 \times 3 \times 3 \times 5 = 2^2 + 3^2 + 5$
③ $3 \times 3 \times 3 \times 7 \times 7 = 3^3 \times 7^2$
④ $a + a + a + a + a = a^5$
⑤ $\dfrac{1}{5} \times \dfrac{1}{5} \times \dfrac{1}{5} \times \dfrac{1}{5} = \dfrac{1}{5^4}$

04

$2 \times 3 \times 3 \times 3 \times 7 \times 7 = a \times 3^b \times 7^c$일 때, 자연수 a, b, c에 대하여 $a+b+c$의 값을 구하시오. (단, a는 소수)

05

756을 바르게 소인수분해하면?

① $2^3 \times 3^4$ ② $2^3 \times 11^2$
③ $2^2 \times 3^3 \times 7$ ④ $2^2 \times 3^2 \times 21$
⑤ $4 \times 3^3 \times 7$

06 중요

$2^a \times 5^b = 1000$을 만족시키는 자연수 a, b에 대하여 $a-b$의 값을 구하시오.

07

다음 중 소인수가 나머지 넷과 <u>다른</u> 하나는?

① 6   ② 18   ③ 36

④ 56   ⑤ 108

08 중요

168에 자연수를 곱하여 어떤 자연수의 제곱이 되게 할 때, 곱할 수 있는 가장 작은 자연수를 구하시오.

09

다음 중 $2^3 \times 3^2 \times 5$의 약수가 <u>아닌</u> 것은?

① 4   ② 6   ③ 36

④ 75   ⑤ 90

10

270의 약수의 개수는?

① 4개   ② 8개   ③ 16개

④ 18개   ⑤ 20개

11

84의 약수의 개수와 $2^a \times 3$의 약수의 개수가 같을 때, 자연수 a의 값은?

① 2   ② 3   ③ 4

④ 5   ⑤ 6

12

다음 중 두 수가 서로소인 것은?

① 8, 12   ② 13, 27   ③ 14, 56

④ 21, 42   ⑤ 24, 33

13

두 자연수 a, b의 최소공배수가 28일 때, a와 b의 공배수 중에서 200 이하인 세 자리의 자연수를 모두 구하시오.

14 중요

세 수 $2^2 \times 3$, 360, $2^2 \times 3^3 \times 7$의 최대공약수와 최소공배수를 각각 구하면?

	최대공약수	최소공배수
①	$2^2 \times 3$	$2^3 \times 3^3$
②	$2^2 \times 3$	$2^2 \times 3 \times 5 \times 7$
③	$2^2 \times 3$	$2^3 \times 3^3 \times 5 \times 7$
④	$2^3 \times 3^2$	$2^3 \times 3^3$
⑤	$2^3 \times 3^2$	$2^3 \times 3^3 \times 5 \times 7$

15

세 수 30, 42, 60의 공약수의 개수는?

① 2개　　② 3개　　③ 4개
④ 5개　　⑤ 6개

16 중요

두 수 $2^a \times 3^2$, $2^2 \times 3^b \times 5$의 최대공약수는 36, 최소공배수는 540일 때, 자연수 a, b에 대하여 $a+b$의 값을 구하시오.

17

다음 |조건|을 모두 만족시키는 자연수의 개수를 구하시오.
(단, 풀이 과정을 자세히 쓰시오.)

┤ 조건 ├

㈎ 약수의 개수는 2개이다.

㈏ 25보다 크고 40보다 작다.

풀이

답

18

세 수 $2^a \times 3 \times b \times 11^2$, $2^4 \times 3^2 \times 7$, $2^4 \times 3^3 \times 7$의 최대공약수는 $2^3 \times 3 \times 7$이고 최소공배수는 $2^4 \times 3^c \times 7 \times 11^2$일 때, $a \times b \times c$의 값을 구하시오. (단, a, c는 자연수, b는 소수이고, 풀이 과정을 자세히 쓰시오.)

풀이

답

01

다음 중 양의 부호 + 또는 음의 부호 −를 사용하여 나타낸 것으로 옳지 <u>않은</u> 것은?

① 6개월 후 ⇨ +6개월
② 5000원 지출 ⇨ −5000원
③ 2분 전 ⇨ −2분
④ 해발 10 m ⇨ −10 m
⑤ 8 kg 증가 ⇨ +8 kg

02 중요

다음 수에 대한 설명으로 옳은 것은?

$$-6, \quad 0.2, \quad 7, \quad +\frac{10}{4}, \quad -\frac{5}{9}, \quad 0, \quad -\frac{6}{3}$$

① 정수의 개수는 3개이다.
② 유리수의 개수는 4개이다.
③ 양수의 개수는 2개이다.
④ 음의 유리수의 개수는 3개이다.
⑤ 정수가 아닌 유리수의 개수는 4개이다.

03

다음 수직선 위의 다섯 개의 점 A, B, C, D, E에 대응하는 수로 옳은 것을 모두 고르면? (정답 2개)

① A: $-\frac{8}{3}$　　② B: $\frac{2}{3}$　　③ C: $\frac{1}{3}$

④ D: $\frac{2}{3}$　　⑤ E: $\frac{4}{3}$

04

절댓값이 5보다 작은 정수의 개수를 구하시오.

05

다음 중 옳은 것은?

① 절댓값이 가장 작은 정수는 1이다.
② 절댓값이 1인 정수는 −1이다.
③ +7과 −7의 절댓값은 다르다.
④ 음수는 절댓값이 작을수록 수직선에서 원점으로부터 멀리 떨어져 있다.
⑤ 수직선에서 절댓값이 2인 두 수에 대응하는 두 점 사이의 거리는 4이다.

06 중요

다음 중 대소 관계가 옳은 것은?

① $-5 > -\frac{14}{3}$　　　② $|-6| > |-7|$

③ $\frac{12}{5} > 2.5$　　　④ $-\frac{4}{3} < -\frac{3}{4}$

⑤ $\frac{7}{10} < \frac{7}{12}$

07 중요

두 유리수 $-\dfrac{9}{2}$ 와 $\dfrac{10}{3}$ 사이에 있는 정수의 개수는?

① 6개 ② 7개 ③ 8개
④ 9개 ⑤ 10개

08

다음 중 계산 결과가 옳지 <u>않은</u> 것은?

① $(+4.3)+(-7.7)=-3.4$
② $(+8.3)-(-3.1)=+11.4$
③ $\left(+\dfrac{1}{3}\right)+\left(-\dfrac{1}{9}\right)=+\dfrac{2}{9}$
④ $\left(-\dfrac{1}{5}\right)-\left(-\dfrac{4}{5}\right)=-1$
⑤ $\left(-\dfrac{3}{2}\right)+\left(+\dfrac{5}{4}\right)=-\dfrac{1}{4}$

09

$A=-\dfrac{1}{3}+\dfrac{1}{2}+\dfrac{4}{5}$, $B=-\dfrac{16}{5}+3+\dfrac{3}{4}-\dfrac{1}{2}$ 일 때,

$A-B$의 값은?

① $\dfrac{5}{12}$ ② $\dfrac{2}{3}$ ③ $\dfrac{3}{4}$
④ $\dfrac{5}{6}$ ⑤ $\dfrac{11}{12}$

10 중요

다음 중 계산 결과가 나머지 넷과 <u>다른</u> 하나는?

① $(+14)\times\left(-\dfrac{2}{7}\right)$ ② $(-8)\times\left(+\dfrac{1}{2}\right)$
③ $\left(+\dfrac{2}{5}\right)\div\left(-\dfrac{4}{15}\right)$ ④ $\left(-\dfrac{2}{3}\right)\div\left(+\dfrac{1}{6}\right)$
⑤ $(+6)\div(-3)\times(+2)$

11

다음 중 가장 작은 수는?

① $-\dfrac{1}{3}$ ② $\left(\dfrac{1}{3}\right)^{2}$ ③ 3
④ $(-3)^{3}$ ⑤ $-(-3)^{2}$

12

다음을 분배법칙을 이용하여 계산하시오.

$$2.4\times31.2-(-7.6)\times31.2$$

13

$-4\dfrac{1}{5}$의 역수를 a, 1.2의 역수를 b라 할 때, $a\div b$의 값은?

① $-\dfrac{1}{3}$ ② $-\dfrac{2}{7}$ ③ $\dfrac{2}{7}$
④ $\dfrac{1}{3}$ ⑤ $\dfrac{5}{6}$

14

$\left(-\dfrac{1}{3}\right)^2 \times \left(-\dfrac{15}{16}\right) \div \dfrac{1}{12}$ 을 계산하면?

① -2 ② $-\dfrac{5}{4}$ ③ $-\dfrac{3}{4}$

④ $\dfrac{3}{4}$ ⑤ $\dfrac{5}{4}$

15 중요

$\left(-\dfrac{5}{3}\right) \div \left(-\dfrac{1}{6}\right) \times \square = 20$일 때, $\square$ 안에 알맞은 수를 구하시오.

16

다음을 계산하시오.

$$2 - \left[\dfrac{1}{2} + (-1)^3 \div \left\{4 \times \left(-\dfrac{1}{2}\right) + 6\right\}\right] \times 4$$

17

다음 세 수 a, b, c에 대하여 $a+b+c$의 값을 구하시오.
(단, 풀이 과정을 자세히 쓰시오.)

- a는 절댓값이 4인 수 중 작은 수이다.
- b는 -3, -1.5, 0, 5 중 정수가 아닌 유리수이다.
- c는 $\dfrac{5}{2}$, $-\dfrac{7}{3}$, -11, 2 중 가장 큰 수이다.

풀이

답

18

어떤 수에 $-\dfrac{5}{8}$를 더해야 할 것을 잘못하여 뺐더니 $\dfrac{3}{4}$이 되었다. 이때 바르게 계산한 답을 구하시오.
(단, 풀이 과정을 자세히 쓰시오.)

풀이

답

단원 테스트 ▶ 2. 정수와 유리수 [2회]

01

다음 밑줄 친 부분을 양의 부호 + 또는 음의 부호 −를 사용하여 나타낸 것으로 옳지 <u>않은</u> 것은?

① 몸무게가 4 kg 감소하였다. ⇨ −4 kg
② 기차가 출발하기 21분 전이다. ⇨ −21분
③ 가격이 3000원 올랐다. ⇨ −3000원
④ 농구 경기에서 15득점을 하였다. ⇨ +15점
⑤ 오늘 낮 기온은 영상 22 ℃이다. ⇨ +22 ℃

02 중요

다음 중 정수가 아닌 유리수를 모두 고르면? (정답 2개)

① $\dfrac{22}{5}$ ② 4 ③ -2.1

④ 0 ⑤ $+\dfrac{16}{2}$

03

다음 수를 수직선 위의 점에 대응시킬 때, 가장 오른쪽에 있는 것은?

① 0 ② -2 ③ $+\dfrac{3}{4}$

④ $+\dfrac{5}{3}$ ⑤ $-\dfrac{2}{3}$

04

다음 중 대소 관계가 옳은 것은?

① $0 < -3$ ② $-\dfrac{1}{6} < -\dfrac{1}{2}$

③ $\dfrac{8}{3} < -\dfrac{13}{6}$ ④ $-5.3 < -4.3$

⑤ $-\dfrac{3}{5} > -\dfrac{3}{10}$

05 중요

다음 수를 작은 것부터 차례로 나열했을 때, 세 번째에 오는 수를 구하시오.

$$-\dfrac{10}{5}, \quad 4, \quad -3.5, \quad \dfrac{11}{4}, \quad -4.3, \quad |-6|$$

06

다음 중 부등호를 사용하여 나타낸 것으로 옳지 <u>않은</u> 것은?

① a는 4보다 크다. ⇨ $a > 4$
② b는 −6보다 작지 않다. ⇨ $b \geq -6$
③ c는 −1 이상이고 0 미만이다. ⇨ $-1 \leq c < 0$
④ d는 0 초과이고 7보다 크지 않다. ⇨ $0 < d < 7$
⑤ e는 −3보다 크거나 같고 3보다 작다. ⇨ $-3 \leq e < 3$

07

-3의 절댓값을 a, 절댓값이 5인 음수를 b라 할 때, $a+b$의 값을 구하시오.

08

다음 중 계산 결과가 옳은 것은?

① $\left(-\dfrac{1}{4}\right)+\left(-\dfrac{1}{8}\right)=-\dfrac{1}{12}$

② $\left(-\dfrac{5}{6}\right)-\left(-\dfrac{3}{5}\right)=-\dfrac{1}{6}$

③ $\left(+\dfrac{1}{2}\right)-\left(-\dfrac{2}{3}\right)=+\dfrac{1}{3}$

④ $(-2.8)+(+1.9)=-0.9$

⑤ $(+0.25)+(-1)=+0.75$

09

$1-\dfrac{1}{2}+\dfrac{1}{4}-\dfrac{1}{12}$ 을 계산하여 기약분수로 나타내면 $\dfrac{b}{a}$일 때, $a-b$의 값을 구하시오.

10

다음 중 계산 결과가 옳지 <u>않은</u> 것은?

① $(+4)\times(-6)=-24$

② $(-18)\times\left(-\dfrac{7}{6}\right)=+21$

③ $\left(-\dfrac{5}{14}\right)\times\left(+\dfrac{2}{10}\right)=-\dfrac{1}{14}$

④ $(-3)\times(+4)\times(-5)=+60$

⑤ $\left(+\dfrac{1}{5}\right)\times\left(-\dfrac{4}{3}\right)\times\left(+\dfrac{5}{8}\right)=+\dfrac{1}{6}$

11 중요

다음을 계산하시오.

$$(-3)^2\times\left(-\dfrac{2}{3}\right)^2\times\left(-\dfrac{1}{2}\right)^3$$

12

세 수 a, b, c에 대하여 $a\times c=8$, $a\times(b-c)=56$일 때, $a\times b$의 값을 구하시오.

13 중요

오른쪽 그림과 같은 정육면체에서 마주 보는 두 면에 적힌 두 수는 서로 역수이다. 이때 보이지 않는 나머지 면에 있는 세 수의 곱을 구하시오.

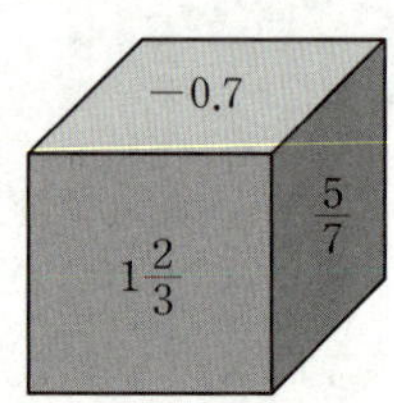

14

다음 중 계산 결과가 나머지 넷과 <u>다른</u> 하나는?

① $(-8) \div (+2)$

② $\left(+\dfrac{2}{3}\right) \div \left(-\dfrac{1}{6}\right)$

③ $\left(+\dfrac{12}{5}\right) \div \left(-\dfrac{3}{5}\right)$

④ $\left(+\dfrac{5}{6}\right) \div (-5) \div \left(+\dfrac{1}{24}\right)$

⑤ $\left(-\dfrac{7}{2}\right) \div \left(-\dfrac{7}{18}\right) \div (-3)$

15 중요

어떤 수에 $\dfrac{5}{4}$ 를 곱해야 할 것을 잘못하여 나누었더니 $\dfrac{2}{7}$ 가

되었다. 이때 바르게 계산한 답을 구하시오.

16

다음을 계산하시오.

$$(-3) \times \dfrac{1}{4} \div \left(-\dfrac{3}{2}\right)^2 \times 2$$

17

-3보다 8만큼 큰 수를 a, -9보다 -2만큼 작은 수를 b라 할 때, $a+b$의 값을 구하시오.

(단, 풀이 과정을 자세히 쓰시오.)

풀이

답

18

다음 식에 대하여 물음에 답하시오.

(단, 풀이 과정을 자세히 쓰시오.)

$$13 - \left\{ \left(4 - 6 \times \dfrac{5}{3}\right) \times (-3) \right\} \div 2$$

$$\uparrow \quad \uparrow \quad \uparrow \quad \uparrow \qquad \uparrow$$
$$㉠ \quad ㉡ \quad ㉢ \quad ㉣ \qquad ㉤$$

⑴ 계산 순서를 차례로 나열하시오.

⑵ 계산 결과를 구하시오.

풀이

답

01 중요

다음 중 곱셈 기호 $\times$ 와 나눗셈 기호 $\div$ 를 생략하여 나타낸 것으로 옳은 것은?

① $0.1 \times x = 0.x$

② $x \div y \times \dfrac{1}{3} = \dfrac{3x}{y}$

③ $x \div (y+5) = \dfrac{x}{y} + 5$

④ $(-1) \times x \times x \times x \times y = -1x^3 y$

⑤ $(x-y) \div 5 \div x = \dfrac{x-y}{5x}$

02

다음 |보기| 중 문자를 사용하여 나타낸 식으로 옳은 것을 모두 고른 것은?

┤ 보기 ├

ㄱ. 현재 나이가 14세인 연아의 x년 후의 나이 ⇨ $14x$세

ㄴ. 5개에 a원인 키위 한 개의 값 ⇨ $\dfrac{5}{a}$ 원

ㄷ. 시속 3 km로 x시간 동안 걸은 거리 ⇨ $3x$ km

ㄹ. 가로의 길이가 a cm, 세로의 길이가 b cm인 직사각형의 둘레의 길이 ⇨ $2(a+b)$ cm

① ㄱ, ㄷ ② ㄴ, ㄷ ③ ㄷ, ㄹ

④ ㄱ, ㄴ, ㄷ ⑤ ㄴ, ㄷ, ㄹ

03

$x = -2$, $y = \dfrac{1}{3}$일 때, $x^2 - 3y$의 값을 구하시오.

04

지면의 기온이 $20\,^\circ\mathrm{C}$일 때, 지면으로부터의 높이가 h km인 곳의 기온은 $(20 - 6h)\,^\circ\mathrm{C}$라 한다. 지면으로부터의 높이가 2 km인 곳의 기온은?

① $-2\,^\circ\mathrm{C}$ ② $0\,^\circ\mathrm{C}$ ③ $2\,^\circ\mathrm{C}$

④ $4\,^\circ\mathrm{C}$ ⑤ $8\,^\circ\mathrm{C}$

05 중요

다음 중 다항식 $7x^2 - x - 4$에 대한 설명으로 옳지 <u>않은</u> 것은?

① 항의 개수는 3개이다.

② 상수항은 -4이다.

③ 다항식의 차수는 2이다.

④ x의 계수는 1이다.

⑤ x^2의 계수는 7이다.

06

다음 중 일차식을 모두 고르면? (정답 2개)

① $\dfrac{1}{x+1}$ ② $-x-1$ ③ -3

④ $x^2 - x + 7$ ⑤ $-3x + 2$

단원 테스트

07

$(9x-12) \times \left(-\dfrac{2}{3}\right) = ax+b$일 때, 상수 a, b에 대하여 $a+b$의 값을 구하시오.

08

다음 중 식을 간단히 했을 때, $3x-1$이 되는 것은?

① $(-6x+2) \times \dfrac{1}{2}$ ② $(6x+2) \div 2$

③ $(3x+1) \div (-1)$ ④ $-\dfrac{3}{2}\left(-2x+\dfrac{2}{3}\right)$

⑤ $(15x-5) \div \dfrac{1}{5}$

09 중요

다음 중 동류항끼리 짝 지어진 것은?

① $2,\ 2x$ ② $-9x^3,\ -9y^3$

③ $-4y,\ 3y$ ④ $11x,\ 11y$

⑤ $x^2,\ x^3$

10

다음 중 $4a$와 같은 것을 모두 고르면? (정답 2개)

① $4+a$ ② $a+a+a+a$

③ $a \times a \times a \times a$ ④ $a \div \dfrac{1}{4}$

⑤ $4 \div a$

11 중요

다음 중 옳지 <u>않은</u> 것은?

① $(8x-3)-(6x+2)=2x-5$

② $3(2x+3)+(x+4)=7x+13$

③ $2\left(\dfrac{1}{2}x-4\right)-3(2x-3)=-5x+1$

④ $\dfrac{1}{2}(4x+8)+\dfrac{2}{3}(3x-6)=4x$

⑤ $-2(x+1)-(4x-3)=-6x-5$

12

다음을 계산했을 때, x의 계수를 a, 상수항을 b라 하자. 이때 $a-b$의 값을 구하시오.

$$\dfrac{4x-5}{3} - \dfrac{x-5}{2}$$

13

$A=3-4x,\ B=-5x-7$일 때, $2B-A$를 x를 사용한 식으로 나타내면?

① $-14x-17$ ② $-14x+11$ ③ $-6x-17$

④ $-3x+13$ ⑤ $6x-17$

14

다음 그림에서 위 칸의 식은 바로 아래 두 칸의 식을 더한 것이다. 이때 $A-B$를 계산하시오.

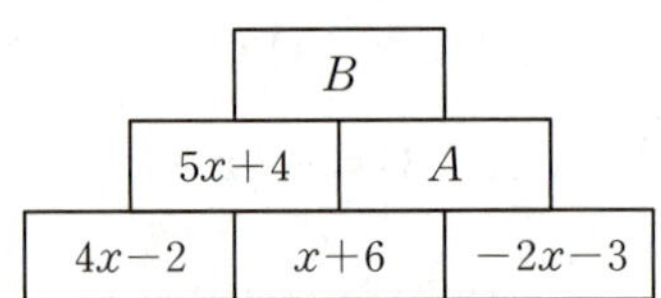

15 중요

어떤 다항식에 $-3x+5$를 더해야 할 것을 잘못하여 뺐더니 $7x-7$이 되었다. 이때 바르게 계산한 식을 구하시오.

16

다음을 계산하시오.

$$x-\left[2x+10\left\{4x-\frac{1}{5}(15x+5)\right\}\right]$$

17

오른쪽 그림과 같은 사다리꼴의 넓이를 S라 할 때, 다음 물음에 답하시오.

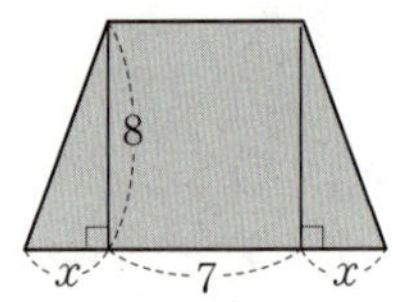

⑴ S를 x를 사용한 식으로 나타내시오.

⑵ $x=3$일 때, S의 값을 구하시오.

풀이

답

18

$\dfrac{2}{3}(x-1)-\dfrac{1}{4}(2x-3)$을 계산했을 때의 x의 계수를 a,

$\dfrac{5x-3}{2}-\dfrac{x-4}{3}$를 계산했을 때의 상수항을 b라 하자. 이때 $a-b$의 값을 구하시오. (단, 풀이 과정을 자세히 쓰시오.)

풀이

답

단원 테스트 　3. 문자의 사용과 식 [2회]

01 중요

다음 |보기| 중 $\dfrac{ac}{b}$ 와 같은 것을 모두 고른 것은?

| 보기 |

ㄱ. $a \times b \div c$　　　　ㄴ. $a \div b \times c$

ㄷ. $a \div b \div c$　　　　ㄹ. $a \times (b \div c)$

ㅁ. $a \div (b \times c)$　　　ㅂ. $a \div (b \div c)$

① ㄱ, ㄷ　　　② ㄱ, ㄹ　　　③ ㄴ, ㄷ
④ ㄴ, ㅂ　　　⑤ ㅁ, ㅂ

02

다음 중 옳지 <u>않은</u> 것은?

① 어떤 수 x보다 5만큼 큰 수 ⇨ $x+5$
② 6권에 x원인 공책 한 권의 가격 ⇨ $6x$원
③ 한 변의 길이가 $x\,\text{cm}$인 정삼각형의 둘레의 길이
　　⇨ $3x\,\text{cm}$
④ 2점 슛 x개와 3점 슛 y개를 넣었을 때의 점수
　　⇨ $(2x+3y)$점
⑤ 사탕을 5명에게 x개씩 나누어 주고 4개가 남았을 때의
　　전체 사탕의 개수 ⇨ $(5x+4)$개

03

$x=\dfrac{1}{5}$, $y=-\dfrac{1}{6}$ 일 때, $\dfrac{5}{x}+\dfrac{6}{y}$ 의 값을 구하시오.

04

기온이 $x\,°\text{C}$일 때, 흰나무귀뚜라미가 1분 동안 우는 횟수는 $\left(\dfrac{36}{5}x-32\right)$회라 한다. 기온이 $25\,°\text{C}$일 때, 흰나무귀뚜라미가 1분 동안 우는 횟수를 구하시오.

05 중요

다음 중 옳은 것을 모두 고르면? (정답 2개)

① $5xy$는 단항식이다.
② $2x-y$에서 항의 개수는 3개이다.
③ x^2+3x-2에서 상수항은 2이다.
④ $\dfrac{x}{5}+1$에서 x의 계수는 $\dfrac{1}{5}$이다.
⑤ $2x^2-x-4$에서 x^2의 계수와 상수항의 합은 6이다.

06

다음 |보기| 중 일차식의 개수는?

| 보기 |

ㄱ. 10　　　　ㄴ. $-\dfrac{3}{2}x-1$　　　ㄷ. x^2-1

ㄹ. $9-5x$　　　ㅁ. $\dfrac{3}{x}$　　　　　ㅂ. x^3+x^2

① 1개　　　② 2개　　　③ 3개
④ 4개　　　⑤ 5개

07

다음 중 옳지 <u>않은</u> 것을 모두 고르면? (정답 2개)

① $-(2-3x)=-2+3x$

② $(-10x)\times\dfrac{3}{5}=-6x$

③ $\dfrac{4}{3}(12x+9)=16x+9$

④ $12x\div\left(-\dfrac{2}{3}\right)=-18x$

⑤ $\left(\dfrac{1}{2}x-5\right)\div(-5)=-\dfrac{1}{10}x-1$

08

$-\dfrac{4}{3}(-6x+15)$를 간단히 했을 때의 x의 계수를 a, $\left(\dfrac{1}{4}x-5\right)\div\dfrac{5}{12}$를 간단히 했을 때의 상수항을 b라 할 때, $a+b$의 값을 구하시오.

09

다음 중 x와 동류항인 것의 개수를 구하시오.

$$\dfrac{1}{x}, \quad y, \quad 12, \quad 4x^2, \quad -\dfrac{x}{5}, \quad -2xy, \quad 6x$$

10

다항식 $5x-ax+6$이 x에 대한 일차식일 때, 상수 a의 값이 될 수 <u>없는</u> 것은?

① -5 　　② -3 　　③ 1

④ 3 　　⑤ 5

11 _{중요}

다음 중 식을 간단히 했을 때, $3x+2y$가 되는 것은?

① $3x-2y+x+y$ 　　② $x-4y-2y+5x$

③ $3x-4y-2x+y$ 　　④ $5x-3y-2x+5y$

⑤ $6x+y-5y-3x$

12 _{중요}

다음 중 옳은 것은?

① $(x-3)+(3x+5)=4x-2$

② $2(3-4x)+3(2x-3)=2x-3$

③ $(5x+7)-(-4x+9)=9x-4$

④ $\dfrac{1}{2}(-4x+6)-(7x-5)=-9x+8$

⑤ $-\dfrac{3}{5}(15x-5)-\dfrac{1}{6}(12x-6)=-11x+2$

13

$\dfrac{5x-1}{4}-\dfrac{x-7}{6}=ax+b$일 때, 상수 a, b에 대하여 $a+b$의 값을 구하시오.

14

$A=2x-1$, $B=x-3$일 때, $3A+4B-2(B-A)$를 x를 사용한 식으로 나타내면?

① $4x-11$ ② $8x-4$ ③ $8x+7$

④ $12x-11$ ⑤ $12x+7$

15 중요

어떤 다항식에서 $4x+2$를 빼야 할 것을 잘못하여 더했더니 $7x-5$가 되었다. 이때 바르게 계산한 식을 구하시오.

16

가로의 길이는 $5x+3$이고, 세로의 길이는 가로의 길이보다 7만큼 작은 직사각형이 있다. 이 직사각형의 둘레의 길이를 x를 사용한 식으로 나타내면?

① $12x-6$ ② $16x-2$ ③ $16x+2$

④ $20x-2$ ⑤ $20x+6$

17

다항식 $-\dfrac{5}{4}x^2+2x-5$에서 다항식의 차수를 a, x의 계수를 b, 상수항을 c라 할 때, $a+b+c$의 값을 구하시오.

(단, 풀이 과정을 자세히 쓰시오.)

〔풀이〕

〔답〕

18

$x=-3$일 때, 다음 식의 값을 구하시오.

(단, 풀이 과정을 자세히 쓰시오.)

$$5x-[4x-3-\{2x-(5x+1)\}]$$

〔풀이〕

〔답〕

01

다음 중 등식을 모두 고르면? (정답 2개)

① $5x+7$
② $2x \leq -x+3$
③ $6x-7=1$
④ $2>3$
⑤ $x=4$

02

다음 문장을 등식으로 나타내면?

> 어떤 수 x의 4배에 6을 더한 것은 9에서 x를 뺀 수를 3배 한 것과 같다.

① $4x+6=9-3x$
② $4x+6=3(x-9)$
③ $4x+6=3(9-x)$
④ $4(x+6)=9-3x$
⑤ $4(x+6)=3-9x$

03

다음 방정식 중 해가 $x=3$인 것은?

① $2x-6=3$
② $x-4=1-x$
③ $7-2x=2$
④ $3(2-x)=-x$
⑤ $\dfrac{x-5}{5}=\dfrac{1-2x}{5}$

04 중요

등식 $-3(x+a)=-15+bx$가 항등식일 때, 상수 a, b에 대하여 $a+b$의 값을 구하시오.

05 중요

다음 중 옳지 <u>않은</u> 것은?

① $a=b$이면 $a-5=b-5$이다.
② $a=b$이면 $-a=-b$이다.
③ $a+c=b+c$이면 $a=b$이다.
④ $2a-1=2b-1$이면 $a=b$이다.
⑤ $\dfrac{a}{5}=\dfrac{b}{2}$이면 $5a=2b$이다.

06

등식 $5x-2=x+7$을 이항을 이용하여 $ax=b\,(a>0)$의 꼴로 고쳤을 때, 상수 a, b에 대하여 ab의 값을 구하시오.

07

다음 |보기| 중 일차방정식의 개수를 구하시오.

| 보기 |

ㄱ. $2x=x+1$ ㄴ. $5x+3=2x-1$

ㄷ. $x^2=2x+5$ ㄹ. $3x+1=3(x-1)$

ㅁ. $x^2-2x=2+x^2$ ㅂ. $10x-8=2(5x-4)$

08

일차방정식 $9x-(4x+2)-3x=1$을 풀면?

① $x=-\dfrac{3}{2}$ ② $x=-\dfrac{1}{2}$ ③ $x=1$

④ $x=\dfrac{1}{2}$ ⑤ $x=\dfrac{3}{2}$

09

다음 일차방정식 중 해가 나머지 넷과 <u>다른</u> 하나는?

① $x-1=2x+3$

② $7(5x+18)=2(3x+5)$

③ $0.4x+0.7=0.6x+1.5$

④ $\dfrac{1}{2}x+3=\dfrac{2}{3}x+\dfrac{7}{3}$

⑤ $\dfrac{x}{4}-1=\dfrac{2(x+1)}{3}$

10 중요

일차방정식 $0.2x-0.5=\dfrac{1}{4}(x+1)$을 푸시오.

11

x에 대한 일차방정식 $5(x+a)-3=x-6a$의 해가 $x=-2$일 때, 상수 a의 값을 구하시오.

12 중요

일차방정식 $3(1-x)+9=5+4x$의 해가 x에 대한 일차방정식 $a-x=-2-\dfrac{x-a}{2}$의 해일 때, 상수 a의 값은?

① -3 ② -1 ③ 0

④ 3 ⑤ 4

13

x에 대한 일차방정식 $2(x+a)=x+11$의 해가 자연수가 되게 하는 자연수 a의 값이 <u>아닌</u> 것은?

① 2 ② 3 ③ 4

④ 5 ⑤ 6

14 중요

연속하는 두 짝수의 합이 46일 때, 두 짝수 중 작은 수를 구하시오.

15

가로의 길이가 3 cm, 세로의 길이가 4 cm인 직사각형이 있다. 이 직사각형의 가로의 길이를 3 cm만큼 늘이고, 세로의 길이를 x cm만큼 늘여서 새로 만든 직사각형의 넓이는 처음 직사각형의 넓이의 3배이다. 이때 새로 만든 직사각형의 세로의 길이를 구하시오.

16

은영이가 등산을 하는데 올라갈 때는 시속 4 km, 내려올 때는 같은 길을 시속 6 km로 걸어서 모두 5시간이 걸렸다. 이때 은영이가 올라가는 데 걸린 시간을 구하시오.

17

다음 x에 대한 두 일차방정식의 해가 같을 때, 상수 a의 값을 구하시오. (단, 풀이 과정을 자세히 쓰시오.)

$$\frac{x+1}{2}-\frac{x-1}{3}=1, \quad 0.2(a-x)=0.5x+0.7$$

풀이

답

18

일의 자리의 숫자가 6인 두 자리의 자연수가 있다. 이 자연수의 십의 자리의 숫자와 일의 자리의 숫자를 바꾼 수는 처음 수의 2배보다 28만큼 작을 때, 처음 수를 구하시오.

(단, 풀이 과정을 자세히 쓰시오.)

풀이

답

단원 테스트 ▶ 4. 일차방정식 [2회]

01

다음 |보기| 중 등식의 개수를 구하시오.

| 보기 |
ㄱ. $3-x=4x$
ㄴ. $6+(3-x)$
ㄷ. $(x+3)+2x=0$
ㄹ. $3+4=9-3$
ㅁ. $2+6x>-2x$
ㅂ. $2y-3x=4x-4y$

02

다음 중 문장을 등식으로 나타낸 것으로 옳은 것은?

① 밑변의 길이가 $x\,\mathrm{cm}$, 높이가 $y\,\mathrm{cm}$인 삼각형의 넓이는 $8\,\mathrm{cm}^2$이다. ⇨ $2xy=8$

② 두 수 x와 85의 평균은 80이다. ⇨ $2(x+85)=80$

③ 가로의 길이가 $5\,\mathrm{cm}$, 세로의 길이가 $x\,\mathrm{cm}$인 직사각형의 넓이는 $20\,\mathrm{cm}^2$이다. ⇨ $5x^2=20$

④ 길이가 $50\,\mathrm{cm}$인 끈을 $x\,\mathrm{cm}$씩 3번 잘라 냈더니 $10\,\mathrm{cm}$가 남았다. ⇨ $50-\dfrac{x}{3}=10$

⑤ 시속 $5\,\mathrm{km}$로 x시간 동안 이동한 거리는 $10\,\mathrm{km}$이다. ⇨ $5x=10$

03 중요

다음 중 [ ] 안의 수가 주어진 방정식의 해인 것은?

① $-3x+9=0$ $[-3]$

② $3-2x=5$ $[1]$

③ $x-6=6-x$ $[0]$

④ $3(x-1)=5x+1$ $[-2]$

⑤ $x+\dfrac{x+1}{3}=2x-6$ $[5]$

04

다음 중 x의 값에 관계없이 항상 성립하는 등식은?

① $-x+5=x-6$

② $-2(2x+1)=10$

③ $3x+2=9$

④ $4x+1=x-2$

⑤ $6\left(x-\dfrac{1}{2}\right)=-3+6x$

05 중요

$a=3b$일 때, 다음 중 옳은 것을 모두 고르면? (정답 2개)

① $3a=b$

② $a-1=3b-3$

③ $a-3=3(b-1)$

④ $\dfrac{a}{3}=b$

⑤ $2-a=2+3b$

06

다음 중 밑줄 친 항을 이항한 것으로 옳은 것은?

① $3x\underline{+1}=4$ ⇨ $3x=4+1$

② $5x=\underline{2x}-3$ ⇨ $5x+2x=-3$

③ $-2x=6\underline{+3x}$ ⇨ $-2x+3x=6$

④ $6x\underline{-5}=1$ ⇨ $6x=1-5$

⑤ $\underline{x}+1=\underline{-x}+4$ ⇨ $x+x=4-1$

07

다음 중 일차방정식이 아닌 것은?

① $x=2$

② $x+3=3-2x$

③ $2x+5=-5+2x$

④ $3(x+1)=4-3x$

⑤ $x^2+2x=x^2-4$

다음 일차방정식 중 해가 가장 작은 것은?

① $-x-1=6-8x$

② $3(x-9)=x+7$

③ $5x-10=-5(x-2)$

④ $6+5x=-(8+2x)$

⑤ $-4x+6=19+9x$

09

다음 일차방정식을 푸시오.

$$-4(x-1)=3(2x-5)+9$$

10

일차방정식 $0.5(x-1)=-0.3x+1.1$의 해가 $x=a$, 일차방정식 $-\dfrac{2x-1}{2}+\dfrac{x-1}{4}=-2$의 해가 $x=b$일 때, $a+b$의 값을 구하시오.

11

일차방정식 $\dfrac{x+3}{6}-\dfrac{x+5}{3}=0.5(3x+1)$을 풀면?

① $x=-3$ ② $x=-1$ ③ $x=1$

④ $x=3$ ⑤ $x=5$

12

x에 대한 일차방정식 $a(x-2)=6$의 해가 $x=4$일 때, x에 대한 일차방정식 $2x-a(x-5)=9$의 해를 구하시오.

13 중요

x에 대한 두 일차방정식 $3x-2=x+6$과 $\dfrac{x}{4}-\dfrac{x-2a}{2}=2$의 해가 같을 때, 상수 a의 값을 구하시오.

14

어떤 수의 3배에 10을 더한 것은 어떤 수의 5배보다 2만큼 큰 수와 같을 때, 어떤 수를 구하시오.

15 중요

윗변의 길이가 아랫변의 길이보다 $3\,\mathrm{cm}$만큼 짧고, 높이가 $8\,\mathrm{cm}$인 사다리꼴의 넓이가 $60\,\mathrm{cm}^2$일 때, 사다리꼴의 아랫변의 길이를 구하시오.

16

지수가 집에서 학교까지 가는데 시속 $12\,\mathrm{km}$로 자전거를 타고 가면 시속 $4\,\mathrm{km}$로 걸어가는 것보다 40분 더 빨리 도착한다고 할 때, 집에서 학교까지의 거리는?

① $2\,\mathrm{km}$　　② $\dfrac{5}{2}\,\mathrm{km}$　　③ $3\,\mathrm{km}$

④ $\dfrac{7}{2}\,\mathrm{km}$　　⑤ $4\,\mathrm{km}$

서술형

17

등식 $4x+5=a(2x-1)+b$가 모든 x에 대하여 항상 참일 때, 상수 a, b에 대하여 $a+b$의 값을 구하시오.

(단, 풀이 과정을 자세히 쓰시오.)

풀이

답

18

현재 어머니와 아들의 나이의 합은 56세이고, 14년 후의 어머니의 나이는 아들의 나이의 2배가 된다고 한다. 이때 현재 아들의 나이를 구하시오. (단, 풀이 과정을 자세히 쓰시오.)

풀이

답

01 중요

두 순서쌍 $(2a-5,\ b+3)$, $(1-a,\ 3b-7)$이 서로 같을 때, $a-b$의 값은?

① -5 ② -3 ③ 3
④ 7 ⑤ 10

02

다음 중 좌표평면 위의 5개의 점 A, B, C, D, E의 좌표를 나타낸 것으로 옳지 <u>않은</u> 것을 모두 고르면? (정답 2개)

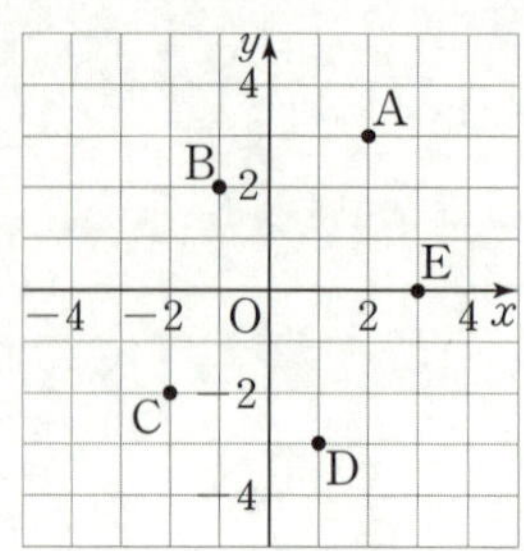

① A$(2\ ,3)$ ② B$(-1,\ 2)$
③ C$(-2,\ -2)$ ④ D$(-1,\ -3)$
⑤ E$(0,\ 3)$

03

다음 중 x축 위에 있고, x좌표가 -3인 점의 좌표는?

① $(-3,\ -3)$ ② $(-3,\ 0)$ ③ $(0,\ -3)$
④ $(0,\ 3)$ ⑤ $(3,\ 0)$

04

다음 중 옳지 <u>않은</u> 것은?

① 원점의 좌표는 $(0,\ 0)$이다.
② 점 $(-2,\ 0)$은 x축 위의 점이다.
③ 점 $(3,\ 4)$는 제1사분면 위의 점이다.
④ 점 $(3,\ 2)$와 점 $(2,\ 3)$은 서로 다른 점이다.
⑤ 점 $(0,\ 4)$는 제2사분면 위의 점이다.

05 중요

네 점 A$(3,\ 4)$, B$(-2,\ 4)$, C$(-2,\ 0)$, D$(3,\ 0)$을 꼭짓점으로 하는 사각형 ABCD의 넓이를 구하시오.

06

점 $(5,\ a)$는 제4사분면 위에 있고, 점 $(-2,\ b)$는 제3사분면 위에 있을 때, 점 $(a,\ b)$는 제몇 사분면 위의 점인지 말하시오.

07 중요

$a>0$, $b<0$일 때, 점 $(ab,\ a-b)$는 제몇 사분면 위의 점인지 말하시오.

08

오른쪽 그래프는 컵에 있는 주스를 마시는 동안 컵에 남은 주스의 높이를 나타낸 것이다. 다음 |보기| 중 이 그래프에 대한 해석으로 옳은 것을 모두 고르시오.

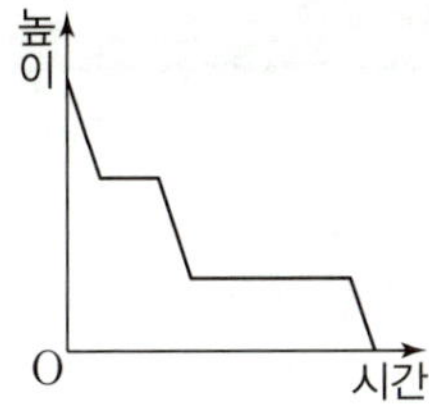

| 보기 |

ㄱ. 주스를 세 번에 나누어 모두 마셨다.

ㄴ. 주스를 쉬지 않고 한 번에 모두 마셨다.

ㄷ. 남은 주스가 없다.

ㄹ. 주스가 남아 있다.

09 중요

아래 그래프는 양초에 불을 붙였다가 중간에 불을 끈 후 다시 불을 붙였을 때, 시간에 따른 양초의 길이를 나타낸 것이다. 다음 중 옳지 <u>않은</u> 것은?

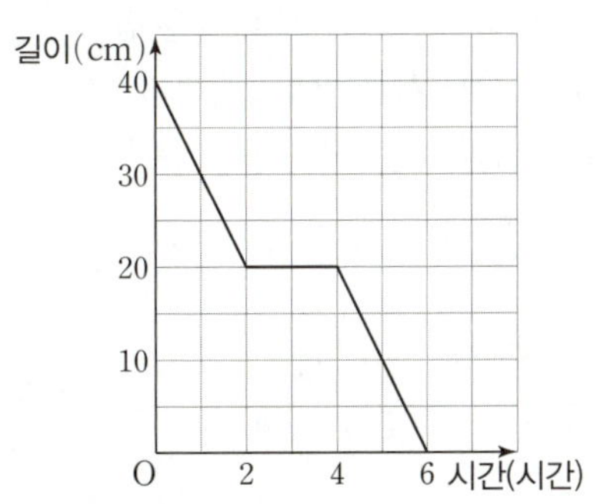

① 양초의 처음 길이는 40 cm이다.

② 양초에 처음 불을 붙인 지 2시간 후의 양초의 길이는 20 cm이다.

③ 양초의 불을 끈 것은 양초에 불을 붙인 지 2시간 후이다.

④ 양초에 다시 불을 붙인 지 1시간 후의 양초의 길이는 10 cm이다.

⑤ 양초에 불이 붙어 있던 시간은 총 6시간이다.

10

점 $\left(2a+5,\ \dfrac{1}{3}a-1\right)$ 은 x축 위의 점이고,

점 $(3b-6,\ 2b+7)$ 은 y축 위의 점일 때, $a-b$의 값을 구하시오. (단, 풀이 과정을 자세히 쓰시오.)

풀이

답

11

다음 그래프는 해진이가 집에서 출발하여 하루 동안 자전거를 타고 여행을 다녀왔을 때, 집에서 떨어진 거리를 시간에 따라 나타낸 것이다. 물음에 답하시오.

(단, 풀이 과정을 자세히 쓰시오.)

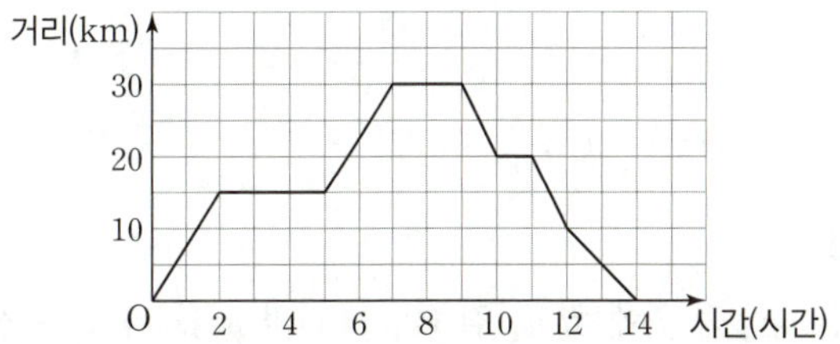

(1) 해진이가 집에서 출발하여 처음 휴식을 취했을 때, 집에서 떨어진 거리를 구하시오.

(2) 해진이가 집으로 돌아오기 시작한 것은 집에서 출발한 지 몇 시간 후인지 구하시오.

풀이

답

01

두 순서쌍 $(2a-3,\ b-4)$, $(3a-8,\ 2b+2)$가 서로 같을 때, $a+b$의 값을 구하시오.

02

오른쪽 좌표평면 위의 세 점 A, B, C의 좌표가 A$(a,\ 4)$, B$(-2,\ b)$, C$(c,\ 0)$일 때, $a+b+c$의 값은?

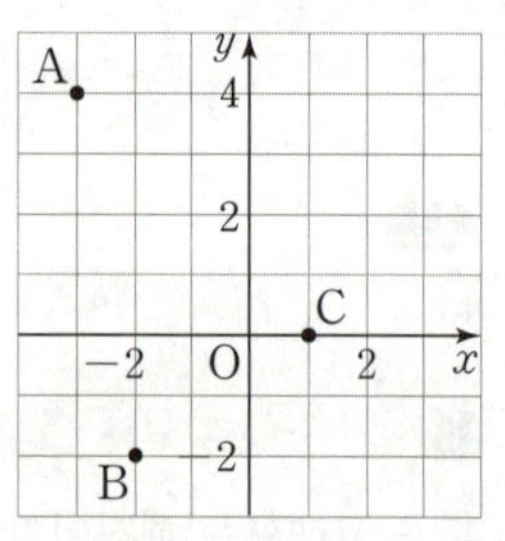

① -4　　② -2
③ 0　　④ 2
⑤ 4

03

다음 중 y축 위에 있고, 점 $(2,\ -5)$와 y좌표가 같은 점의 좌표는?

① $(-5,\ -5)$　　② $(0,\ -5)$　　③ $(0,\ 2)$
④ $(2,\ -5)$　　⑤ $(2,\ 0)$

04 중요

점 $(3a+2,\ -2a+6)$은 x축 위의 점이고, 점 $(4-3b,\ 7b+1)$은 y축 위의 점일 때, ab의 값을 구하시오.

05 중요

다음 중 점의 좌표와 그 점이 속하는 사분면이 바르게 연결된 것은?

① $(-3,\ -3)$ ⇨ 제2사분면
② $(-2,\ 2)$ ⇨ 제3사분면
③ $(1,\ -1)$ ⇨ 제4사분면
④ $(2,\ -4)$ ⇨ 제3사분면
⑤ $(4,\ 3)$ ⇨ 제4사분면

06

다음 중 옳지 <u>않은</u> 것을 모두 고르면? (정답 2개)

① y축 위의 점은 x좌표가 0이다.
② x축과 y축은 서로 수직으로 만난다.
③ 점 $(2,\ 1)$과 점 $(1,\ 2)$는 서로 같은 점이다.
④ 점 $(4,\ 0)$은 어느 사분면에도 속하지 않는다.
⑤ 제3사분면 위의 점은 x좌표와 y좌표가 모두 양수이다.

07

$ab>0$, $a+b<0$일 때, 다음 중 점 $\left(\dfrac{a}{b},\ -a\right)$와 같은 사분면 위의 점은?

① $(-4,\ 3)$　　② $(-2,\ -9)$　　③ $(0,\ 9)$
④ $(2,\ 1)$　　⑤ $(7,\ -6)$

08 _{중요}

오른쪽 그래프는 어떤 그릇에 일정한 속력으로 물을 넣을 때, 물의 높이를 시간에 따라 나타낸 것이다. 다음 중 그릇의 모양으로 가장 알맞은 것은?

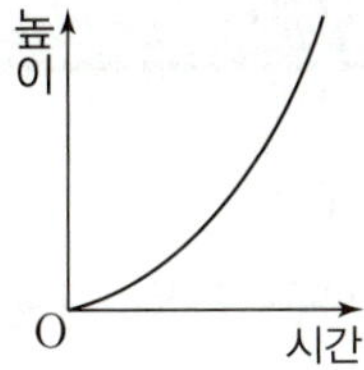

① 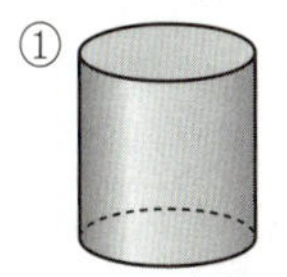 ② 

③ 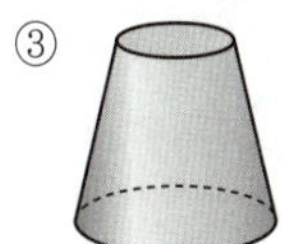 ④ 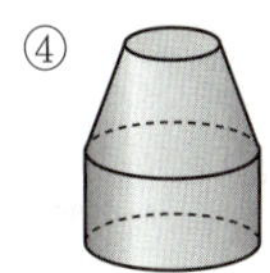

⑤ 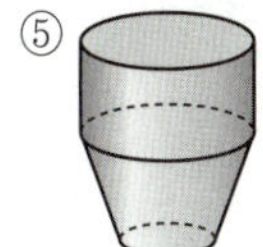

09 _{중요}

오른쪽 그래프는 재원이가 집에서 출발하여 공원에 가서 머물렀다가 다시 집으로 돌아올 때까지 집에서 떨어진 거리를 시간에 따라 나타낸 것이다. 다음 (개)~(매)에 알맞은 것을 모두 고르면? (정답 2개)

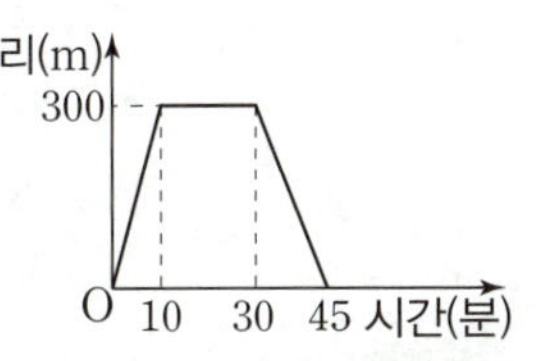

집에서 (개) m만큼 떨어진 공원에 (내) 분 동안 걸어서 갔다. 공원에서 (대) 분 동안 머물렀다가 다시 (래) 분 동안 걸어서 집에 도착하였다. 집에서 출발하여 다시 집으로 돌아올 때까지 총 (매) 분이 걸렸다.

① (개) 300 ② (내) 30 ③ (대) 20

④ (래) 10 ⑤ (매) 15

10

세 점 A(-1, 4), B(-3, 2), C(2, 2)를 꼭짓점으로 하는 삼각형 ABC의 넓이를 구하시오.

(단, 풀이 과정을 자세히 쓰시오.)

풀이

답

11

다음 그래프는 준수와 은지가 $2\,\mathrm{km}$ 거리의 산책로를 동시에 출발하여 걸을 때, 이동한 거리를 시간에 따라 나타낸 것이다. 물음에 답하시오. (단, 풀이 과정을 자세히 쓰시오.)

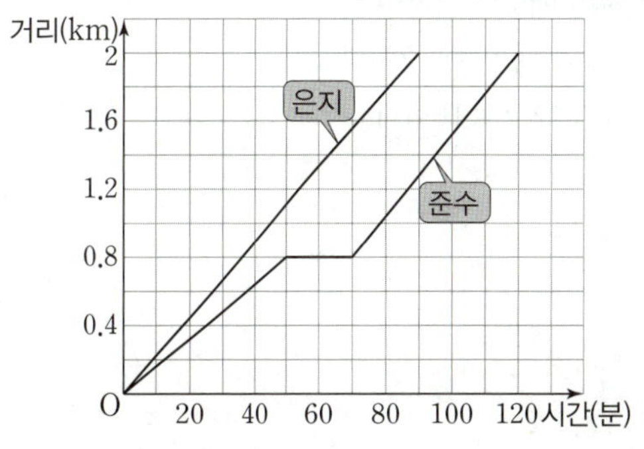

(1) 준수는 산책하면서 몇 분 동안 멈춰 있었는지 구하시오.

(2) 은지는 준수보다 몇 분 먼저 산책로를 모두 걸었는지 구하시오.

풀이

답

01

다음 중 y가 x에 정비례하는 것은?

① $y=-2x$　　② $y=x-1$　　③ $y=x+3$

④ $y=\dfrac{6}{x}$　　⑤ $xy=1$

02

y가 x에 정비례하고, $x=-8$일 때 $y=2$이다. 다음 중 옳은 것은?

① x의 값이 3배가 되면 y의 값은 $\dfrac{1}{3}$배가 된다.

② x와 y 사이의 관계식은 $y=\dfrac{1}{4}x$이다.

③ $x=4$일 때 $y=-4$이다.

④ $x=12$일 때 $y=-3$이다.

⑤ $y=4$일 때 $x=16$이다.

03

$4\,\text{L}$의 휘발유로 $60\,\text{km}$의 거리를 달릴 수 있는 자동차가 있다. 이 자동차가 $x\,\text{L}$의 휘발유로 달릴 수 있는 거리를 $y\,\text{km}$라 할 때, x와 y 사이의 관계식은?

① $y=4x$　　② $y=15x$　　③ $y=4x+60$

④ $y=\dfrac{4}{x}$　　⑤ $y=\dfrac{15}{x}$

04

다음 중 정비례 관계 $y=-\dfrac{3}{2}x$의 그래프는?

① 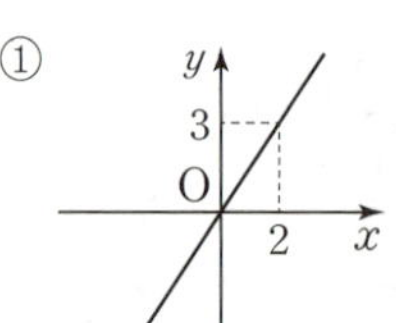
② 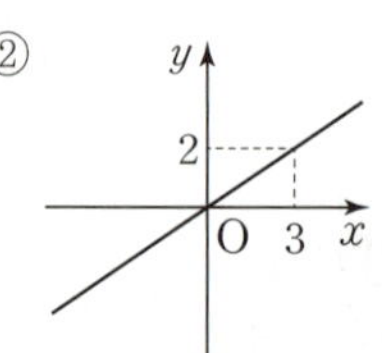

③ 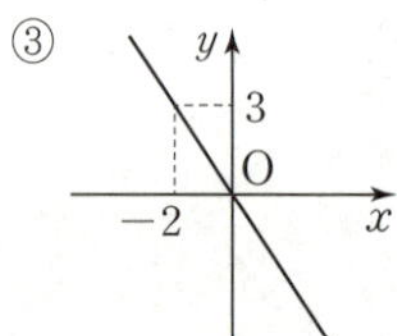
④ 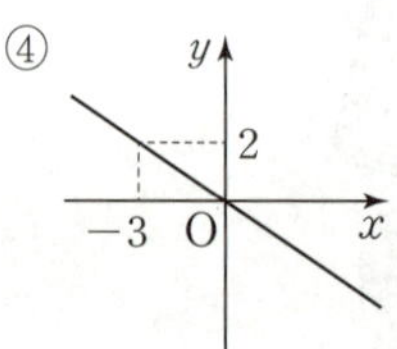

⑤ 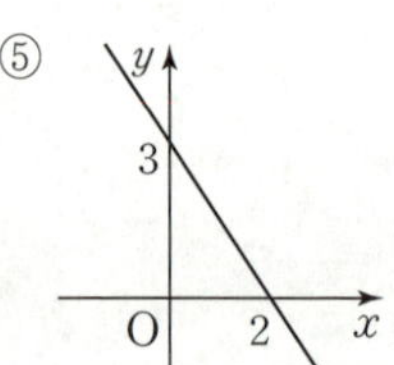

05 중요

다음 중 정비례 관계 $y=4x$의 그래프에 대한 설명으로 옳은 것을 모두 고르면? (정답 2개)

① 원점을 지나지 않는다.

② 점 $(4,\ 1)$을 지나는 직선이다.

③ 점 $(3,\ 12)$를 지나는 곡선이다.

④ 제1사분면과 제3사분면을 지난다.

⑤ x의 값이 증가하면 y의 값도 증가한다.

06

다음 정비례 관계의 그래프 중 y축에 가장 가까운 것은?

① $y=-3x$ 　② $y=\dfrac{8}{3}x$ 　③ $y=-\dfrac{1}{2}x$

④ $y=\dfrac{2}{5}x$ 　⑤ $y=2x$

07 중요

정비례 관계 $y=ax$의 그래프가 점 $(-2,\ -6)$을 지날 때, 다음 중 이 그래프 위의 점은? (단, a는 상수)

① $(-4,\ 12)$ 　② $(-3,\ 9)$ 　③ $(-1,\ -5)$

④ $(1,\ -3)$ 　⑤ $(5,\ 15)$

08

정비례 관계 $y=ax$의 그래프가 오른쪽 그림과 같을 때, $a+b$의 값을 구하시오. (단, a는 상수)

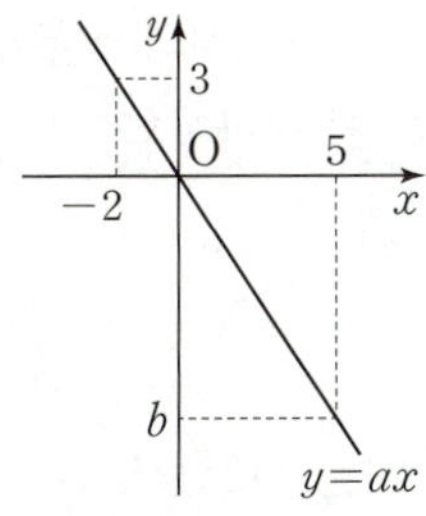

09

다음 |보기| 중 y가 x에 반비례하는 것의 개수를 구하시오.

| 보기 |

ㄱ. 음료수 $30\,\mathrm{L}$를 x명이 똑같이 나누어 마실 때, 한 사람이 마시는 음료수의 양 $y\,\mathrm{L}$

ㄴ. 둘레의 길이가 $40\,\mathrm{cm}$인 직사각형의 가로의 길이 $x\,\mathrm{cm}$와 세로의 길이 $y\,\mathrm{cm}$

ㄷ. 곱이 40인 두 수 x와 y

ㄹ. $20\,\mathrm{km}$의 거리를 시속 $x\,\mathrm{km}$로 이동할 때, 걸린 시간 y시간

10

y가 x에 반비례하고, $x=8$일 때 $y=3$이다. $x=-6$일 때, y의 값을 구하시오.

11 중요

다음 정비례 관계 또는 반비례 관계의 그래프 중 제2사분면을 지나는 것을 모두 고르면? (정답 2개)

① $y=3x$ 　② $y=\dfrac{x}{2}$ 　③ $y=-x$

④ $y=\dfrac{5}{x}$ 　⑤ $y=-\dfrac{4}{x}$

12

반비례 관계 $y=\dfrac{40}{x}$의 그래프가 두 점 $(5,\ a)$, $(b,\ -10)$을 지날 때, $a-b$의 값을 구하시오.

13 중요

오른쪽 그림과 같은 그래프가 두 점 $(-2, 2)$, $(3, k)$를 지날 때, k의 값을 구하시오.

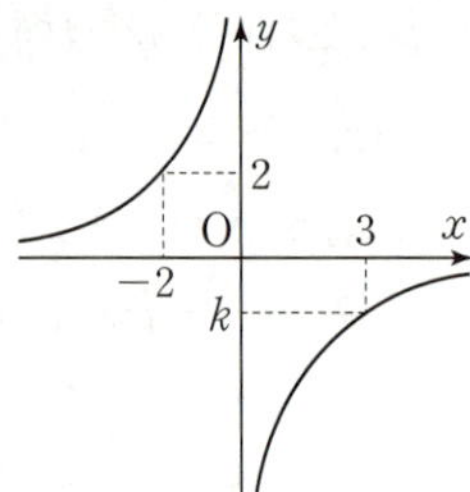

14

오른쪽 그림에서 점 P는 반비례 관계 $y = \dfrac{5}{x}\,(x > 0)$의 그래프 위의 점이다. 점 P에서 x축, y축에 수선을 그어 x축, y축과 만나는 점을 각각 A, B라 할 때, 직사각형 OAPB의 넓이를 구하시오. (단, O는 원점)

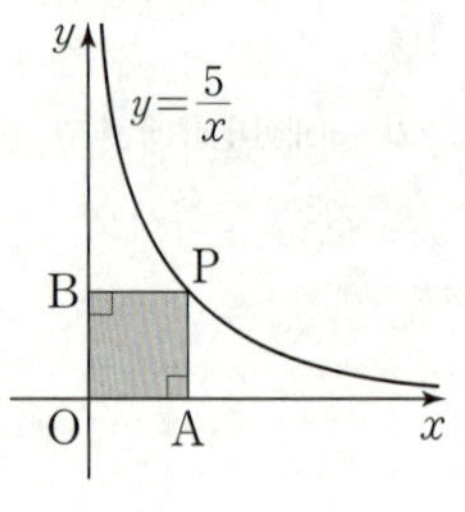

15

넓이가 $36\,\mathrm{cm}^2$인 삼각형의 밑변의 길이는 $x\,\mathrm{cm}$이고, 높이는 $y\,\mathrm{cm}$이다. 이 삼각형의 밑변의 길이가 $9\,\mathrm{cm}$일 때, 높이를 구하시오.

서술형

16

오른쪽 그림과 같이 정비례 관계 $y = \dfrac{3}{4}x$의 그래프와 반비례 관계 $y = \dfrac{a}{x}\,(x > 0)$의 그래프가 점 P에서 만난다. 점 P의 y좌표가 3일 때, 상수 a의 값을 구하시오.

(단, 풀이 과정을 자세히 쓰시오.)

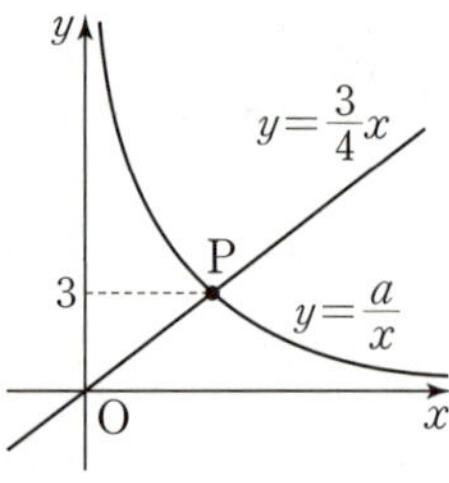

풀이

답

17

어떤 물체의 달에서의 무게는 지구에서의 무게의 $\dfrac{1}{6}$이다. 이 물체의 지구에서의 무게를 $x\,\mathrm{kg}$, 달에서의 무게를 $y\,\mathrm{kg}$이라 할 때, 다음 물음에 답하시오.

(단, 풀이 과정을 자세히 쓰시오.)

⑴ x와 y 사이의 관계식을 구하시오.

⑵ 지구에서의 몸무게가 $60\,\mathrm{kg}$인 사람의 달에서의 몸무게를 구하시오.

풀이

답

단원 테스트 · 6. 정비례와 반비례 [2회]

01

다음 중 y가 x에 정비례하지 <u>않는</u> 것을 모두 고르면?

(정답 2개)

① 1 m당 무게가 15 g인 철사 x m의 무게 y g
② 넓이가 12 cm²이고 가로의 길이가 x cm인 직사각형의
　세로의 길이 y cm
③ 형과 나이 차가 3세인 동생의 나이가 x세일 때, 형의 나이
　y세
④ 시간당 요금이 2000원인 독서실을 x시간 이용했을 때의
　이용 요금 y원
⑤ 시속 2 km로 x시간 동안 이동한 거리 y km

02

y가 x에 정비례하고, $x=3$일 때 $y=4$이다. $y=\dfrac{1}{3}$일 때, x의
값을 구하시오.

03 중요

다음 중 정비례 관계 $y=ax\,(a\neq0)$의 그래프에 대한 설명
으로 옳은 것은?

① 점 $(1,\ -a)$를 지난다.
② 원점을 지나지 않는다.
③ a의 절댓값이 클수록 x축에 가까워진다.
④ $a>0$이면 제2사분면과 제4사분면을 지난다.
⑤ $a<0$이면 x의 값이 증가할 때, y의 값은 감소한다.

04

정비례 관계 $y=-2x$의 그래프가 점 $(1-a,\ 3a+2)$를 지
날 때, a의 값은?

① -8　　　② -4　　　③ -1
④ 4　　　⑤ 8

05

정비례 관계 $y=ax$의 그래프가 오
른쪽 그림과 같을 때, 상수 a의 값
을 구하시오.

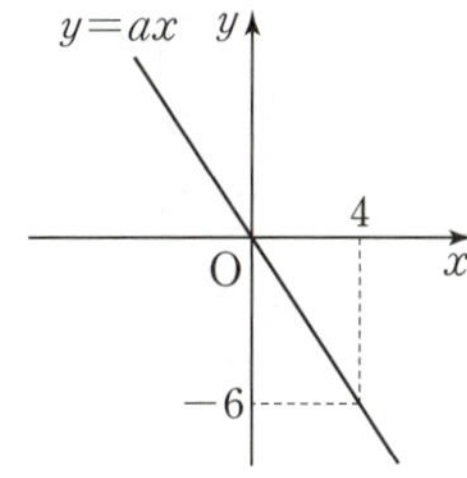

06 중요

정비례 관계 $y=ax$의 그래프가 오
른쪽 그림과 같을 때, $a+b$의 값을
구하시오. (단, a는 상수)

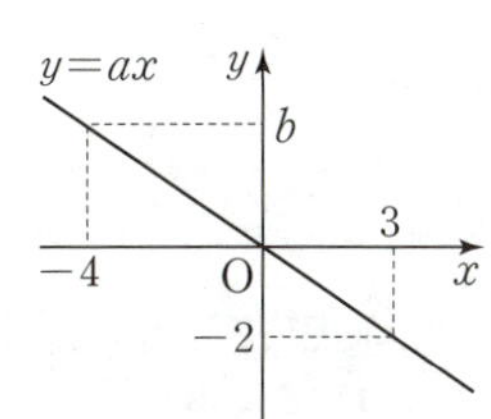

07

다음 중 y가 x에 반비례하는 것을 모두 고르면? (정답 2개)

① $xy=-1$ ② $y=-\dfrac{1}{5}x$ ③ $\dfrac{y}{x}=8$

④ $y=x+4$ ⑤ $y=\dfrac{6}{x}$

08 중요

y가 x에 반비례하고, $x=3$일 때 $y=3$이다. 다음 중 옳은 것은?

① x와 y 사이의 관계식은 $y=9x$이다.
② $x=6$일 때 $y=6$이다.
③ $y=-3$일 때 $x=-27$이다.
④ xy의 값은 9로 항상 일정하다.
⑤ x의 값이 2배가 되면 y의 값도 2배가 된다.

09

오른쪽 그림과 같은 그래프가 나타내는 x와 y 사이의 관계식은?

① $y=-\dfrac{10}{x}$

② $y=-\dfrac{2}{x}$

③ $y=\dfrac{5}{x}$

④ $y=\dfrac{10}{x}$

⑤ $y=\dfrac{15}{x}$

10

다음 |보기|의 반비례 관계의 그래프 중 반비례 관계 $y=\dfrac{10}{x}$의 그래프보다 원점에서 더 멀리 떨어져 있는 것의 개수를 구하시오.

| 보기 |

ㄱ. $y=\dfrac{12}{x}$ ㄴ. $y=\dfrac{20}{x}$ ㄷ. $y=\dfrac{6}{x}$

ㄹ. $y=-\dfrac{8}{x}$ ㅁ. $y=-\dfrac{18}{x}$ ㅂ. $y=-\dfrac{24}{x}$

11

다음 중 반비례 관계 $y=-\dfrac{20}{x}$의 그래프 위의 점이 <u>아닌</u> 것은?

① $(-10,\,2)$ ② $(-5,\,-4)$ ③ $(1,\,-20)$
④ $(4,\,-5)$ ⑤ $(10,\,-2)$

12

반비례 관계 $y=\dfrac{a}{x}$의 그래프가 오른쪽 그림과 같을 때, $\dfrac{a}{b}$의 값을 구하시오. (단, a는 상수)

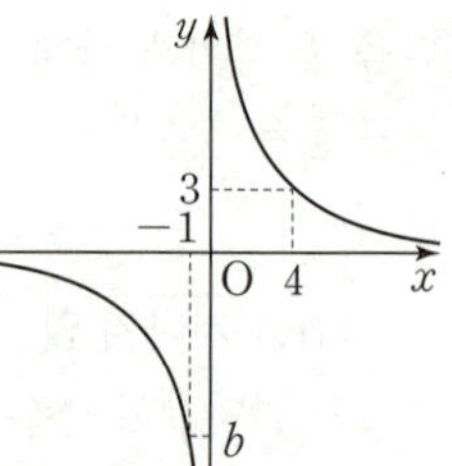

13 중요

오른쪽 그림과 같이 정비례 관계 $y=-3x$의 그래프와 반비례 관계 $y=\dfrac{a}{x}$의 그래프가 점 A에서 만난다. 점 A의 x좌표가 4일 때, 상수 a의 값을 구하시오.

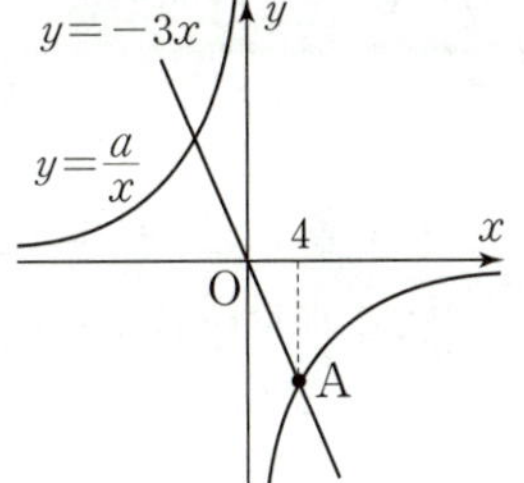

14

지수는 전체 쪽수가 280쪽인 소설책을 매일 20쪽씩 읽기로 했다. x일 동안 읽은 소설책의 쪽수를 y쪽이라 할 때, 소설책을 읽기 시작한 지 며칠 후에 모두 읽게 되는지 구하시오.

15 중요

매분 $4\,\mathrm{L}$씩 물을 넣으면 30분 만에 가득 차는 물탱크가 있다. 비어 있는 이 물탱크에 매분 $x\,\mathrm{L}$씩 물을 넣으면 가득 차는 데 y분이 걸린다고 할 때, 10분 만에 물을 가득 채우려면 매분 몇 L씩 물을 넣어야 하는지 구하시오.

서술형

16

오른쪽 그림과 같이 정비례 관계 $y=3x$의 그래프 위의 점 P의 x좌표가 4일 때, 삼각형 POQ의 넓이를 구하시오. (단, 점 O는 원점이고, 풀이 과정을 자세히 쓰시오.)

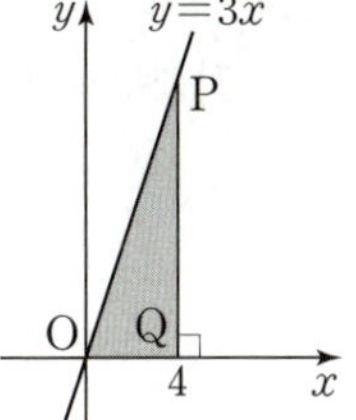

풀이

답

17

$240\,\mathrm{km}$만큼 떨어져 있는 두 지점 A, B가 있다. 자동차를 타고 A지점에서 출발하여 B지점까지 시속 $x\,\mathrm{km}$로 갈 때, 걸리는 시간을 y시간이라 하자. 다음 물음에 답하시오.

⑴ x와 y 사이의 관계식을 구하시오.

⑵ A지점에서 B지점까지 3시간 만에 가려면 시속 몇 km로 가야 하는지 구하시오.

풀이

답

※ 모든 문제는 풀이 과정을 자세히 서술한 후 답을 쓰세요

1 10보다 크고 20보다 작은 자연수 중 소수의 개수가 a개, 합성수의 개수가 b개일 때, $b-a$의 값을 구하시오.

풀이

답

2 한 모서리의 길이가 5인 정육면체를 빈틈없이 쌓아 오른쪽 그림과 같은 직육면체를 만들었다. 이 직육면체의 부피를 $2^x \times 3^y \times 5^z$이라 할 때, 자연수 x, y, z에 대하여 $x+y+z$의 값을 구하시오.

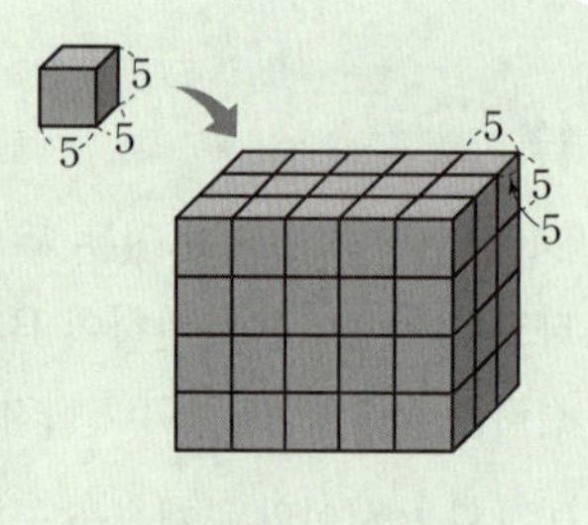

풀이

답

3 600을 소인수분해하면 $2^a \times 3^b \times c^d$일 때, 자연수 a, b, c, d에 대하여 $a+b+c+d$의 값을 구하시오.

(단, c는 소수)

풀이

답

4 126에 가능한 한 작은 자연수 x를 곱하여 어떤 자연수의 제곱이 되게 할 때, x의 값을 구하시오.

풀이

답

5 소인수분해를 이용하여 225의 약수를 모두 구하시오.

풀이

답

6 소인수분해를 이용하여 세 수 48, 60, 72의 최대공약수와 최소공배수를 각각 구하시오.

풀이

답

7 세 수 $2^2 \times 5$, $2^3 \times 3$, $2 \times 3 \times 5$의 공배수 중 500에 가장 가까운 수를 구하시오.

풀이

답

8 두 자연수 168, $2^2 \times 3^\square \times 5$의 최대공약수가 12이다. □ 안에 들어갈 수 있는 가장 작은 자연수를 a, 이때 두 수의 최소공배수를 b라 하자. $a+b$의 값을 구하시오.

풀이

답

※ 모든 문제는 풀이 과정을 자세히 서술한 후 답을 쓰세요.

1 다음 수 중 양의 유리수의 개수를 a개, 음의 유리수의 개수를 b개, 정수가 아닌 유리수의 개수를 c개라 할 때, $a+b+c$의 값을 구하시오.

$$+8, \quad 1.15, \quad -16, \quad 0, \quad -\frac{12}{6}, \quad -3.14, \quad \frac{3}{5}$$

풀이

답

2 다음 수를 절댓값이 작은 것부터 차례로 나열할 때, 세 번째에 오는 수를 구하시오.

$$-7, \quad +6, \quad -4.5, \quad +\frac{3}{5}, \quad 5, \quad -\frac{11}{2}$$

풀이

답

3 'x는 -2보다 작지 않고 3보다 작다.'를 만족시키는 정수 x의 개수를 구하려고 한다. 다음 물음에 답하시오.

(1) 'x는 -2보다 작지 않고 3보다 작다.'를 부등호를 사용하여 나타내시오.

(2) (1)을 만족시키는 정수 x의 개수를 구하시오.

풀이

답

4 -5보다 $\frac{3}{2}$만큼 작은 수를 a, $-\frac{4}{3}$보다 5만큼 큰 수를 b라 할 때, $a+b$의 값을 구하시오.

풀이

답

5 어떤 수에서 $-\dfrac{3}{4}$을 빼야 할 것을 잘못하여 더했더니 $\dfrac{1}{6}$이 되었다. 이때 바르게 계산한 답을 구하시오.

풀이

답

6 3의 역수와 $-1\dfrac{2}{3}$의 역수의 곱을 구하시오.

풀이

답

7 다음을 계산하시오.

$$(-3)^3-(+3)\times(-4)\div\dfrac{1}{2}$$

풀이

답

8 지수와 미영이는 계단에서 가위바위보를 하여 이기면 3칸을 올라가고, 지면 1칸을 내려가기로 하였다. 같은 위치에서 시작하여 가위바위보를 5번 한 결과 지수가 2번 이기고 3번 졌을 때, 두 사람이 몇 칸 떨어져 있는지 구하시오.
　　(단, 계단의 칸의 개수는 오르내리기에 충분하다.)

풀이

답

※ 모든 문제는 풀이 과정을 자세히 서술한 후 답을 쓰세요.

1 다음을 문자를 사용한 식으로 나타내시오.
(단, 곱셈 기호와 나눗셈 기호는 생략한다.)

> 4개에 a원인 배 3개를 사고 10000원을 냈을 때의 거스름돈

풀이

답

2 기온이 $x\,°C$일 때, 공기 중에서 소리의 속력은 초속 $(331+0.6x)\,$m이다. 기온이 $20\,°C$일 때, 5초 동안 소리가 전달되는 거리를 구하시오.

풀이

답

3 오른쪽 그림과 같이 가로의 길이가 $a\,$cm, 세로의 길이가 $b\,$cm, 높이가 $2\,$cm인 직육면체의 겉넓이를 a, b를 사용한 식으로 나타내고, $a=4$, $b=3$일 때의 직육면체의 겉넓이를 구하시오.

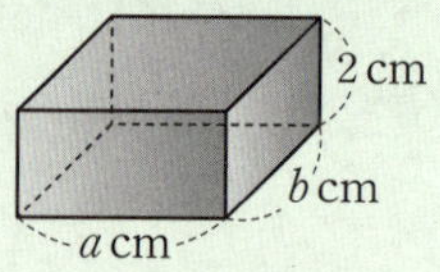

풀이

답

4 다항식 $-\dfrac{x^2}{3}+6x-4$에서 항의 개수를 a개, 다항식의 차수를 b, x^2의 계수를 c, 상수항을 d라 할 때, $a+b+3c-d$의 값을 구하시오.

풀이

답

5 $\dfrac{1}{4}(8x+16)$을 간단히 했을 때의 상수항을 A, $(x-5)\div\dfrac{1}{3}$을 간단히 했을 때의 x의 계수를 B라 할 때, $A+B$의 값을 구하시오.

풀이

답

6 $A=x-3$, $B=2x+1$일 때, $A-2B$를 계산하면 $ax+b$이다. 이때 상수 a, b에 대하여 ab의 값을 구하시오.

풀이

답

7 어떤 다항식에서 $-x+\dfrac{1}{2}$을 빼야 할 것을 잘못하여 더했더니 $-\dfrac{2}{3}x-1$이 되었다. 이때 바르게 계산한 식을 구하시오.

풀이

답

8 오른쪽 │보기│와 같이 아래의 이웃한 두 칸의 식을 더한 것과 바로 위 칸의 식이 같을 때, 다음 그림에서 일차식 A, B, C를 각각 구하시오.

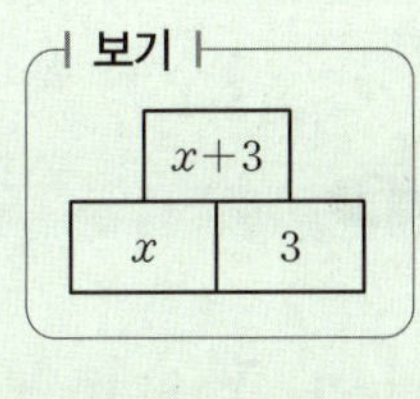

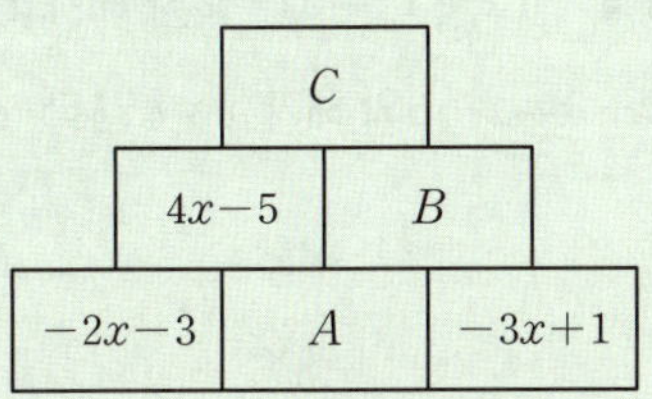

풀이

답

※ 모든 문제는 풀이 과정을 자세히 서술한 후 답을 쓰세요.

1 등식 $a(x-1)+2=3x+b$가 x에 대한 항등식일 때, 상수 a, b의 값을 각각 구하시오.

풀이

답

2 일차방정식 $-(x-4)=5x-2$의 해가 $x=a$, 일차방정식 $\dfrac{5}{2}x-3=x-6$의 해가 $x=b$일 때, $a-b$의 값을 구하시오.

풀이

답

3 다음 일차방정식을 푸시오.

$$\frac{2}{5}x-\frac{1-x}{3}=-0.6(x-3)$$

풀이

답

4 x에 대한 일차방정식 $x+2(x-a)=4x-10$의 해가 자연수가 되게 하는 자연수 a의 값을 모두 구하시오.

풀이

답

5 x에 대한 두 일차방정식 $3(x+6)=x-6$, $\dfrac{x}{4}+1=\dfrac{x+a}{3}$의 해가 같을 때, 상수 a의 값을 구하시오.

풀이

답

6 연속하는 세 짝수의 합이 96일 때, 세 짝수 중 가장 작은 수를 구하시오.

풀이

답

7 현재 아버지와 아들의 나이 차는 35세이다. 15년 후에 아버지의 나이는 아들의 나이의 2배보다 8세 더 많아진다고 할 때, 현재 아버지의 나이를 구하시오.

풀이

답

8 준우가 집에서 학교까지 시속 4 km로 걸어가면 자전거를 타고 시속 12 km로 가는 것보다 30분이 더 걸린다고 한다. 이때 집에서 학교까지의 거리를 구하시오.

풀이

답

※ 모든 문제는 풀이 과정을 자세히 서술한 후 답을 쓰세요.

1 두 순서쌍 $(a-3,\ 2-b)$, $(2a+1,\ -3b)$가 서로 같을 때, ab의 값을 구하시오.

풀이

답

2 점 $A(2-2a,\ a+3)$은 x축 위의 점이고, 점 $B(b-1,\ b-3)$은 y축 위의 점일 때, $a+b$의 값을 구하시오.

풀이

답

3 오른쪽 좌표평면 위에 세 점 $A(2, 4)$, $B(-2, 2)$, $C(2,\ -1)$을 꼭짓점으로 하는 삼각형 ABC를 그리고, 그 넓이를 구하시오.

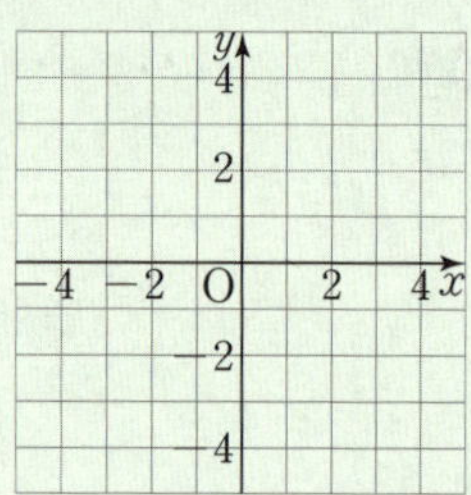

풀이

답

4 점 $(ab,\ a-b)$가 제3사분면 위의 점일 때, 점 (a, b)는 제몇 사분면 위의 점인지 말하시오.

풀이

답

5 다음 그래프는 세 사람 A, B, C의 물병에 남아 있는 물의 양을 시간에 따라 나타낸 것이다. 각 상황에 알맞은 사람을 말하시오.

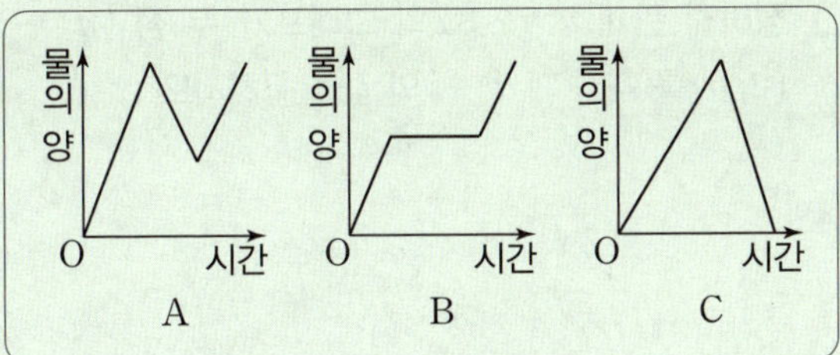

(1) 물병에 물을 반 정도 채우고 잠깐 두었다가 다시 물을 채웠다.
(2) 물병에 물을 가득 채워 절반 정도 마시고 다시 물을 채웠다.
(3) 물병에 물을 가득 채워 모두 마셨다.

(풀이)

6 다음 그래프는 준형이가 집에서 출발하여 이모 댁에 도착할 때까지 집에서 떨어진 거리를 시간에 따라 나타낸 것이다. 물음에 답하시오.

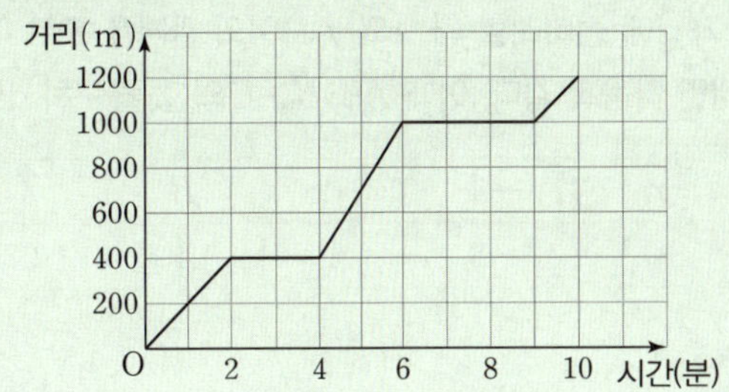

(1) 준형이가 집에서 출발한 후 처음 휴식할 때, 집에서 떨어진 거리는 몇 m인지 구하시오.
(2) 준형이가 이동한 거리는 총 몇 m인지 구하시오.
(3) 준형이가 집에서 출발한 후 휴식한 시간은 총 몇 분인지 구하시오.

(풀이)

(답)

(답)

※ 모든 문제는 풀이 과정을 자세히 서술한 후 답을 쓰세요.

1 y가 x에 정비례할 때, x와 y 사이의 관계를 표로 나타내면 다음과 같다. 이때 $A+B+C$의 값을 구하시오.

x	-4	-2	B	4
y	-8	A	4	C

풀이

답

2 용량이 $300\,\text{L}$인 원기둥 모양의 물통에 매분 $10\,\text{L}$씩 물을 넣는다고 한다. x분 동안 넣은 물의 양을 $y\,\text{L}$라 할 때, 비어 있는 이 물통에 물을 전체의 $\dfrac{2}{5}$만큼 채우는 데 걸리는 시간을 구하시오.

풀이

답

3 정비례 관계 $y=-3x$의 그래프가 두 점 $(a,\ -3)$, $(2,\ b)$를 지날 때, $a+b$의 값을 구하시오.

풀이

답

4 두 정비례 관계 $y=ax$, $y=bx$의 그래프가 오른쪽 그림과 같을 때, 상수 a, b에 대하여 ab의 값을 구하시오.

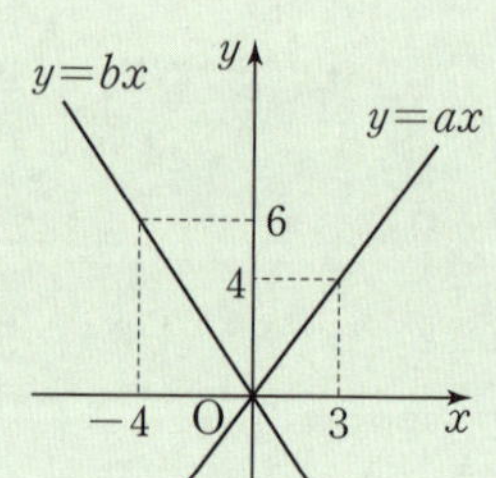

풀이

답

5 y가 x에 반비례하고, $x=-2$일 때 $y=8$이다. $x=4$일 때, y의 값을 구하시오.

풀이

답

6 전체 쪽수가 296쪽인 책을 하루에 x쪽씩 읽으면 모두 읽는 데 y일이 걸린다고 한다. 이 책을 8일 동안 모두 읽으려면 하루에 몇 쪽씩 읽어야 하는지 구하시오.

풀이

답

7 반비례 관계 $y=\dfrac{a}{x}$의 그래프가 오른쪽 그림과 같을 때, $a+k$의 값을 구하시오.

(단, a는 상수)

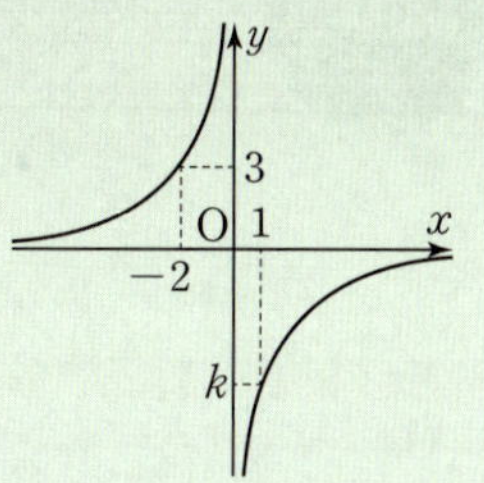

풀이

답

8 오른쪽 그림에서 점 C는 반비례 관계 $y=\dfrac{24}{x}\ (x>0)$의 그래프 위의 점이다. 점 C에서 x축, y축에 수선을 그어 x축, y축과 만나는 점을 각각 A, B라 할 때, 직사각형 OACB의 넓이를 구하시오. (단, O는 원점)

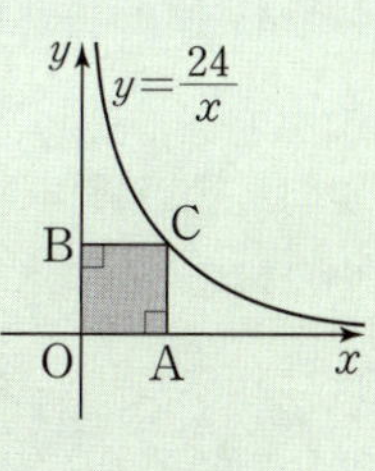

풀이

답

MEMO

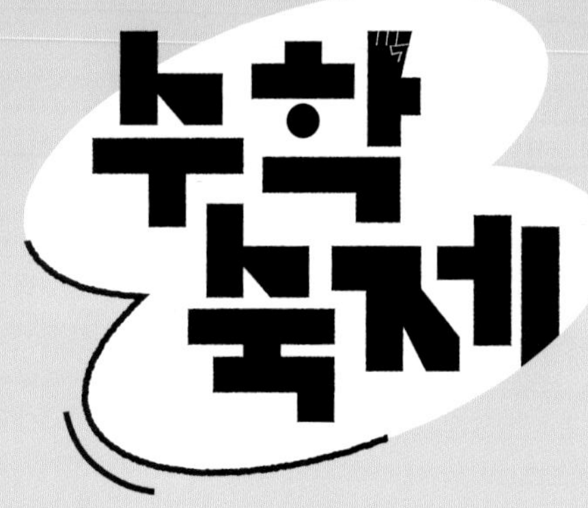

수학 공부는 숙제다!

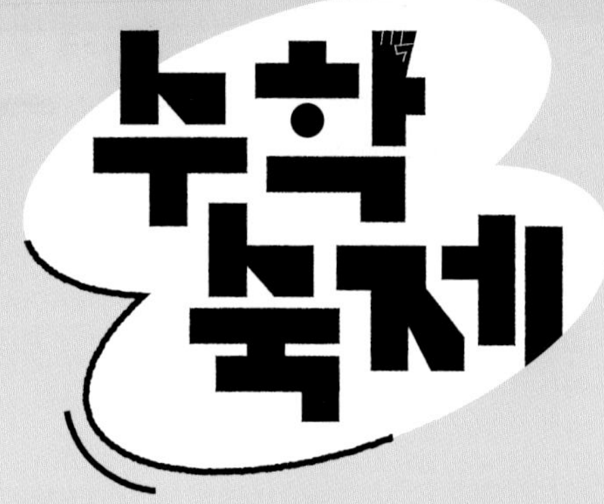

수학 공부는 숙제다!

수학 공부는 숙제다!

수학 숙제

중등 1-1

정답 및 해설

메가스터디 BOOKS

수학
독서
정답 및 해설

PART 1

1. 소인수분해

개념 01 · 본문 8~9쪽

01 (1) 소수, 합성수 (2) 2 (3) 소수

02 (1) 1, 5 / 소수 (2) 1, 2, 3, 4, 6, 12 / 합성수
(3) 1, 23 / 소수 (4) 1, 3, 5, 9, 15, 45 / 합성수
(5) 1, 53 / 소수 (6) 1, 11, 121 / 합성수

03 (1) 7, 11 (2) 2, 3, 17 (3) 13, 61 (4) 19, 73

04 (1) 4, 8, 15 (2) 14, 25, 48 (3) 20, 57
(4) 36, 51, 111

05 (1) × (2) × (3) ○ (4) ○ (5) × (6) ○ (7) ○
(8) × (9) ○

06 ③　　**07** ④　　**08** ①, ⑤

개념 02 · 본문 10~11쪽

01 (1) 거듭제곱 (2) 밑, 지수

02 (1) 3 / 2 (2) 5 / 4 (3) $\frac{1}{3}$ / 3 (4) $\frac{3}{4}$ / 2

03 (1) 3^3 (2) 7^4 (3) $\left(\frac{1}{2}\right)^2$ (4) $\left(\frac{2}{3}\right)^3$ (5) $\frac{1}{13^4}$

04 (1) $2^2 \times 5^2$ (2) $3^3 \times 7^2$ (3) $4^3 \times 6^4$ (4) $2^2 \times 3^2 \times 5$
(5) $3^2 \times 5^3 \times 11^2$ (6) $\left(\frac{1}{5}\right)^3 \times \left(\frac{1}{7}\right)^2$ (7) $\left(\frac{1}{11}\right)^2 \times \left(\frac{5}{2}\right)^2$
(8) $\frac{1}{2 \times 3^2}$ (9) $\frac{1}{5^2 \times 7^2}$ (10) $\frac{1}{2 \times 5^2 \times 11^2}$

05 (1) 2^5 (2) 3^4 (3) 5^3 (4) 10^4 (5) $\left(\frac{1}{2}\right)^3$ (6) $\left(\frac{1}{7}\right)^2$
(7) $\left(\frac{1}{4}\right)^4$ (8) $\left(\frac{1}{10}\right)^3$

06 $a=11$, $b=4$　　**07** ③　　**08** ④

개념 01~02 한번 더! 기본 문제 · 본문 12쪽

01 ③　**02** ③　**03** ⑤　**04** ②, ④
05 8　**06** 1

개념 03 · 본문 13~15쪽

01 (1) 소인수 (2) 소인수분해

02 (1) 1, 2, 4, 8 / 2 (2) 1, 2, 11, 22 / 2, 11
(3) 1, 2, 3, 5, 6, 10, 15, 30 / 2, 3, 5 (4) 1, 7, 49 / 7

03 풀이 참조

04 (1) $2^2 \times 3$, 소인수: 2, 3 (2) $2^2 \times 5$, 소인수: 2, 5
(3) 5^2, 소인수: 5 (4) $2 \times 3 \times 7$, 소인수: 2, 3, 7
(5) 5×11, 소인수: 5, 11 (6) $2^3 \times 3^2$, 소인수: 2, 3
(7) $2^2 \times 3 \times 7$, 소인수: 2, 3, 7 (8) 2×7^2, 소인수: 2, 7
(9) 5^3, 소인수: 5 (10) $3^2 \times 17$, 소인수: 3, 17
(11) $2^2 \times 3^2 \times 5$, 소인수: 2, 3, 5
(12) $2 \times 3^3 \times 7$, 소인수: 2, 3, 7

05 (1) 3 (2) 7 (3) 6　　**06** ④

07 ③　　**08** ⑤

09 ③　　**10** 4

11 (1) $2^4 \times 3$ (2) 3 (3) 12

개념 04 · 본문 16~17쪽

01 풀이 참조

02 (1) 표는 풀이 참조, 약수: 1, 3, 5, 9, 15, 45
(2) 표는 풀이 참조, 약수: 1, 2, 4, 7, 14, 28, 49, 98, 196

03 (1) ○ (2) ○ (3) × (4) ○ (5) ×

04 (1) 1, 3, 5, 15, 25, 75
(2) 1, 2, 4, 5, 10, 20, 25, 50, 100
(3) 1, 11, 121
(4) 1, 3, 7, 9, 21, 27, 63, 189

05 (1) 2, 3, 12 (2) 24개 (3) 10개 (4) 24개 (5) 16개

06 (1) 2, 2, 2, 2, 9 (2) 8개 (3) 6개 (4) 8개 (5) 15개

07 ②　　**08** ③　　**09** ②

개념 03~04 한번 더! 기본 문제 · 본문 18~19쪽

01 ②　**02** ⑤　**03** ②　**04** 17
05 3　**06** ④　**07** 1, 5, 7, 25, 35, 175
08 ④　**09** ⑤　**10** 2

01 (1) 최대공약수 (2) 최대공약수 (3) 서로소

02 (1) 1, 3, 5, 9, 15, 45 (2) 1, 3, 7, 9, 21, 63
　　(3) 1, 2, 7, 14, 49, 98
　　(4) 1, 2, 5, 10, 11, 22, 55, 110

03 (1) ○ (2) × (3) × (4) ○ (5) ○

04 (1) 9 (2) 6 (3) 18 (4) 4 (5) 21 (6) 12

05 (1) 4 (2) 6 (3) 15 (4) 4 (5) 9 (6) 18

06 (1) 2^2 (2) 2×3 (3) 3×5 (4) 2×3^2 (5) $2^2\times3\times5$
　　(6) $2^2\times3$ (7) 3^2 (8) $2^2\times3^2$

07 ⑤　　　　　　**08** ②, ④

09 ②　　　　　　**10** 2×3^2

11 ④　　　　　　**12** ②

01 (1) 최소공배수 (2) 최소공배수

02 (1) 8, 16, 24 (2) 15, 30, 45 (3) 16, 32, 48
　　(4) 20, 40, 60 (5) 24, 48, 72 (6) 35, 70, 105

03 (1) 20 (2) 60 (3) 84 (4) 88 (5) 120 (6) 180

04 (1) 90 (2) 132 (3) 126 (4) 24 (5) 140 (6) 72

05 (1) $2\times3\times5$ (2) $2^2\times3^2\times5$ (3) $2^2\times3\times7$
　　(4) $2\times3^2\times5^2$ (5) $2^3\times3\times7^2$ (6) $2^2\times3^2\times5\times7$
　　(7) $2\times3^3\times5$ (8) $2^3\times3^2\times5^2\times7$

06 ④　　　　　　**07** 196

08 ④　　　　　　**09** ①

10 906　　　　　**11** $a=3$, $b=4$, $c=2$

<table>
<tr><td>개념
05~06</td><td>한번 더! 기본 문제</td><td>본문 26쪽</td></tr>
</table>

01 ⑤　　**02** 5개　　**03** ①　　**04** 4

05 11　　**06** ④

2. 정수와 유리수

01 (1) 큰, 양수 (2) 작은, 음수

02 (1) ① +3, +2 ② −5, −1
　　(2) ① +4, +1 ② −3, −7, −2
　　(3) ① +0.3, +8 ② −6, $-\dfrac{3}{2}$, −10

03 (1) −5 ℃ (2) +3층 (3) +10 % (4) −1000원
　　(5) −8 kg (6) −3점 (7) +10년 (8) +300 m

04 (1) +2, 양수 (2) −3, 음수 (3) −5, 음수
　　(4) +9, 양수 (5) +12, 양수 (6) −17, 음수
　　(7) $+\dfrac{2}{3}$, 양수 (8) −0.7, 음수

05 ④, ⑤　　**06** ⑤　　**07** ⑤

01 (1) 음의 정수 (2) 정수, 유리수

02 (1) ① +5, 2 ② −3, −6 ③ 0, −3, +5, 2, −6
　　(2) ① +11, 3 ② −5, −7, $-\dfrac{6}{3}$
　　　③ −5, +11, −7, 3, $-\dfrac{6}{3}$

03 (1) ① $+\dfrac{3}{2}$, +7, 5, +7.5 ② $-\dfrac{4}{3}$, −2, −1.3
　　　③ $-\dfrac{4}{3}$, $+\dfrac{3}{2}$, −1.3, +7.5
　　(2) ① 3, +0.5, $\dfrac{8}{4}$, $+\dfrac{7}{5}$ ② $-\dfrac{1}{2}$, −4, −4.5, −1
　　　③ $-\dfrac{1}{2}$, +0.5, −4.5, $+\dfrac{7}{5}$
　　(3) ① +1.2, $\dfrac{7}{3}$, $+\dfrac{1}{4}$, 6 ② $-\dfrac{1}{3}$, −4, $-\dfrac{6}{2}$, −0.8
　　　③ $-\dfrac{1}{3}$, +1.2, $\dfrac{7}{3}$, $+\dfrac{1}{4}$, −0.8

04 (1) ○ (2) × (3) ○ (4) ○ (5) × (6) × (7) ○
　　(8) × (9) ○

05 4　　**06** ③, ⑤　　**07** ③

<table>
<tr><td>개념
07~08</td><td>한번 더! 기본 문제</td><td>본문 32쪽</td></tr>
</table>

01 ②　　**02** 4개　　**03** ③　　**04** ①, ③

05 ㄹ, ㅁ

01 수직선

02 (1) A: -2, B: $+1$ (2) A: 0, B: $+3$

   (3) A: -3, B: $+\dfrac{3}{2}$ (4) A: -1, B: $+\dfrac{10}{3}$

   (5) A: $-\dfrac{1}{2}$, B: $+\dfrac{9}{4}$ (6) A: $-\dfrac{7}{3}$, B: $+\dfrac{11}{4}$

03 풀이 참조   **04** 풀이 참조

05 풀이 참조   **06** ③

07 ②   **08** ④

09 (1) 풀이 참조   (2) $a=-2$, $b=+2$

---

01 (1) 절댓값   (2) 0

02 (1) 4   (2) 7   (3) 0   (4) 4.3   (5) 0.5   (6) $\dfrac{1}{2}$

03 (1) 5   (2) 6   (3) 0   (4) $\dfrac{1}{3}$ (5) $\dfrac{7}{2}$ (6) $\dfrac{10}{7}$ (7) 3.6   (8) 2.1

04 (1) $+1$, -1 (2) $+2.5$, -2.5 (3) $+\dfrac{8}{3}$, $-\dfrac{8}{3}$ (4) 0

   (5) $+8$ (6) -3 (7) $+5.5$ (8) $-1\dfrac{3}{4}$

05 ④   **06** $a=10$, $b=+\dfrac{7}{6}$

07 $+2.3$, -2.3 **08** 12

09 ②, ④

---

01 (1) 크다   (2) 크다   (3) 작다

02 (1) $>$ (2) $<$ (3) $>$ (4) $<$ (5) $<$ (6) $>$ (7) $<$

   (8) $<$ (9) $>$ (10) $>$

03 (1) $x>6$ (2) $x<-4$ (3) $x\geq 7$ (4) $x\leq -3$

   (5) $x\geq \dfrac{5}{8}$ (6) $x\leq -3.2$

04 (1) $2<x\leq 5$ (2) $3\leq x<5$ (3) $1<x\leq 4$

   (4) $-2\leq x\leq 2$ (5) $-\dfrac{7}{3}<x\leq 2.8$ (6) $\dfrac{3}{2}\leq x<5.7$

05 ⑤   **06** ②

07 ⑤   **08** 7개

개념 09~11 **한번 더! 기본 문제**   본문 39쪽

01 ⑤   **02** $a=-9$, $b=+2$ **03** -8, $+8$

04 ④   **05** ⑤   **06** ②, ④

07 -6, -5, -4, -3, 3, 4, 5, 6

---

01 (1) 합   (2) 차   (3) 교환법칙, 결합법칙

02 (1) $+$, 2, 4, $+$, 6   (2) $-$, 2, 4, $-$, 6

   (3) $-$, 4, 2, $-$, 2   (4) $+$, 4, 2, $+$, 2

03 (1) $+8$ (2) $+14$ (3) -12 (4) -14 (5) $+2$

   (6) $-\dfrac{11}{6}$ (7) $+4.2$ (8) -3

04 (1) $+2$ (2) -3 (3) 0   (4) $+5$ (5) $+\dfrac{3}{4}$ (6) $-\dfrac{1}{6}$

   (7) $+4.6$ (8) $-\dfrac{7}{5}$

05 (1) $+7$, $+7$, $+10$, $+1$

   / ㈎ 덧셈의 교환법칙, ㈏ 덧셈의 결합법칙

   (2) -1.2, -1.2, -5, $+3$

   / ㈎ 덧셈의 교환법칙, ㈏ 덧셈의 결합법칙

06 (1) 0   (2) $+1$ (3) $-\dfrac{17}{6}$

07 ㄹ   **08** ③   **09** $+\dfrac{3}{2}$

10 $a=+5$, $b=+\dfrac{1}{5}$ **11** ⑤

---

01 덧셈

02 (1) $-$, $-$, 3, 2, $-$, 1   (2) $+$, $+$, 2, 3, $+$, 5

   (3) $-$, $-$, 2, 3, $-$, 5   (4) $+$, $+$, 3, 2, $+$, 1

03 (1) $+3$ (2) -7 (3) -10 (4) -15 (5) -1

   (6) $-\dfrac{1}{6}$ (7) $+4.8$ (8) $-\dfrac{4}{5}$

04 (1) $+13$ (2) $+14$ (3) -2 (4) $+9$ (5) $+\dfrac{21}{8}$

   (6) $-\dfrac{5}{12}$ (7) $+7.8$ (8) $+0.8$

05 ③   **06** ④   **07** $+5$

01 (1) -2　(2) 4　(3) -6　(4) $\dfrac{5}{3}$　(5) $\dfrac{6}{7}$　(6) 2.1

02 (1) 8　(2) -7　(3) 16　(4) 3　(5) 2　(6) -30

(7) $-\dfrac{1}{6}$　(8) $-\dfrac{3}{5}$　(9) $\dfrac{19}{12}$　(10) -1.9　(11) $\dfrac{5}{6}$

(12) $\dfrac{17}{4}$　(13) $-\dfrac{13}{5}$　(14) -3

03 ④　　**04** ③　　**05** 4

개념 **12~14**　**한번 더! 기본 문제**　본문 47쪽

01 ①, ④　**02** $a=\dfrac{5}{6},\ b=5$　**03** 5

04 7　**05** ②　**06** (1) $\dfrac{19}{6}$　(2) $\dfrac{9}{2}$

---

01 (1) 양　(2) 음　(3) 교환법칙, 결합법칙

02 (1) $+$, 2, $+$, 6　(2) $+$, 3, $+$, 6　(3) $-$, 3, $-$, 12

(4) $-$, 4, $-$, 12

03 (1) $+30$　(2) $+21$　(3) $+56$　(4) $+12$

(5) $+\dfrac{1}{10}$　(6) $+\dfrac{1}{4}$　(7) $+2.7$　(8) $+\dfrac{1}{15}$

04 (1) -20　(2) -33　(3) -2　(4) $-\dfrac{3}{10}$

(5) $-\dfrac{4}{15}$　(6) $-\dfrac{1}{6}$　(7) -3.5　(8) $-\dfrac{7}{5}$

05 (1) $-5,\ -5,\ +45,\ +90$

／ ㈎ 곱셈의 교환법칙, ㈏ 곱셈의 결합법칙

(2) $+5,\ +5,\ +20,\ -240$

／ ㈎ 곱셈의 교환법칙, ㈏ 곱셈의 결합법칙

06 (1) $+160$　(2) -16　(3) $+\dfrac{25}{21}$

07 ⑤　　**08** ㄹ, ㄴ

09 $-\dfrac{1}{15}$　　**10** -2

11 ㈎ 곱셈의 교환법칙, ㈏ 곱셈의 결합법칙 ／ $-\dfrac{8}{7}$

---

01 (1) 양　(2) 음

02 (1) $+$, $+$, 81　(2) $-$, $-$, 81　(3) $+$, $+$, 4

(4) $-$, $-$, 8

03 (1) $+60$　(2) -56　(3) $+5$　(4) -9　(5) $-\dfrac{1}{10}$

(6) $+50$　(7) -120　(8) $+480$

04 (1) $+27$　(2) -64　(3) $+16$　(4) -16　(5) $+1$

(6) -1　(7) $+\dfrac{9}{4}$　(8) $-\dfrac{125}{27}$

05 (1) $+48$　(2) -72　(3) $+18$　(4) -54　(5) -1

(6) $-\dfrac{16}{9}$　(7) $-\dfrac{8}{25}$　(8) $-\dfrac{1}{4}$

06 -16　　**07** ㄱ

08 $-\dfrac{4}{5}$　　**09** ③

10 ①　　**11** ④

---

01 분배법칙, $a\times c$

02 (1) $100,\ 1,\ 2525$　(2) $10,\ 1,\ 306$　(3) $14,\ 1400$

(4) $135,\ 135$

03 (1) 721　(2) 1470　(3) 408　(4) 288　(5) $\dfrac{19}{15}$　(6) $-\dfrac{4}{3}$

(7) -5　(8) -10

04 (1) -450　(2) 160　(3) 1　(4) 58　(5) 8　(6) -6

(7) -2　(8) 12

05 $a=2,\ b=38,\ c=1938$　　**06** $-\dfrac{2}{3}$

07 (1) 20　(2) -6

개념 **15~17**　**한번 더! 기본 문제**　본문 56쪽

01 ①　　**02** ②　　**03** 3　　**04** 1

05 -24　　**06** 7

01 (1) 양 (2) 음 (3) 역수, 역수

02 (1) $+$, 2, $+$, 3 (2) $+$, 6, $+$, 3 (3) $-$, 2, $-$, 2
    (4) $-$, 4, $-$, 2

03 (1) $+5$ (2) $+9$ (3) $+2$ (4) $+8$ (5) -6 (6) -5
    (7) -4 (8) -7

04 (1) $\dfrac{1}{2}$ (2) $-\dfrac{1}{5}$ (3) $\dfrac{4}{3}$ (4) $\dfrac{13}{5}$ (5) $-\dfrac{7}{2}$ (6) $\dfrac{4}{9}$
    (7) $\dfrac{5}{12}$ (8) $-\dfrac{10}{3}$

05 (1) $+25$ (2) $-\dfrac{1}{24}$ (3) -21 (4) $+\dfrac{2}{7}$ (5) $-\dfrac{15}{2}$
    (6) $+\dfrac{3}{2}$ (7) $-\dfrac{1}{3}$ (8) $+6$

06 ③   **07** -1 **08** $a=-\dfrac{9}{14},\ b=-\dfrac{9}{10}$

09 ②, ⑤   **10** ①   **11** $-\dfrac{3}{8}$

01 (1) -21 (2) 16 (3) -18 (4) 40 (5) 6 (6) -14
    (7) 24 (8) -63

02 (1) 1 (2) $-\dfrac{5}{6}$ (3) -4 (4) 10 (5) $\dfrac{5}{16}$ (6) $-\dfrac{1}{2}$
    (7) $\dfrac{1}{5}$ (8) $\dfrac{2}{5}$

03 (1) 9 (2) $\dfrac{1}{2}$ (3) -1 (4) $\dfrac{7}{30}$ (5) $\dfrac{16}{15}$ (6) $-\dfrac{4}{5}$
    (7) $-\dfrac{24}{7}$ (8) $\dfrac{1}{12}$

04 ⑤   **05** ④   **06** -48

01 (1) ㉠, ㉡ (2) ㉡, ㉠ (3) ㉢, ㉡, ㉠ (4) ㉡, ㉢, ㉠
    (5) ㉡, ㉢, ㉣, ㉠ (6) ㉢, ㉢, ㉡, ㉤, ㉠

02 (1) 20 (2) 32 (3) $\dfrac{1}{24}$ (4) $-\dfrac{4}{5}$ (5) -24 (6) $-\dfrac{3}{7}$
    (7) -45 (8) 14

03 (1) -18 (2) -33 (3) -6 (4) 50 (5) 8 (6) -6
    (7) 0 (8) -21

04 (1) ㉡, ㉠, ㉢, ㉣, ㉤ (2) 14

05 ④   **06** ③

01 ①   **02** ③   **03** (1) 50 (2) -125

04 ⑤   **05** $-\dfrac{2}{3}$ **06** $\dfrac{5}{8}$

3. 문자의 사용과 식

01 (1) 앞 (2) 거듭제곱

02 (1) $3x$ (2) $-ab$ (3) $2x^2y$ (4) a^3b^3
    (5) $5(x+y)$ (6) $-2a+8b$

03 (1) $\dfrac{5}{x}$ (2) $-\dfrac{y}{4}$ (3) $\dfrac{3b}{20}$ (4) $\dfrac{a}{3b}$ (5) $\dfrac{x-y}{7}$ (6) $\dfrac{a}{2}+\dfrac{b}{c}$

04 (1) $\dfrac{5x}{y}$ (2) $-\dfrac{2a}{b}$ (3) $\dfrac{ab^2}{3}$ (4) $\dfrac{4xy}{z}$ (5) $\dfrac{8x}{3(y+z)}$

05 (1) $200a$원 (2) $\dfrac{x}{12}$원 (3) $(5000-700x)$원 (4) $2a+3b$
    (5) $2(x+y)\,\text{cm}$ (6) $\dfrac{ab}{2}\,\text{cm}^2$ (7) $3x\,\text{km}$ (8) $\dfrac{x}{5}$시간

06 ㄴ, ㄹ   **07** ⑤   **08** ③, ⑤

01 대입

02 (1) -3 (2) 1 (3) 4 (4) 10 (5) -25 (6) 66

03 (1) 5 (2) 18 (3) 6 (4) 25

04 (1) -12 (2) 25 (3) 4 (4) 22

05 (1) 2 (2) -8 (3) 3 (4) -7

06 (1) 3 (2) 1 (3) -1 (4) 25

07 ⑤   **08** ①   **09** 21

10 (1) $(2a+1000b)$원 (2) 2800원

01 ③, ④   **02** ③   **03** 45 **04** ⑤

05 $30\,℃$

01 (1) 계수, 상수항　(2) 다항식, 단항식　(3) 일차식

02 (1) $2x$, 3 / 3　(2) $2x$, $-3y$, -4 / -4
(3) x^2, 5 / 5　(4) $-x^2$, $4y$, 3 / 3

03 -7, $5x^2$, ab

04 (1) 5, -1
(2) x의 계수: 2, y의 계수: 7
(3) a^2의 계수: 1, a의 계수: -1
(4) x^2의 계수: -6, x의 계수: 2
(5) x의 계수: $\dfrac{1}{10}$, y의 계수: -7
(6) a^2의 계수: 3, a의 계수: 2
(7) a의 계수: 0.4, b의 계수: 0.7
(8) x의 계수: 0.5, y의 계수: $\dfrac{3}{2}$

05 (1) 1　(2) 1　(3) 2　(4) 3

06 (1) ○　(2) ✕　(3) ○　(4) ✕　(5) ✕　(6) ○

07 ①, ⑤　　**08** 4　　**09** ③, ⑤

01 (1) 분배법칙　(2) 역수

02 (1) 5, 5, 20　(2) $\dfrac{1}{4}$, $\dfrac{1}{4}$, 2　(3) 2, 2, 10, 8
(4) $\dfrac{1}{2}$, $\dfrac{1}{2}$, $\dfrac{1}{2}$, 4, 2

03 (1) $18x$　(2) $-12a$　(3) $30y$　(4) $14b$　(5) $3x$
(6) $10b$　(7) $-6y$　(8) $\dfrac{1}{2}a$

04 (1) $6a+12$　(2) $-6x+2$　(3) $5a-10$　(4) $-12-8x$
(5) $5-10y$　(6) $-a+2$　(7) $1+2b$　(8) $-4x-2$

05 (1) $x+3$　(2) $2-b$　(3) $-x-2$　(4) $2y+3$
(5) $\dfrac{2}{9}a-2$　(6) $-\dfrac{6}{5}x-\dfrac{1}{4}$　(7) $-2+6y$　(8) $2b+5$

06 ②, ④　　**07** 3　　**08** -18　　**09** ④

10 16　　**11** $9y+18$

01 ④　　**02** -42　　**03** 3개　　**04** -5
05 ③, ④　　**06** -4

01 (1) 동류항　(2) 분배법칙, 동류항

02 (1) $2a$와 $3a$, 3과 -4
(2) x와 $-3x$, 7과 5
(3) $2x$와 $5x$
(4) x와 $-5x$, y와 $-3y$
(5) x와 $-\dfrac{2}{3}x$, $-2y$와 y
(6) $\dfrac{2}{5}a$와 $-a$, $3b$와 $2b$

03 (1) $12x$　(2) $3y$　(3) $-5a$　(4) a　(5) $3x$

04 (1) $9a+15$　(2) $-4b+2$　(3) $-16x-4$　(4) $\dfrac{5}{6}y+5$

05 (1) $9x+5$　(2) $6a-3$　(3) $-3y+4$　(4) $2b+6$
(5) $8x-7$　(6) $-3a+4$　(7) $-7y+6$　(8) $-4b-1$

06 (1) $4a-1$　(2) $7x+1$　(3) $-a+13$　(4) $6x-11$
(5) $4a-4$　(6) $\dfrac{13}{3}x-\dfrac{4}{3}$　(7) $2a-4$　(8) $13x-6$

07 ④, ⑤　　**08** 3개
09 ③, ⑤　　**10** $4x+5$
11 ④　　**12** ②

01 (1) $\dfrac{1}{2}$, 2, $\dfrac{3}{4}$　(2) $2x$, $2x$, $6x$, $8x$

02 (1) $\dfrac{13}{6}x+\dfrac{7}{6}$　(2) $\dfrac{12}{7}x+\dfrac{3}{14}$　(3) $\dfrac{8}{3}a+\dfrac{1}{6}$
(4) $-x-\dfrac{3}{4}$　(5) $-\dfrac{11}{10}x-\dfrac{1}{10}$　(6) $\dfrac{1}{6}a+\dfrac{5}{12}$

03 (1) $2x+1$　(2) $6a-4$　(3) $x+5$　(4) 2　(5) $4x-3$
(6) $4a-10$

04 (1) $-x+7$　(2) $x-5$　(3) $-2x-2$　(4) $-x-3$
(5) $11x+5$

05 $-\dfrac{1}{2}x+\dfrac{11}{6}$　　**06** 22
07 ④　　**08** $x-4$

01 ②　　**02** ⑤　　**03** $13x-11$
04 -9　　**05** ①　　**06** (1) $-x-11$　(2) $x-15$

개념 27 본문 84~86쪽

01 (1) 등식 (2) 방정식, 해 (3) 항등식

02 (1) ○ (2) × (3) × (4) ○ (5) ○ (6) ×

03 (1) $2x-3=5$ (2) $x-7=6$ (3) $700x+1600=3000$
(4) $5x=30$

04 (1) × (2) ○ (3) ○ (4) ×

05 (1) ○ (2) × (3) × (4) ○ (5) × (6) × (7) ○ (8) ○

06 (1) × (2) ○ (3) ○ (4) × (5) ○

07 (1) 2, 3 (2) $a=3$, $b=1$ (3) $a=-2$, $b=4$
(4) $a=5$, $b=-7$ (5) $a=1$, $b=-2$

08 ③, ⑤   **09** ③

10 ③, ④   **11** ④

12 ⑤   **13** 5

개념 28 본문 87~88쪽

01 (1) 3 (2) 2 (3) 4 (4) 5 (5) 2 (6) $\frac{1}{6}$ (7) -3 (8) -2

02 (1) × (2) ○ (3) ○ (4) ○ (5) × (6) ○ (7) × (8) ○

03 (1) $x=3$ (2) $x=6$ (3) $x=4$ (4) $x=-4$
(5) $x=-2$ (6) $x=-6$

04 ④   **05** ⑤   **06** ㈎ ㄴ, ㈏ ㄹ

개념 27-28 **한번 더! 기본 문제** 본문 89쪽

01 ⑤   **02** ⑤   **03** 13   **04** ①, ④

05 ㈎ 3, ㈏ 5, ㈐ $3x$, ㈑ -5, ㈒ $-\frac{5}{2}$

개념 29 본문 90~91쪽

01 (1) 이항 (2) 일차방정식

02 (1) $x=5-2$ (2) $2x=-4+6$ (3) $x=2+7$
(4) $2x-3x=2$ (5) $x+5x=8$ (6) $x+2x=6$

03 (1) $x=2$ (2) $3x=7$ (3) $4x=6$ (4) $-4x=2$
(5) $-5x=5$ (6) $5x=12$ (7) $10x=14$ (8) $-7x=20$

04 (1) ○ (2) × (3) × (4) ○ (5) × (6) ○ (7) × (8) ○

05 ㄱ, ㄹ   **06** ③   **07** ⑤

개념 30 본문 92~93쪽

01 $\frac{b}{a}$

02 (1) $x=-1$ (2) $x=-2$ (3) $x=5$ (4) $x=2$
(5) $x=3$ (6) $x=-2$

03 (1) $x=9$ (2) $x=1$ (3) $x=6$ (4) $x=3$ (5) $x=\frac{2}{5}$
(6) $x=-3$ (7) $x=-2$ (8) $x=-3$

04 (1) $x=2$ (2) $x=-3$ (3) $x=-6$ (4) $x=1$
(5) $x=-2$ (6) $x=0$ (7) $x=\frac{12}{7}$ (8) $x=-4$

05 ④

06 3

07 -5

개념 31 본문 94~95쪽

01 (1) 10 (2) 최소공배수

02 (1) $x=-1$ (2) $x=5$ (3) $x=4$ (4) $x=6$
(5) $x=5$ (6) $x=12$ (7) $x=25$ (8) $x=2$

03 (1) $x=2$ (2) $x=-1$ (3) $x=-7$ (4) $x=2$
(5) $x=22$ (6) $x=9$ (7) $x=-14$ (8) $x=\frac{3}{13}$

04 (1) $x=4$ (2) $x=2$ (3) $x=20$ (4) $x=\frac{10}{3}$ (5) $x=13$

05 ⑤

06 42

07 2

개념 29-31 **한번 더! 기본 문제** 본문 96쪽

01 ④   **02** ②   **03** ⑤   **04** $x=1$

05 ⑤   **06** 6

01
(1) $3x=x+6$, $x=3$　(2) $2x-3=x+5$, $x=8$
(3) $6+8+x=19$, $x=5$　(4) $8x=72$, $x=9$
(5) $3000-800x=600$, $x=3$
(6) $8000+500x=19000$, $x=22$

02
(1) $x-1$, $x+1$ / $(x-1)+x+(x+1)=30$
(2) $x=10$　(3) 9, 10, 11

03
(1) $20+x$, $10x+2$ / $10x+2=(20+x)+18$
(2) $x=4$　(3) 24

04
(1) $3x-31$ / $x+(3x-31)=25$　(2) $x=14$　(3) 14세

05
(1) $11-x$ / $400x+600(11-x)=5800$　(2) $x=4$　(3) 4개

06
(1) $x+7$ / $2\{(x+7)+x\}=66$　(2) $x=13$　(3) 13 cm

07
(1) $x-4$ / $\dfrac{1}{2}\times\{(x-4)+x\}\times5=30$　(2) $x=8$　(3) 8 cm

08 10　　**09** ④　　**10** 45　　**11** 12세

12 12개, 18개　　　　**13** 180 cm^2

01
(1) $8x-4$ / $6x+10=8x-4$
(2) $x=7$　(3) 7명, 52개

02
(1) $\dfrac{1}{6}$ / $\left(\dfrac{1}{3}+\dfrac{1}{6}\right)x=1$　(2) $x=2$　(3) 2일

03
(1) $\dfrac{11}{10}x$ / $\dfrac{11}{10}x=55$　(2) $x=50$　(3) 50명

04
(1) 표는 풀이 참조 / $\dfrac{x}{3}+\dfrac{x}{2}=5$　(2) $x=6$　(3) 6 km

05
(1) 표는 풀이 참조 / $\dfrac{x}{80}+\dfrac{x-20}{70}=4$
(2) $x=160$　(3) 160 km

06
(1) 표는 풀이 참조 / $\dfrac{x}{60}=\dfrac{x}{90}+1$
(2) $x=180$　(3) 180 km

07 52권　　**08** 4시간　　**09** 1350명　　**10** ③

11 $\dfrac{21}{5}$ km　　**12** 6 km

개념 32~33 **한번 더! 기본 문제** 　　본문 103~104쪽

01 20, 22, 24　　　**02** 24　　**03** ⑤
04 7마리　　**05** 10　　**06** ④
07 2시간 40분
08 (1) 160명　(2) 150명　(3) 310명　　**09** 7 km
10 20분 후

5. 좌표와 그래프

01 (1) 좌표　(2) 순서쌍　(3) 풀이 참조

02
(1) A(-3), B(0), C(2)
(2) A(-2), B$\left(\dfrac{3}{2}\right)$, C$(3)$
(3) A$\left(-\dfrac{1}{2}\right)$, B$\left(\dfrac{5}{2}\right)$, C$\left(\dfrac{11}{3}\right)$

03 풀이 참조

04
(1) A$(0, 3)$, B$(-2, 0)$, C$(2, -2)$
(2) A$(3, 2)$, B$(-4, 3)$, C$(-2, -2)$

05 풀이 참조

06
(1) $(0, 0)$　(2) $(3, 2)$　(3) $(-1, 1)$　(4) $(-5, -6)$
(5) $(-3, 0)$　(6) $(0, -2)$　(7) $(4, 0)$　(8) $(0, 1)$

07 수직선은 풀이 참조, 5

08 $a=1$, $b=-1$

09 ③

10 ③

11 ⑤

12 (1) 풀이 참조　(2) 14

01 (1) $+$ / $+$　(2) $-$ / $+$　(3) $-$ / $-$　(4) $+$ / $-$

02
(1) 점 A, 점 H, 점 I　(2) 점 C, 점 J, 점 K
(3) 점 D, 점 E　(4) 점 F, 점 G, 점 L, 점 M

03
(1) 제1사분면　(2) 제2사분면　(3) 제3사분면
(4) 제4사분면　(5) 제4사분면　(6) 제3사분면
(7) 제1사분면　(8) 제2사분면

04 (1) ㄱ　(2) ㅂ, ㅅ　(3) ㄷ, ㅇ

05
(1) $+$, $+$, 제1사분면　(2) $+$, $+$, 제1사분면
(3) $+$, $-$, 제4사분면　(4) $-$, $+$, 제2사분면
(5) $-$, $-$, 제3사분면

06
(1) 제4사분면　(2) 제3사분면　(3) 제1사분면
(4) 제2사분면

07
(1) 제4사분면　(2) 제1사분면　(3) 제3사분면
(4) 제2사분면

08 ④

09 ④

10 ④, ⑤

11 제4사분면

12 ②

13 제3사분면

개념 34-35 **한번 더! 기본 문제**   본문 112쪽

01 ③   **02** ①, ⑤   **03** 3   **04** ⑤

05 ②   **06** 제2사분면

개념 36   본문 113~114쪽

01 (1) 변수   (2) 그래프

02 (1) 변함없이 일정하다

   (2) 일정하게 증가한다

   (3) 점점 느리게 증가한다

   (4) 점점 빠르게 증가한다

   (5) 증가와 감소를 반복한다

03 (1) ㄴ   (2) ㄱ   (3) ㄷ   (4) ㄹ

04 (1) ㄹ   (2) ㄴ   (3) ㄷ   (4) ㄱ

05 ㄴ   **06** ㄷ   **07** ②

개념 37   본문 115~117쪽

01 (1) $12\,℃$ (2) $1\,km$

02 (1) 12분   (2) $300\,m$ (3) $600\,m$

03 (1) $1\,km$ (2) $2\,km$ (3) 15분 후   (4) 5분 후   (5) 5분

04 (1) $800\,m$ (2) 135분   (3) 30분 후   (4) 70분   (5) 35분

05 (1) $1\,m$ (2) $2\,m$ (3) $2\,m$ (4) 3번   (5) 5번

06 ②   **07** ㄴ   **08** 6초

09 (1) 현진: $3\,km$, 수하: $2\,km$

   (2) 현진: 40분, 수하: 60분   (3) 20분 후   (4) $1\,km$

개념 36-37 **한번 더! 기본 문제**   본문 118쪽

01 ⑤   **02** ④   **03** ㄴ, ㄹ   **04** $20\,℃$

6. 정비례와 반비례

개념 38   본문 120~122쪽

01 (1) 정비례   (2) 정비례

02 (1) 풀이 참조   (2) 정비례한다.   (3) $y=4x$

03 (1) ○   (2) ○   (3) ×   (4) ○   (5) ×   (6) ×   (7) ○

04 (1) $y=30x$, 정비례한다.   (2) $y=x+5$, 정비례하지 않는다.

   (3) $y=150-10x$, 정비례하지 않는다.

   (4) $y=20x$, 정비례한다.   (5) $y=40x$, 정비례한다.

   (6) $y=\dfrac{30}{x}$, 정비례하지 않는다.   (7) $y=\dfrac{5}{2}x$, 정비례한다.

   (8) $y=\dfrac{80}{x}$, 정비례하지 않는다.

05 표는 풀이 참조

   (1) $y=3x$ (2) $y=-4x$ (3) $y=\dfrac{1}{2}x$

06 (1) 표는 풀이 참조, $y=13x$ (2) $130\,km$ (3) $15\,L$

07 (1) 표는 풀이 참조, $y=4x$ (2) $120\,kcal$ (3) 60분

08 ②   **09** ①, ③

10 ②   **11** $A=8$, $B=-4$

12 12분   **13** $120\,mL$

개념 39   본문 123~125쪽

01 (1) 직선   (2) 위, 아래

02 (1) 2, 그래프는 풀이 참조   (2) -1, 그래프는 풀이 참조

03 (1) ㄴ, ㄷ, ㅂ, ㅅ   (2) ㄱ, ㄹ, ㅁ, ㅇ   (3) ㄴ, ㄷ, ㅂ, ㅅ

   (4) ㄱ, ㄹ, ㅁ, ㅇ   (5) ㄴ, ㄷ, ㅂ, ㅅ   (6) ㄱ, ㄹ, ㅁ, ㅇ

04 (1) ○   (2) ×   (3) ×   (4) ○

05 (1) -2 (2) 2   (3) 3   (4) -3

06 (1) 3   (2) -1 (3) $-\dfrac{1}{2}$ (4) 8

07 (1) 2   (2) $-\dfrac{1}{2}$ **08** ②

09 ④, ⑤   **10** ③

11 ⑤   **12** $y=-\dfrac{2}{5}x$

13 $\dfrac{7}{4}$

개념 38~39 **한번 더! 기본 문제**   본문 126쪽

01 3개   **02** ⑤   **03** $50\,g$ **04** ①, ⑤

05 $-\dfrac{8}{3}$ **06** $a=2$, $b=-\dfrac{3}{2}$

01 (1) 반비례 (2) 반비례

02 (1) 풀이 참조 (2) 반비례한다. (3) $y=\dfrac{60}{x}$

03 (1) × (2) ○ (3) ○ (4) × (5) ○ (6) × (7) ○

04 (1) $y=\dfrac{1200}{x}$, 반비례한다.

(2) $y=50-x$, 반비례하지 않는다.

(3) $y=\dfrac{8000}{x}$, 반비례한다.

(4) $y=6x$, 반비례하지 않는다.

(5) $y=\dfrac{50}{x}$, 반비례한다.

(6) $y=\dfrac{20}{x}$, 반비례한다.

(7) $y=x+500$, 반비례하지 않는다.

(8) $y=\dfrac{100}{x}$, 반비례한다.

05 표는 풀이 참조

(1) $y=\dfrac{60}{x}$ (2) $y=-\dfrac{12}{x}$ (3) $y=\dfrac{1}{2x}$

06 (1) 표는 풀이 참조, $y=\dfrac{72}{x}$ (2) 8개 (3) 6명

07 (1) 표는 풀이 참조, $y=\dfrac{120}{x}$ (2) 3시간 (3) 시속 60 km

08 ①, ⑤　　**09** ②, ④　　**10** $y=\dfrac{24}{x}$　　**11** 4

12 6 m³　　**13** 16 L

01 (1) 곡선 (2) 제3사분면, 제4사분면

02 (1) -2, -3, 3, 2, 그래프는 풀이 참조

(2) 1, 2, -2, -1, 그래프는 풀이 참조

03 (1) ㄴ, ㅁ, ㅂ (2) ㄱ, ㄷ, ㄹ

(3) ㄱ, ㄷ, ㄹ (4) ㄴ, ㅁ, ㅂ

04 (1) ○ (2) × (3) ○ (4) ○

05 (1) -1 (2) 3 (3) -3 (4) -2

06 (1) 3 (2) 4 (3) -24 (4) -6

07 (1) 2 (2) -1

08 ②　　**09** ㄱ, ㄹ　　**10** ②　　**11** -4

12 2　　**13** -1

개념 40~41 한번 더! 기본 문제 본문 133쪽

01 ②　　**02** 분속 150 m　　**03** ④, ⑤

04 45　　**05** ④　　**06** 9

"수학 공부는 숙제다!"

PART 2

단원 테스트

1. 소인수분해 [1회]   본문 136~138쪽

01 ②	**02** ③	**03** ④	**04** 10
05 ④	**06** 4	**07** ③	**08** 8
09 ③	**10** ④	**11** 3	**12** ③
13 ⑤	**14** ②	**15** 120	**16** ③
17 15	**18** 360		

1. 소인수분해 [2회]   본문 139~141쪽

01 1	**02** ③	**03** ③, ⑤	**04** 8
05 ③	**06** 0	**07** ④	**08** 42
09 ④	**10** ③	**11** ④	**12** ②
13 112, 140, 168, 196	**14** ③	**15** ③	
16 5	**17** 3개	**18** 63	

2. 정수와 유리수 [1회]   본문 142~144쪽

01 ④	**02** ④	**03** ①, ③	**04** 9개
05 ⑤	**06** ④	**07** ③	**08** ④
09 ⑤	**10** ③	**11** ④	**12** 312
13 ②	**14** ②	**15** 2	**16** 1
17 -3	**18** $-\dfrac{1}{2}$		

2. 정수와 유리수 [2회]   본문 145~147쪽

01 ③	**02** ①, ③	**03** ④	**04** ④
05 $-\dfrac{10}{5}$	**06** ④	**07** -2	**08** ④
09 1	**10** ⑤	**11** $-\dfrac{1}{2}$	**12** 64
13 $-\dfrac{6}{5}$	**14** ⑤	**15** $\dfrac{25}{56}$	**16** $-\dfrac{2}{3}$
17 -2	**18** (1) ㉢, ㉡, ㉣, ㉤, ㉠ (2) 4		

3. 문자의 사용과 식 [1회]   본문 148~150쪽

01 ⑤	**02** ③	**03** 3	**04** ⑤
05 ④	**06** ②, ⑤	**07** 2	**08** ④
09 ③	**10** ②, ④	**11** ⑤	**12** 0
13 ③	**14** $-5x-4$		**15** $x+3$
16 $-11x+10$	**17** (1) $8x+56$ (2) 80		
18 $\dfrac{1}{3}$			

3. 문자의 사용과 식 [2회]   본문 151~153쪽

01 ④	**02** ②	**03** -11	**04** 148회
05 ①, ④	**06** ②	**07** ③, ⑤	**08** -4
09 2개	**10** ⑤	**11** ④	**12** ④
13 2	**14** ④	**15** $-x-9$	**16** ④
17 -1	**18** 8		

4. 일차방정식 [1회]   본문 154~156쪽

01 ③, ⑤	**02** ③	**03** ④	**04** 2
05 ⑤	**06** 36	**07** 3개	**08** ⑤
09 ④	**10** $x=-15$		**11** 1
12 ①	**13** ⑤	**14** 22	**15** 6 cm
16 3시간	**17** 7	**18** 46	

4. 일차방정식 [2회]   본문 157~159쪽

01 4개	**02** ⑤	**03** ④	**04** ⑤
05 ③, ④	**06** ⑤	**07** ③	**08** ④
09 $x=1$	**10** 5	**11** ②	**12** $x=6$
13 3	**14** 4	**15** 9 cm	**16** ⑤
17 9	**18** 14세		

5. 좌표와 그래프 [1회]
본문 160~161쪽

01 ②　**02** ④, ⑤　**03** ②　**04** ⑤
05 20　**06** 제3사분면　**07** 제2사분면
08 ㄱ, ㄷ　**09** ⑤　**10** 1
11 (1) 15 km　(2) 9시간 후

5. 좌표와 그래프 [2회]
본문 162~163쪽

01 -1　**02** ①　**03** ②　**04** 4
05 ③　**06** ③, ⑤　**07** ④　**08** ③
09 ①, ③　**10** 5　**11** (1) 20분　(2) 30분

6. 정비례와 반비례 [1회]
본문 164~166쪽

01 ①　**02** ④　**03** ②　**04** ③
05 ④, ⑤　**06** ①　**07** ⑤　**08** -9
09 3개　**10** -4　**11** ③, ⑤　**12** 12
13 $-\dfrac{4}{3}$　**14** 5　**15** 8 cm　**16** 12
17 (1) $y=\dfrac{1}{6}x$　(2) 10 kg

6. 정비례와 반비례 [2회]
본문 167~169쪽

01 ②, ③　**02** $\dfrac{1}{4}$　**03** ⑤　**04** ②
05 $-\dfrac{3}{2}$　**06** 2　**07** ①, ⑤　**08** ④
09 ⑤　**10** 4개　**11** ②　**12** -1
13 -48　**14** 14일 후　**15** 12 L　**16** 24
17 (1) $y=\dfrac{240}{x}$　(2) 시속 80 km

서술형 테스트

1. 소인수분해
본문 170~171쪽

1 1　**2** 7　**3** 11　**4** 14
5 1, 3, 5, 9, 15, 25, 45, 75, 225
6 최대공약수: 12, 최소공배수: 720　**7** 480
8 841

2. 정수와 유리수
본문 172~173쪽

1 9　**2** 5　**3** (1) $-2 \leq x < 3$　(2) 5개
4 $-\dfrac{17}{6}$　**5** $\dfrac{5}{3}$　**6** $-\dfrac{1}{5}$　**7** -3
8 4칸

3. 문자의 사용과 식
본문 174~175쪽

1 $\left(10000-\dfrac{3}{4}a\right)$원　**2** 1715 m
3 $(2ab+4a+4b)$ cm^2, 52 cm^2　**4** 8
5 7　**6** 15　**7** $\dfrac{4}{3}x-2$
8 $A=6x-2$, $B=3x-1$, $C=7x-6$

4. 일차방정식
본문 176~177쪽

1 $a=3$, $b=-1$　**2** 3　**3** $x=\dfrac{8}{5}$
4 1, 2, 3, 4　**5** 6　**6** 30
7 47세　**8** 3 km

5. 좌표와 그래프
본문 178~179쪽

1 4　**2** -2　**3** 그림은 풀이 참조, 10
4 제2사분면　**5** (1) B　(2) A　(3) C
6 (1) 400 m　(2) 1200 m　(3) 5분

6. 정비례와 반비례
본문 180~181쪽

1 6　**2** 12분　**3** -5　**4** -2
5 -4　**6** 37쪽　**7** -12　**8** 24

PART 1

1. 소인수분해

본문 8~9쪽

개념 01 소수와 합성수

01 답 (1) 소수, 합성수 (2) 2 (3) 소수

02 답 (1) 1, 5 / 소수 (2) 1, 2, 3, 4, 6, 12 / 합성수
(3) 1, 23 / 소수 (4) 1, 3, 5, 9, 15, 45 / 합성수
(5) 1, 53 / 소수 (6) 1, 11, 121 / 합성수

03 답 (1) 7, 11 (2) 2, 3, 17 (3) 13, 61 (4) 19, 73

04 답 (1) 4, 8, 15 (2) 14, 25, 48 (3) 20, 57
(4) 36, 51, 111

05 답 (1) × (2) × (3) ○ (4) ○ (5) × (6) ○ (7) ○
(8) × (9) ○

(1) 1은 소수도 아니고 합성수도 아니다.
(2) 가장 작은 소수는 2이다.
(5) 2는 소수이지만 짝수이다.
(7) 한 자리의 자연수 중 소수는 2, 3, 5, 7의 4개이다.
(8) 자연수는 1, 소수, 합성수로 이루어져 있다.

06 답 ③

소수는 2, 17, 23, 67, 79의 5개이다.

07 답 ④

④ 69의 약수는 1, 3, 23, 69이므로 69는 합성수이다.

08 답 ①, ⑤

① 2는 짝수이지만 소수이다.
⑤ 합성수는 약수가 3개 이상이다.

본문 10~11쪽

개념 02 거듭제곱

01 답 (1) 거듭제곱 (2) 밑, 지수

02 답 (1) 3 / 2 (2) 5 / 4 (3) $\dfrac{1}{3}$ / 3 (4) $\dfrac{3}{4}$ / 2

03 답 (1) 3^3 (2) 7^4 (3) $\left(\dfrac{1}{2}\right)^2$ (4) $\left(\dfrac{2}{3}\right)^3$ (5) $\dfrac{1}{13^4}$

04 답 (1) $2^2 \times 5^2$ (2) $3^3 \times 7^2$ (3) $4^3 \times 6^4$ (4) $2^2 \times 3^2 \times 5$
(5) $3^2 \times 5^3 \times 11^2$ (6) $\left(\dfrac{1}{5}\right)^3 \times \left(\dfrac{1}{7}\right)^2$ (7) $\left(\dfrac{1}{11}\right)^2 \times \left(\dfrac{5}{2}\right)^2$
(8) $\dfrac{1}{2 \times 3^2}$ (9) $\dfrac{1}{5^2 \times 7^2}$ (10) $\dfrac{1}{2 \times 5^2 \times 11^2}$

05 답 (1) 2^5 (2) 3^4 (3) 5^3 (4) 10^4 (5) $\left(\dfrac{1}{2}\right)^3$ (6) $\left(\dfrac{1}{7}\right)^2$
(7) $\left(\dfrac{1}{4}\right)^4$ (8) $\left(\dfrac{1}{10}\right)^3$

06 답 $a=11$, $b=4$

$11 \times 11 \times 11 \times 11 = 11^4$에서 $a=11$, $b=4$

07 답 ③

① $4+4+4=4 \times 3$ ② $2+2+2=2 \times 3$
④ $5 \times 5 \times 5 \times 5 = 5^4$ ⑤ $2 \times 2 \times 5 \times 5 \times 5 = 2^2 \times 5^3$
따라서 옳은 것은 ③이다.

08 답 ④

$2^4 = 16$에서 $a=16$, $3^3 = 27$에서 $b=3$
∴ $a+b = 16+3 = 19$

개념 01~02 한번 더! 기본 문제

본문 12쪽

01 ③	**02** ③	**03** ⑤	**04** ②, ④
05 8	**06** 1		

01 답 ③

20 이하의 자연수 중 약수가 2개인 수, 즉 소수는 2, 3, 5, 7, 11, 13, 17, 19의 8개이다.

02 답 ③

30 이상이고 50 미만인 소수는 31, 37, 41, 43, 47이므로
$a=47$, $b=31$ ∴ $a-b = 47-31 = 16$

03 답 ⑤

① 가장 작은 소수는 2이다.
② 2는 짝수이면서 소수이다.
③ 합성수는 약수가 3개 이상이다.
④ 1은 소수도 아니고 합성수도 아니다.
⑤ 5의 배수 중 소수는 5의 1개이다.
따라서 옳은 것은 ⑤이다.

04 답 ②, ④

① $3^2 = 3 \times 3 = 9$
③ $2+2+2+2+2 = 2 \times 5$
⑤ 5^7의 지수는 7이다.
따라서 옳은 것은 ②, ④이다.

05 답 8

$2\times3\times7\times2\times2\times2\times3\times3=2^4\times3^3\times7$이므로

$2^4\times3^3\times7=2^a\times3^b\times7^c$에서 $a=4$, $b=3$, $c=1$

$\therefore a+b+c=4+3+1=8$

06 답 1

$27\times625=3^3\times5^4$이므로

$3^3\times5^4=3^a\times5^b$에서 $a=3$, $b=4$

$\therefore b-a=4-3=1$

본문 13~15쪽

개념 03 소인수분해

01 답 (1) 소인수 (2) 소인수분해

02 답 (1) 1, 2, 4, 8 / 2
　　　(2) 1, 2, 11, 22 / 2, 11
　　　(3) 1, 2, 3, 5, 6, 10, 15, 30 / 2, 3, 5
　　　(4) 1, 7, 49 / 7

03 답 풀이 참조

(1)
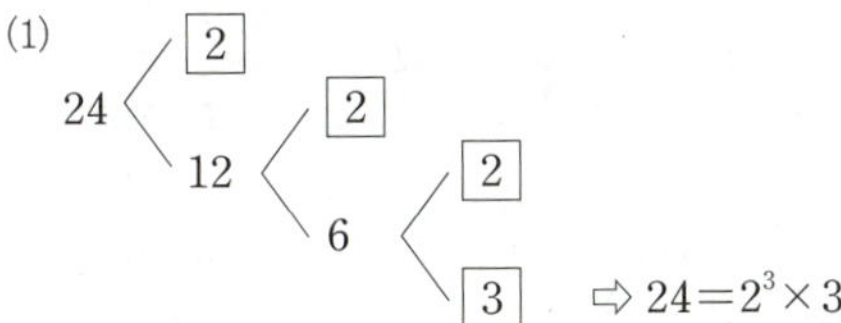

$\Rightarrow 24=2^3\times3$

(2)

$\Rightarrow 45=3^2\times5$

(3)
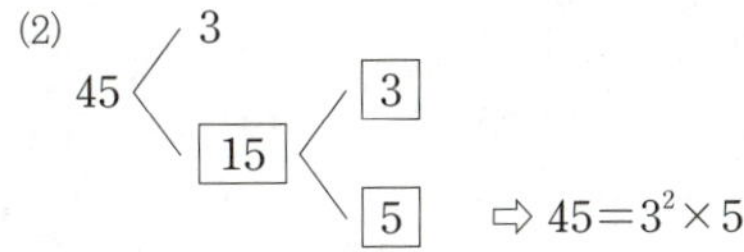

$\Rightarrow 126=2\times3^2\times7$

(4)
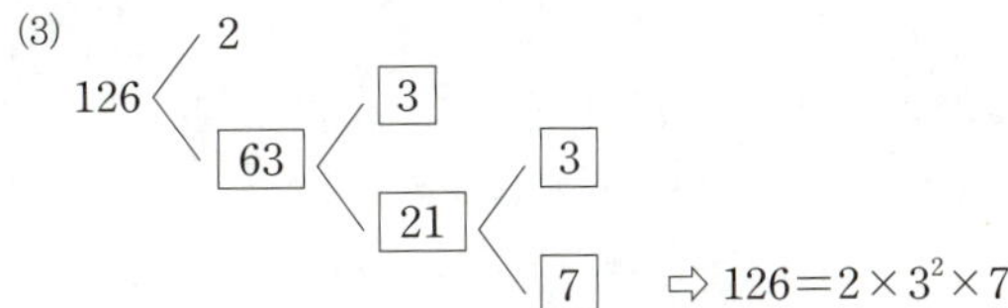

$\Rightarrow 36=2^2\times3^2$

(5)
$\begin{array}{r}2\,)\,84\\ 2\,)\,42\\ 3\,)\,21\\ \hline 7\end{array}$　$\Rightarrow 84=2^2\times3\times7$

(6)
$\begin{array}{r}3\,)\,135\\ 3\,)\,45\\ 3\,)\,15\\ \hline 5\end{array}$　$\Rightarrow 135=3^3\times5$

04 답 (1) $2^2\times3$, 소인수: 2, 3　(2) $2^2\times5$, 소인수: 2, 5
　　　(3) 5^2, 소인수: 5　(4) $2\times3\times7$, 소인수: 2, 3, 7
　　　(5) 5×11, 소인수: 5, 11　(6) $2^3\times3^2$, 소인수: 2, 3
　　　(7) $2^2\times3\times7$, 소인수: 2, 3, 7　(8) 2×7^2, 소인수: 2, 7
　　　(9) 5^3, 소인수: 5　(10) $3^2\times17$, 소인수: 3, 17
　　　(11) $2^2\times3^2\times5$, 소인수: 2, 3, 5
　　　(12) $2\times3^3\times7$, 소인수: 2, 3, 7

05 답 (1) 3 (2) 7 (3) 6

(1) 3^3

　$\Rightarrow 3^3\times3=3\times3\times3\times3$
　　　　　$=(3\times3)\times(3\times3)$
　　　　　$=(3\times3)^2=9^2$

따라서 곱할 수 있는 가장 작은 자연수는 3이다.

(2) $2^4\times7^3$

　$\Rightarrow 2^4\times7^3\times7=2\times2\times2\times2\times7\times7\times7\times7$
　　　　　$=(2\times2\times7\times7)\times(2\times2\times7\times7)$
　　　　　$=(2\times2\times7\times7)^2=196^2$

따라서 곱할 수 있는 가장 작은 자연수는 7이다.

(3) $2\times3\times5^2$

　$\Rightarrow 2\times3\times5^2\times2\times3=2\times2\times3\times3\times5\times5$
　　　　　$=(2\times3\times5)\times(2\times3\times5)$
　　　　　$=(2\times3\times5)^2=30^2$

따라서 곱할 수 있는 가장 작은 자연수는 $2\times3=6$이다.

06 답 ④

① $36=2^2\times3^2$　　　　　② $45=3^2\times5$
③ $48=2^4\times3$　　　　　⑤ $120=2^3\times3\times5$

따라서 소인수분해를 바르게 한 것은 ④이다.

07 답 ③

$252=2^2\times3^2\times7$이므로 $2^2\times3^2\times7=2^a\times3^b\times7^c$에서

$a=2$, $b=2$, $c=1$　　$\therefore a+b+c=2+2+1=5$

08 답 ⑤

$462=2\times3\times7\times11$의 소인수는 2, 3, 7, 11이므로 462의 소인수
가 아닌 것은 ⑤이다.

09 답 ③

① $8=2^3$의 소인수는 2이고, $9=3^2$의 소인수는 3이다.
② $14=2\times7$의 소인수는 2, 7이고,
　　$15=3\times5$의 소인수는 3, 5이다.
③ $18=2\times3^2$의 소인수는 2, 3이고,
　　$36=2^2\times3^2$의 소인수는 2, 3이다.
④ $21=3\times7$의 소인수는 3, 7이고, $25=5^2$의 소인수는 5이다.
⑤ $35=5\times7$의 소인수는 5, 7이고,
　　$42=2\times3\times7$의 소인수는 2, 3, 7이다.

따라서 소인수가 같은 것끼리 짝 지어진 것은 ③이다.

10 답 4

$1 \times 2 \times 3 \times 4 \times 5 \times 6 \times 7 \times 8 \times 9$

$= 2 \times 3 \times (2 \times 2) \times 5 \times (2 \times 3) \times 7 \times (2 \times 2 \times 2) \times (3 \times 3)$

$= 2^7 \times 3^4 \times 5 \times 7$

따라서 소인수 3의 지수는 4이다.

11 답 (1) $2^4 \times 3$　(2) 3　(3) 12

(1) $48 = 2^4 \times 3$

(2) $2^4 \times 3$

$\Rightarrow 2^4 \times 3 \times 3 = 2 \times 2 \times 2 \times 2 \times 3 \times 3$

$\qquad\qquad = (2 \times 2 \times 3) \times (2 \times 2 \times 3)$

$\qquad\qquad = (2 \times 2 \times 3)^2 = 12^2$

따라서 48에 곱할 수 있는 가장 작은 자연수는 3이다.

(3) $48 \times 3 = 2^4 \times 3 \times 3 = 12^2$이므로 12의 제곱이 된다.

본문 16~17쪽

개념 04　소인수분해를 이용하여 약수 구하기

01 답 풀이 참조

$28 = 2^2 \times 7$이므로

×	1	7
1	1	7
2	2	14
2^2	4	28

$\Rightarrow$ 28의 약수: 1, 2, 4, 7, 14, 28

02 답 (1) 표는 풀이 참조, 약수: 1, 3, 5, 9, 15, 45
　　　 (2) 표는 풀이 참조, 약수: 1, 2, 4, 7, 14, 28, 49, 98, 196

(1) $45 = 3^2 \times 5$

×	1	5
1	1	5
3	3	15
3^2	9	45

$\Rightarrow$ 45의 약수: 1, 3, 5, 9, 15, 45

(2) $196 = 2^2 \times 7^2$

×	1	7	7^2
1	1	7	49
2	2	14	98
2^2	4	28	196

$\Rightarrow$ 196의 약수: 1, 2, 4, 7, 14, 28, 49, 98, 196

03 답 (1) ○　(2) ○　(3) ×　(4) ○　(5) ×

$3^2 \times 5^3$의 약수는 (3^2의 약수) $\times$ (5^3의 약수)의 꼴이다.

(3) $2^2 \times 5^2$에서 2^2은 3^2, 5^3의 약수가 아니므로 $3^2 \times 5^3$의 약수가 아니다.

(5) $3^3 \times 5^2$에서 3^3은 3^2의 약수가 아니므로 $3^2 \times 5^3$의 약수가 아니다.

04 답 (1) 1, 3, 5, 15, 25, 75
　　　 (2) 1, 2, 4, 5, 10, 20, 25, 50, 100
　　　 (3) 1, 11, 121
　　　 (4) 1, 3, 7, 9, 21, 27, 63, 189

(1) $75 = 3 \times 5^2$이므로

×	1	5	5^2
1	1	5	25
3	3	15	75

$\Rightarrow$ 75의 약수: 1, 3, 5, 15, 25, 75

(2) $100 = 2^2 \times 5^2$이므로

×	1	5	5^2
1	1	5	25
2	2	10	50
2^2	4	20	100

$\Rightarrow$ 100의 약수: 1, 2, 4, 5, 10, 20, 25, 50, 100

(3) $121 = 11^2$이므로

121의 약수: 1, 11, 11^2, 즉 1, 11, 121

(4) $189 = 3^3 \times 7$이므로

×	1	3	3^2	3^3
1	1	3	9	27
7	7	21	63	189

$\Rightarrow$ 189의 약수: 1, 3, 7, 9, 21, 27, 63, 189

05 답 (1) 2, 3, 12　(2) 24개　(3) 10개　(4) 24개　(5) 16개

(2) $(7+1) \times (2+1) = 24$(개)

(3) $(4+1) \times (1+1) = 10$(개)

(4) $(2+1) \times (1+1) \times (3+1) = 24$(개)

(5) $(1+1) \times (3+1) \times (1+1) = 16$(개)

06 답 (1) 2, 2, 2, 2, 9　(2) 8개　(3) 6개　(4) 8개　(5) 15개

(2) $40 = 2^3 \times 5$이므로 40의 약수의 개수는

$(3+1) \times (1+1) = 8$(개)

(3) $63 = 3^2 \times 7$이므로 63의 약수의 개수는

$(2+1) \times (1+1) = 6$(개)

(4) $105 = 3 \times 5 \times 7$이므로 105의 약수의 개수는

$(1+1) \times (1+1) \times (1+1) = 8$(개)

(5) $144 = 2^4 \times 3^2$이므로 144의 약수의 개수는

$(4+1) \times (2+1) = 15$(개)

07 답 ②

08 답 ③

$40 = 2^3 \times 5$이므로 40의 약수는 (2^3의 약수) $\times$ (5의 약수)의 꼴이다.

③ 5^2은 5의 약수가 아니므로 40의 약수가 아니다.

09 답 ②

① $36=2^2 \times 3^2$의 약수의 개수는 $(2+1) \times (2+1)=9$(개)

② $63=3^2 \times 7$의 약수의 개수는 $(2+1) \times (1+1)=6$(개)

③ $72=2^3 \times 3^2$의 약수의 개수는 $(3+1) \times (2+1)=12$(개)

④ $128=2^7$의 약수의 개수는 $7+1=8$(개)

⑤ $160=2^5 \times 5$의 약수의 개수는 $(5+1) \times (1+1)=12$(개)

따라서 약수의 개수가 가장 적은 것은 ②이다.

개념 03~04 한번 더! 기본 문제   본문 18~19쪽

01 ②	02 ⑤	03 ②	04 17
05 3	06 ④	07 1, 5, 7, 25, 35, 175	
08 ④	09 ⑤	10 2	

01 답 ②

$180=2^2 \times 3^2 \times 5$

02 답 ⑤

①, ②, ③, ④ 2   ⑤ 3

03 답 ②

① $165=3 \times 5 \times 11$의 소인수는 3, 5, 11

② $225=3^2 \times 5^2$의 소인수는 3, 5

③ $270=2 \times 3^3 \times 5$의 소인수는 2, 3, 5

④ $315=3^2 \times 5 \times 7$의 소인수는 3, 5, 7

⑤ $539=7^2 \times 11$의 소인수는 7, 11

따라서 소인수가 3과 5뿐인 수는 ②이다.

04 답 17

$630=2 \times 3^2 \times 5 \times 7$이므로 소인수는 2, 3, 5, 7

따라서 630의 모든 소인수의 합은 $2+3+5+7=17$

05 답 3

$10 \times 11 \times 12 \times \cdots \times 19 \times 20$

$=(2 \times 5) \times 11 \times (2^2 \times 3) \times 13 \times (2 \times 7) \times (3 \times 5) \times 2^4 \times 17$

$\qquad\qquad \times (2 \times 3^2) \times 19 \times (2^2 \times 5)$

$=2^{11} \times 3^4 \times 5^3 \times 7 \times 11 \times 13 \times 17 \times 19$

따라서 소인수 5의 지수는 3이다.

06 답 ④

$54=2 \times 3^3$이므로 $54 \times x$가 어떤 자연수의 제곱이 되려면

$x=2 \times 3 \times$ (자연수)^{2}의 꼴이어야 한다.

① $6=2 \times 3=2 \times 3 \times 1^2$ ② $24=2^3 \times 3=2 \times 3 \times 2^2$

③ $54=2 \times 3^3=2 \times 3 \times 3^2$ ④ $72=2^3 \times 3^2=2 \times 3 \times (2^2 \times 3)$

⑤ $96=2^5 \times 3=2 \times 3 \times 4^2$

따라서 x의 값이 될 수 없는 것은 ④이다.

07 답 1, 5, 7, 25, 35, 175

$175=5^2 \times 7$이므로

×	1	5	5^2
1	1	5	25
7	7	35	175

따라서 175의 약수는 1, 5, 7, 25, 35, 175이다.

08 답 ④

$2^3 \times 3^2 \times 5 \times 7$의 약수는

(2^3의 약수)$\times$(3^2의 약수)$\times$(5의 약수)$\times$(7의 약수)의 꼴이다.

④ $2 \times 3^3 \times 5 \times 7$에서 3^3은 3^2의 약수가 아니므로

$\quad$ $2^3 \times 3^2 \times 5 \times 7$의 약수가 아니다.

09 답 ⑤

① $35=5 \times 7$의 약수의 개수는

$\quad (1+1) \times (1+1)=4$(개)

② $2^4 \times 3$의 약수의 개수는

$\quad (4+1) \times (1+1)=10$(개)

③ $54=2 \times 3^3$의 약수의 개수는

$\quad (1+1) \times (3+1)=8$(개)

④ 2^7의 약수의 개수는 $7+1=8$(개)

⑤ $3 \times 4 \times 5=2^2 \times 3 \times 5$의 약수의 개수는

$\quad (2+1) \times (1+1) \times (1+1)=12$(개)

따라서 약수의 개수가 가장 많은 것은 ⑤이다.

10 답 2

$2^3 \times 5^a$의 약수의 개수가 12개이므로

$(3+1) \times (a+1)=12$

$4 \times (a+1)=4 \times 3$

$a+1=3$ $\quad \therefore a=2$

개념 05 최대공약수   본문 20~22쪽

01 답 (1) 최대공약수 (2) 최대공약수 (3) 서로소

02 답 (1) 1, 3, 5, 9, 15, 45

$\qquad$ (2) 1, 3, 7, 9, 21, 63

$\qquad$ (3) 1, 2, 7, 14, 49, 98

$\qquad$ (4) 1, 2, 5, 10, 11, 22, 55, 110

03 답 (1) ○ (2) × (3) × (4) ○ (5) ○

(1) 4와 9의 최대공약수는 1이므로 두 수는 서로소이다.

(2) 11과 44의 최대공약수는 11이므로 두 수는 서로소가 아니다.

(3) 15와 18의 최대공약수는 3이므로 두 수는 서로소가 아니다.

(4) 28과 45의 최대공약수는 1이므로 두 수는 서로소이다.

(5) 36과 49의 최대공약수는 1이므로 두 수는 서로소이다.

04 답 (1) 9 (2) 6 (3) 18 (4) 4 (5) 21 (6) 12

(1) $3\,\big)\,\underline{36\quad 63}$
　$3\,\big)\,\underline{12\quad 21}$
　　　$4\quad 7$　∴ (최대공약수)$=3\times3=9$

(2) $2\,\big)\,\underline{42\quad 60}$
　$3\,\big)\,\underline{21\quad 30}$
　　　$7\quad 10$　∴ (최대공약수)$=2\times3=6$

(3) $2\,\big)\,\underline{54\quad 72}$
　$3\,\big)\,\underline{27\quad 36}$
　$3\,\big)\,\underline{9\quad 12}$
　　　$3\quad 4$　∴ (최대공약수)$=2\times3\times3=18$

(4) $2\,\big)\,\underline{24\quad 28\quad 56}$
　$2\,\big)\,\underline{12\quad 14\quad 28}$
　　　$6\quad 7\quad 14$　∴ (최대공약수)$=2\times2=4$

(5) $3\,\big)\,\underline{63\quad 105\quad 168}$
　$7\,\big)\,\underline{21\quad 35\quad 56}$
　　　$3\quad 5\quad 8$　∴ (최대공약수)$=3\times7=21$

(6) $2\,\big)\,\underline{72\quad 84\quad 108}$
　$2\,\big)\,\underline{36\quad 42\quad 54}$
　$3\,\big)\,\underline{18\quad 21\quad 27}$
　　　$6\quad 7\quad 9$　∴ (최대공약수)$=2\times2\times3=12$

05 답 (1) 4 (2) 6 (3) 15 (4) 4 (5) 9 (6) 18

(1)　　$12=2^2\times3$
　　　　$32=2^5$
　　(최대공약수)$=2^2\quad=4$

(2)　　$30=2\times3\times5$
　　　　$42=2\times3\quad\times7$
　　(최대공약수)$=2\times3\qquad=6$

(3)　　$45=\quad3^2\times5$
　　　$150=2\times3\times5^2$
　　(최대공약수)$=\quad3\times5=15$

(4)　　$12=2^2\times3$
　　　　$20=2^2\quad\times5$
　　　　$28=2^2\qquad\times7$
　　(최대공약수)$=2^2\qquad=4$

(5)　　$18=2\times3^2$
　　　　$54=2\times3^3$
　　　　$81=\quad3^4$
　　(최대공약수)$=\quad3^2=9$

(6)　　$72=2^3\times3^2$
　　　　$90=2\times3^2\times5$
　　　$108=2^2\times3^3$
　　(최대공약수)$=2\times3^2\quad=18$

06 답 (1) 2^2 (2) 2×3 (3) 3×5 (4) 2×3^2 (5) $2^2\times3\times5$
　　　(6) $2^2\times3$ (7) 3^2 (8) $2^2\times3^2$

07 답 ⑤

두 자연수 a, b의 공약수는 두 수의 최대공약수인 42의 약수이므로
1, 2, 3, 6, 7, 14, 21, 42이다.
따라서 두 자연수 a, b의 공약수가 아닌 것은 ⑤이다.

08 답 ②, ④

주어진 두 수의 최대공약수를 구하면
① 3　　　　② 1　　　　③ 3
④ 1　　　　⑤ 7
따라서 두 수가 서로소인 것은 두 수의 최대공약수가 1인 ②, ④이다.

09 답 ②

10 답 2×3^2

　　　　$36=2^2\times3^2$
　　　　$54=2\times3^3$
　　　　$90=2\times3^2\times5$
　(최대공약수)$=2\times3^2$

11 답 ④

두 수 $2^2\times3^2\times5$, $2\times3^2\times5^2$의 최대공약수는 $2\times3^2\times5$이므로
두 수의 공약수는 (2의 약수)$\times$(3^2의 약수)$\times$(5의 약수)의 꼴이다.
④ $2^2\times3$에서 2^2은 2의 약수가 아니므로 두 수의 공약수가 아니다.

12 답 ②

두 수 $2\times3^3\times7$, $3^2\times5\times7^2$의 최대공약수는 $3^2\times7$
이때 두 수의 공약수의 개수는 최대공약수인 $3^2\times7$의 약수의 개수와
같으므로
$(2+1)\times(1+1)=6$(개)

본문 23~25쪽

최소공배수

01 답 (1) 최소공배수 (2) 최소공배수

02 답 (1) 8, 16, 24 (2) 15, 30, 45 (3) 16, 32, 48
　　　(4) 20, 40, 60 (5) 24, 48, 72 (6) 35, 70, 105

03 답 (1) 20 (2) 60 (3) 84 (4) 88 (5) 120 (6) 180

(1) $2\,\big)\,\underline{4\quad 10}$
　　　$2\quad 5$　∴ (최소공배수)$=2\times2\times5=20$

(2) $3\,\big)\,\underline{15\quad 60}$
　$5\,\big)\,\underline{5\quad 20}$
　　　$1\quad 4$　∴ (최소공배수)$=3\times5\times1\times4=60$

(3) $2\,\big)\,\underline{28\quad 42}$
　$7\,\big)\,\underline{14\quad 21}$
　　　$2\quad 3$　∴ (최소공배수)$=2\times7\times2\times3=84$

(4) 2 $)$ 4　8　22
　　 2 $)$ 2　4　11
　　　 1　2　11　　∴ (최소공배수)$=2\times2\times1\times2\times11=88$

(5) 3 $)$ 12　15　24
　　 2 $)$ 4　5　8
　　 2 $)$ 2　5　4
　　　 1　5　2　　∴ (최소공배수)$=3\times2\times2\times1\times5\times2=120$

(6) 3 $)$ 30　45　60
　　 5 $)$ 10　15　20
　　 2 $)$ 2　3　4
　　　 1　3　2　　∴ (최소공배수)$=3\times5\times2\times1\times3\times2=180$

04 답　(1) 90　(2) 132　(3) 126　(4) 24　(5) 140　(6) 72

(1)
$$
\begin{aligned}
6 &= 2\times3\\
45 &= \quad\ 3^2\times5\\
\hline
\text{(최소공배수)} &= 2\times3^2\times5=90
\end{aligned}
$$

(2)
$$
\begin{aligned}
33 &= \quad\ 3\times11\\
132 &= 2^2\times3\times11\\
\hline
\text{(최소공배수)} &= 2^2\times3\times11=132
\end{aligned}
$$

(3)
$$
\begin{aligned}
42 &= 2\times3\ \times7\\
63 &= \quad\ 3^2\times7\\
\hline
\text{(최소공배수)} &= 2\times3^2\times7=126
\end{aligned}
$$

(4)
$$
\begin{aligned}
6 &= 2\ \times3\\
8 &= 2^3\\
12 &= 2^2\times3\\
\hline
\text{(최소공배수)} &= 2^3\times3=24
\end{aligned}
$$

(5)
$$
\begin{aligned}
14 &= 2\quad\ \times7\\
28 &= 2^2\quad\ \times7\\
35 &= \quad\ 5\times7\\
\hline
\text{(최소공배수)} &= 2^2\times5\times7=140
\end{aligned}
$$

(6)
$$
\begin{aligned}
18 &= 2\ \times3^2\\
24 &= 2^3\times3\\
36 &= 2^2\times3^2\\
\hline
\text{(최소공배수)} &= 2^3\times3^2=72
\end{aligned}
$$

05 답　(1) $2\times3\times5$　(2) $2^2\times3^2\times5$　(3) $2^2\times3\times7$
　　　(4) $2\times3^2\times5^2$　(5) $2^3\times3\times7^2$　(6) $2^2\times3^2\times5\times7$
　　　(7) $2\times3^3\times5$　(8) $2^3\times3^2\times5^2\times7$

06 답　④

두 수의 공배수는 두 수의 최소공배수인 36의 배수이므로
36, 72, 108, 144, 180, $\cdots$
따라서 두 수의 공배수가 아닌 것은 ④이다.

07 답　196

두 자연수 A, B의 공배수는 두 수의 최소공배수인 28의 배수이
므로 28, 56, 84, 112, 140, 168, 196, 224, $\cdots$
이 중에서 200에 가장 가까운 수는 196이다.

08 답　④

09 답　①

두 수 $2^2\times3$, $2^3\times3^2\times5$의 공배수는 두 수의 최소공배수인
$2^3\times3^2\times5$의 배수이다.
따라서 두 수의 공배수가 아닌 것은 ①이다.

10 답　906

두 수 $2^2\times3\times5^2$, 2×3^2의 최대공약수는 $2\times3=6$이고,
최소공배수는 $2^2\times3^2\times5^2=900$이다.
따라서 $A=6$, $B=900$이므로
$A+B=6+900=906$

11 답　$a=3$, $b=4$, $c=2$

$$
\begin{aligned}
& 2^3\times3^a\\
& 2^b\times3\ \times5^c\\
\hline
\text{(최소공배수)} &= 2^4\times3^3\times5^2
\end{aligned}
$$
$\therefore a=3$, $b=4$, $c=2$

01 답　⑤

10보다 크고 25보다 작은 자연수 중 14와 서로소인 수, 즉 14와
의 최대공약수가 1인 수는 11, 13, 15, 17, 19, 23의 6개이다.

02 답　5개

두 자연수 A, B의 공배수는 두 수의 최소공배수인 18의 배수이
므로 18, 36, 54, 72, 90, 108, $\cdots$
따라서 A, B의 공배수 중 두 자리의 자연수의 개수는 5개이다.

03 답　①

$$
\begin{aligned}
& 2\times3^2\quad\ \times7^2\\
& \quad\ \ 3^2\times5\times7\\
\hline
\text{(최대공약수)} &= \quad\ \ 3^2\quad\ \times7\\
\text{(최소공배수)} &= 2\times3^2\times5\times7^2
\end{aligned}
$$

04 답　4

$40=2^3\times5$이므로
$$
\begin{aligned}
& 2^4\quad\ \ \times5^a\\
& 2^b\times3^2\times5^2\\
\hline
\text{(최대공약수)} &= 2^3\quad\ \ \times5
\end{aligned}
$$
따라서 $a=1$, $b=3$이므로
$a+b=1+3=4$

05 답 11

$$
\begin{array}{r}
2^a \times 3^2 \quad\; \times 7 \\
2^2 \times 3^b \times c \\
2^2 \times 3^2 \quad\; \times 7^d \\
\hline
(\text{최대공약수}) = 2 \quad\times 3^2 \\
(\text{최소공배수}) = 2^2 \times 3^3 \times 5 \times 7^2
\end{array}
$$

따라서 $a=1$, $b=3$, $c=5$, $d=2$이므로

$a+b+c+d=1+3+5+2=11$

06 답 ④

①, ② 두 수의 최대공약수는 $2^2 \times 5$이다.

　　이때 두 수의 최대공약수는 1이 아니므로 서로소가 아니다.

③ 두 수의 최소공배수는 $2^3 \times 3 \times 5^2 \times 7$이다.

④ 두 수의 공약수는 두 수의 최대공약수인 $2^2 \times 5$의 약수이므로

　　$(2+1) \times (1+1) = 6(개)$

⑤ 두 수의 공배수는 두 수의 최소공배수인 $2^3 \times 3 \times 5^2 \times 7$의 배수

　　이므로 무수히 많다.

따라서 옳은 것은 ④이다.

2. 정수와 유리수

개념 07 양수와 음수

01 답 (1) 큰, 양수　(2) 작은, 음수

02 답 (1) ① $+3$, $+2$　② -5, -1

　　(2) ① $+4$, $+1$　② -3, -7, -2

　　(3) ① $+0.3$, $+8$　② -6, $-\dfrac{3}{2}$, -10

03 답 (1) $-5\,^\circ\mathrm{C}$　(2) $+3$층　(3) $+10\,\%$　(4) -1000원

　　(5) $-8\,\mathrm{kg}$　(6) -3점　(7) $+10$년　(8) $+300\,\mathrm{m}$

04 답 (1) $+2$, 양수　(2) -3, 음수　(3) -5, 음수

　　(4) $+9$, 양수　(5) $+12$, 양수　(6) -17, 음수

　　(7) $+\dfrac{2}{3}$, 양수　(8) -0.7, 음수

05 답 ④, ⑤

음수는 0보다 작은 수로 음의 부호 $-$가 붙은 수이다.

④ 0은 양수도 아니고 음수도 아니다.

⑤ $+6$은 양수이다.

06 답 ⑤

① -3년　　　　　② $-7\,^\circ\mathrm{C}$　　　　　③ -5000원

④ $-12\,\mathrm{kg}$　　　⑤ $+20\,\%$

따라서 부호가 나머지 넷과 다른 하나는 ⑤이다.

07 답 ⑤

⑤ $+2$명

개념 08 정수와 유리수

01 답 (1) 음의 정수　(2) 정수, 유리수

02 답 (1) ① $+5$, 2　② -3, -6　③ 0, -3, $+5$, 2, -6

　　(2) ① $+11$, 3　② -5, -7, $-\dfrac{6}{3}$

　　　③ -5, $+11$, -7, 3, $-\dfrac{6}{3}$

03 답 (1) ① $+\dfrac{3}{2}$, $+7$, 5, $+7.5$　② $-\dfrac{4}{3}$, -2, -1.3

　　　③ $-\dfrac{4}{3}$, $+\dfrac{3}{2}$, -1.3, $+7.5$

　　(2) ① 3, $+0.5$, $\dfrac{8}{4}$, $+\dfrac{7}{5}$　② $-\dfrac{1}{2}$, -4, -4.5, -1

　　　③ $-\dfrac{1}{2}$, $+0.5$, -4.5, $+\dfrac{7}{5}$

(3) ① $+1.2$, $\dfrac{7}{3}$, $+\dfrac{1}{4}$, 6 ② $-\dfrac{1}{3}$, -4, $-\dfrac{6}{2}$, -0.8

③ $-\dfrac{1}{3}$, $+1.2$, $\dfrac{7}{3}$, $+\dfrac{1}{4}$, -0.8

04 답 (1)○ (2)× (3)○ (4)○ (5)× (6)× (7)○
(8)× (9)○

(2) 모든 정수는 분모와 분자가 정수인 분수로 나타낼 수 있다.

(5) 음수는 음의 부호 $-$를 생략할 수 없다.

(6) 유리수는 양의 유리수, 0, 음의 유리수로 이루어져 있다.

(8) 양의 유리수 중 가장 작은 수는 알 수 없다.

05 답 4

양의 정수는 $+7$, $\dfrac{18}{3}(=6)$의 2개이므로 $a=2$

음의 정수는 -2, -8의 2개이므로 $b=2$

$\therefore a+b=2+2=4$

06 답 ③, ⑤

07 답 ③

① 양의 정수가 아닌 정수는 0 또는 음의 정수이다.

② 모든 정수는 유리수이다.

④ 유리수는 $\dfrac{(정수)}{(0이\ 아닌\ 정수)}$의 꼴로 나타낼 수 있는 수이다.

⑤ 0과 1 사이에는 정수가 없다.

따라서 옳은 것은 ③이다.

개념 07-08 한번 더! 기본 문제　　본문 32쪽

01 ②	**02** 4개	**03** ③	**04** ①, ③
05 ㄹ, ㅁ			

01 답 ②

② $-800\,\mathrm{m}$

02 답 4개

정수는 $-\dfrac{4}{2}(=-2)$, -9, $+2$, 10의 4개이다.

03 답 ③

① 양수는 $\dfrac{7}{4}$, $+4$, 3의 3개이다.

② 자연수는 $+4$, 3의 2개이다.

③ 음의 정수는 $-\dfrac{15}{5}(=-3)$, -6의 2개이다.

④ 정수는 $+4$, 3, $-\dfrac{15}{5}(=-3)$, -6, 0의 5개이다.

⑤ 정수가 아닌 유리수는 $\dfrac{7}{4}$의 1개이다.

따라서 옳은 것은 ③이다.

04 답 ①, ③

㈎에 해당하는 수는 정수가 아닌 유리수이므로 ①, ③이다.

05 답 ㄹ, ㅁ

ㄱ. 0과 음의 정수는 자연수가 아니다.

ㄴ. 정수는 양의 정수, 0, 음의 정수로 이루어져 있다.

ㄷ. 0은 양수도 아니고 음수도 아니다.

따라서 옳은 것은 ㄹ, ㅁ이다.

개념 09 수직선

01 답 수직선

02 답 (1) A: -2, B: $+1$ (2) A: 0, B: $+3$

(3) A: -3, B: $+\dfrac{3}{2}$ (4) A: -1, B: $+\dfrac{10}{3}$

(5) A: $-\dfrac{1}{2}$, B: $+\dfrac{9}{4}$ (6) A: $-\dfrac{7}{3}$, B: $+\dfrac{11}{4}$

03 답 풀이 참조

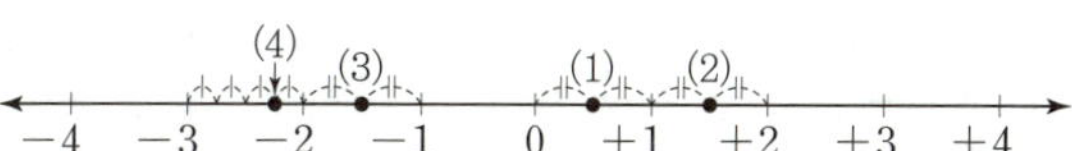

04 답 풀이 참조

05 답 풀이 참조

06 답 ③

③ C: $+\dfrac{1}{3}$

07 답 ②

수직선 위의 점에 대응하는 수는

A: -4, B: $-\dfrac{5}{2}$, C: 0, D: $+1$, E: $+\dfrac{7}{2}$

② 자연수에 대응하는 점은 D이다.

08 답 ④

주어진 수에 대응하는 점을 수직선 위에 나타내면 다음 그림과 같다.

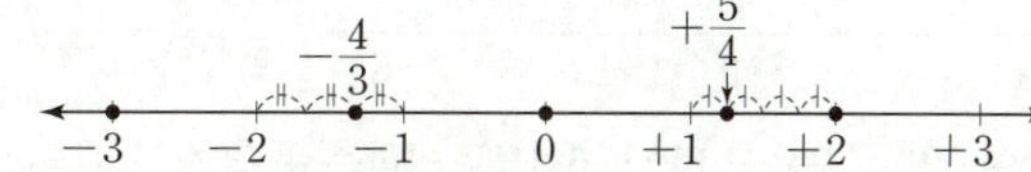

따라서 가장 왼쪽에 있는 수는 ④이다.

09 답 (1) 풀이 참조 (2) $a=-2$, $b=+2$

(1) $-\dfrac{7}{3}$과 $+\dfrac{9}{4}$에 대응하는 점을 각각 수직선 위에 나타내면 다음 그림과 같다.

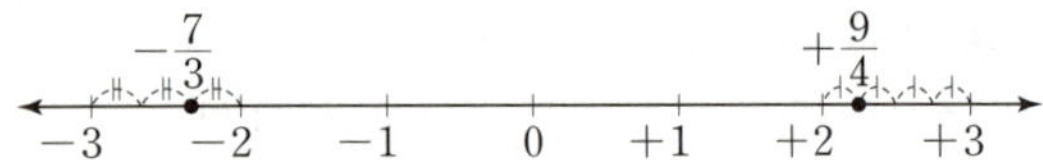

(2) $-\dfrac{7}{3}$에 가장 가까운 정수는 -2이므로 $a=-2$

$+\dfrac{9}{4}$에 가장 가까운 정수는 $+2$이므로 $b=+2$

개념 10 절댓값

01 답 (1) 절댓값 (2) 0

02 답 (1) 4 (2) 7 (3) 0 (4) 4.3 (5) 0.5 (6) $\dfrac{1}{2}$

03 답 (1) 5 (2) 6 (3) 0 (4) $\dfrac{1}{3}$ (5) $\dfrac{7}{2}$ (6) $\dfrac{10}{7}$

(7) 3.6 (8) 2.1

04 답 (1) $+1$, -1 (2) $+2.5$, -2.5 (3) $+\dfrac{8}{3}$, $-\dfrac{8}{3}$ (4) 0

(5) $+8$ (6) -3 (7) $+5.5$ (8) $-1\dfrac{3}{4}$

05 답 ④

① $|-2|=2$ ② $|+7|=7$ ③ $\left|+\dfrac{10}{3}\right|=\dfrac{10}{3}$

④ $|-1.5|=1.5$ ⑤ $|-5|=5$

따라서 절댓값이 가장 작은 수는 ④이다.

06 답 $a=10$, $b=+\dfrac{7}{6}$

$|-10|=10$이므로 $a=10$

$\left|-\dfrac{7}{6}\right|=\dfrac{7}{6}$, 즉 절댓값이 $\dfrac{7}{6}$인 양수는 $+\dfrac{7}{6}$이므로 $b=+\dfrac{7}{6}$

07 답 $+2.3$, -2.3

수직선에서 원점과 어떤 수에 대응하는 점 사이의 거리는 그 수의 절댓값과 같다.

따라서 구하는 수는 절댓값이 2.3인 수이므로 $+2.3$, -2.3이다.

08 답 12

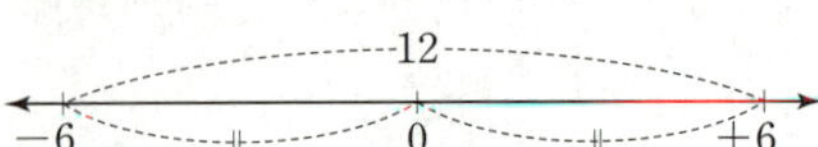

절댓값이 6인 두 수는 $+6$과 -6이므로 구하는 두 점 사이의 거리는 12이다.

---

09 답 ②, ④

① 0의 절댓값은 0이다.

③ 절댓값이 3인 수는 $+3$, -3이다.

⑤ 절댓값이 큰 수에 대응하는 수일수록 수직선 위에서 원점으로부터 멀리 떨어져 있다.

따라서 옳은 것은 ②, ④이다.

개념 11 수의 대소 관계

01 답 (1) 크다 (2) 크다 (3) 작다

02 답 (1) > (2) < (3) > (4) < (5) <

(6) > (7) < (8) < (9) > (10) >

(5) $\left|+\dfrac{2}{3}\right|=\dfrac{2}{3}=\dfrac{8}{12}$, $\left|+\dfrac{3}{4}\right|=\dfrac{3}{4}=\dfrac{9}{12}$이므로

$\left|+\dfrac{2}{3}\right|<\left|+\dfrac{3}{4}\right|$ ∴ $+\dfrac{2}{3}<+\dfrac{3}{4}$

(6) $\left|+\dfrac{5}{3}\right|=\dfrac{5}{3}=\dfrac{10}{6}$, $|+1.5|=1.5=\dfrac{15}{10}=\dfrac{3}{2}=\dfrac{9}{6}$이므로

$\left|+\dfrac{5}{3}\right|>|+1.5|$ ∴ $+\dfrac{5}{3}>+1.5$

(10) $\left|-\dfrac{5}{4}\right|=\dfrac{5}{4}=\dfrac{25}{20}$, $|-1.4|=1.4=\dfrac{14}{10}=\dfrac{28}{20}$이므로

$\left|-\dfrac{5}{4}\right|<|-1.4|$ ∴ $-\dfrac{5}{4}>-1.4$

03 답 (1) $x>6$ (2) $x<-4$ (3) $x\geq 7$ (4) $x\leq -3$

(5) $x\geq\dfrac{5}{8}$ (6) $x\leq -3.2$

04 답 (1) $2<x\leq 5$ (2) $3\leq x<5$ (3) $1<x\leq 4$

(4) $-2\leq x\leq 2$ (5) $-\dfrac{7}{3}<x\leq 2.8$ (6) $\dfrac{3}{2}\leq x<5.7$

05 답 ⑤

⑤ $|-3|=3$, $|-6|=6$이므로

$|-3|<|-6|$ ∴ $-3>-6$

06 답 ②

① $\left|-\dfrac{3}{2}\right|=\dfrac{3}{2}$, $\left|-\dfrac{5}{2}\right|=\dfrac{5}{2}$이므로 $\left|-\dfrac{3}{2}\right|<\left|-\dfrac{5}{2}\right|$

∴ $-\dfrac{3}{2}>-\dfrac{5}{2}$

② $|-3|=3$, $|-2|=2$이므로 $|-3|>|-2|$

∴ $-3<-2$

③ $1.7=\dfrac{17}{10}$, $\dfrac{3}{2}=\dfrac{15}{10}$이므로 $1.7>\dfrac{3}{2}$

④ $|-8|=8$, $|+7|=7$이므로 $|-8|>|+7|$

⑤ (양수) > (음수)이므로 $5>-6$

따라서 부등호의 방향이 나머지 넷과 다른 하나는 ②이다.

07 답 ⑤

⑤ $1 < x \leq 5$

08 답 7개

$-3 \leq x < 3.1$을 만족시키는 정수 x는 -3, -2, -1, 0, 1, 2, 3의 7개이다.

개념 09~11 한번 더! 기본 문제   본문 39쪽

01 ⑤   **02** $a = -9$, $b = +2$ **03** -8, $+8$
04 ④   **05** ⑤   **06** ②, ④
07 -6, -5, -4, -3, 3, 4, 5, 6

01 답 ⑤

⑤ E: $\dfrac{11}{4}$

02 답 $a = -9$, $b = +2$

절댓값이 9인 음수는 -9이므로 $a = -9$

$|-2| = 2$, 즉 절댓값이 2인 양수는 $+2$이므로 $b = +2$

03 답 -8, $+8$

두 점 사이의 거리가 16이므로 두 수는 수직선에서 원점으로부터

각각 $16 \times \dfrac{1}{2} = 8$만큼씩 떨어져 있는 점에 대응하는 수이다.

따라서 구하는 두 수는 절댓값이 8인 수이므로 -8, $+8$이다.

04 답 ④

① $0 > $ (음수)이므로 $0 > -\dfrac{3}{2}$

② $|-1| = 1$, $|-3| = 3$이므로 $|-1| < |-3|$ $\therefore -1 > -3$

③ $0.25 = \dfrac{25}{100} = \dfrac{1}{4}$이므로 $0.25 = \dfrac{1}{4}$

④ $\left|-\dfrac{1}{3}\right| = \dfrac{1}{3} = \dfrac{10}{30}$, $|-0.3| = 0.3 = \dfrac{3}{10} = \dfrac{9}{30}$이므로

$\left|-\dfrac{1}{3}\right| > |-0.3|$ $\therefore -\dfrac{1}{3} < -0.3$

⑤ $|-4| = 4$, $|+2| = 2$이므로 $|-4| > |+2|$

따라서 대소 관계가 옳은 것은 ④이다.

05 답 ⑤

$+7 = +\dfrac{28}{4}$이므로 $+7 > \dfrac{5}{4}$

$|-5.9| = 5.9 = \dfrac{59}{10}$, $\left|-\dfrac{5}{2}\right| = \dfrac{5}{2} = \dfrac{25}{10}$이므로 $-5.9 < -\dfrac{5}{2}$

$\left|-\dfrac{5}{2}\right| = \dfrac{5}{2}$, $|-1| = 1 = \dfrac{2}{2}$이므로 $-\dfrac{5}{2} < -1$

이때 (양수) $>$ (음수)이므로 큰 수부터 차례로 나열하면

$+7$, $\dfrac{5}{4}$, -1, $-\dfrac{5}{2}$, -5.9

따라서 세 번째에 오는 수는 -1이다.

---

06 답 ②, ④

① $x \leq 4$ ③ $x \leq -2$
⑤ $-4 < x < 1$

따라서 옳은 것은 ②, ④이다.

07 답 -6, -5, -4, -3, 3, 4, 5, 6

x는 절댓값이 2보다 크고 6보다 작거나 같은 정수이므로
-6, -5, -4, -3, 3, 4, 5, 6이다.

본문 40~42쪽

개념 12 정수와 유리수의 덧셈

01 답 (1) 합   (2) 차   (3) 교환법칙, 결합법칙

02 답 (1) $+$, 2, 4, $+$, 6   (2) $-$, 2, 4, $-$, 6
(3) $-$, 4, 2, $-$, 2   (4) $+$, 4, 2, $+$, 2

03 답 (1) $+8$ (2) $+14$ (3) -12 (4) -14 (5) $+2$
(6) $-\dfrac{11}{6}$ (7) $+4.2$ (8) -3

(1) $(+3) + (+5) = +(3+5) = +8$

(2) $(+10) + (+4) = +(10+4) = +14$

(3) $(-5) + (-7) = -(5+7) = -12$

(4) $(-6) + (-8) = -(6+8) = -14$

(5) $\left(+\dfrac{3}{4}\right) + \left(+\dfrac{5}{4}\right) = +\left(\dfrac{3}{4} + \dfrac{5}{4}\right) = +\dfrac{8}{4} = +2$

(6) $\left(-\dfrac{1}{3}\right) + \left(-\dfrac{3}{2}\right) = \left(-\dfrac{2}{6}\right) + \left(-\dfrac{9}{6}\right) = -\left(\dfrac{2}{6} + \dfrac{9}{6}\right) = -\dfrac{11}{6}$

(7) $(+0.7) + (+3.5) = +(0.7 + 3.5) = +4.2$

(8) $\left(-\dfrac{3}{5}\right) + (-2.4) = \left(-\dfrac{3}{5}\right) + \left(-\dfrac{24}{10}\right)$
$\qquad = -\left(\dfrac{3}{5} + \dfrac{12}{5}\right) = -\dfrac{15}{5} = -3$

04 답 (1) $+2$ (2) -3 (3) 0 (4) $+5$ (5) $+\dfrac{3}{4}$ (6) $-\dfrac{1}{6}$
(7) $+4.6$ (8) $-\dfrac{7}{5}$

(1) $(+5) + (-3) = +(5-3) = +2$

(2) $(+4) + (-7) = -(7-4) = -3$

(3) $(+9) + (-9) = 0$

(4) $(-7) + (+12) = +(12-7) = +5$

(5) $\left(+\dfrac{9}{4}\right) + \left(-\dfrac{3}{2}\right) = \left(+\dfrac{9}{4}\right) + \left(-\dfrac{6}{4}\right)$
$\qquad = +\left(\dfrac{9}{4} - \dfrac{6}{4}\right) = +\dfrac{3}{4}$

(6) $\left(-\dfrac{1}{2}\right) + \left(+\dfrac{1}{3}\right) = \left(-\dfrac{3}{6}\right) + \left(+\dfrac{2}{6}\right)$
$\qquad = -\left(\dfrac{3}{6} - \dfrac{2}{6}\right) = -\dfrac{1}{6}$

(7) $(-0.8)+(+5.4)=+(5.4-0.8)=+4.6$

(8) $\left(-\dfrac{5}{2}\right)+(+1.1)=\left(-\dfrac{25}{10}\right)+\left(+\dfrac{11}{10}\right)$
$\qquad\qquad\qquad =-\left(\dfrac{25}{10}-\dfrac{11}{10}\right)=-\dfrac{14}{10}=-\dfrac{7}{5}$

05 답 (1) $+7$, $+7$, $+10$, $+1$
　　　/ ㈎ 덧셈의 교환법칙, ㈏ 덧셈의 결합법칙
　　 (2) -1.2, -1.2, -5, $+3$
　　　/ ㈎ 덧셈의 교환법칙, ㈏ 덧셈의 결합법칙

06 답 (1) 0　(2) $+1$　(3) $-\dfrac{17}{6}$

(1) $(+3)+(-5)+(+2)=(-5)+(+3)+(+2)$
$\qquad\qquad\qquad\qquad =(-5)+\{(+3)+(+2)\}$
$\qquad\qquad\qquad\qquad =(-5)+(+5)=0$

(2) $\left(-\dfrac{9}{4}\right)+(+3)+\left(+\dfrac{1}{4}\right)=(+3)+\left(-\dfrac{9}{4}\right)+\left(+\dfrac{1}{4}\right)$
$\qquad\qquad\qquad\qquad\qquad =(+3)+\left\{\left(-\dfrac{9}{4}\right)+\left(+\dfrac{1}{4}\right)\right\}$
$\qquad\qquad\qquad\qquad\qquad =(+3)+(-2)=+1$

(3) $\left(+\dfrac{1}{3}\right)+\left(-\dfrac{3}{2}\right)+\left(-\dfrac{5}{3}\right)=\left(-\dfrac{3}{2}\right)+\left(+\dfrac{1}{3}\right)+\left(-\dfrac{5}{3}\right)$
$\qquad\qquad\qquad\qquad\qquad =\left(-\dfrac{3}{2}\right)+\left\{\left(+\dfrac{1}{3}\right)+\left(-\dfrac{5}{3}\right)\right\}$
$\qquad\qquad\qquad\qquad\qquad =\left(-\dfrac{3}{2}\right)+\left(-\dfrac{4}{3}\right)$
$\qquad\qquad\qquad\qquad\qquad =\left(-\dfrac{9}{6}\right)+\left(-\dfrac{8}{6}\right)=-\dfrac{17}{6}$

07 답 ㄹ

원점에서 왼쪽으로 3만큼 이동한 후 왼쪽으로 1만큼 이동한 것이
원점에서 왼쪽으로 4만큼 이동한 것과 같음을 나타내므로
$(-3)+(-1)=-4$

08 답 ③

① $(+5)+(-7)=-(7-5)=-2$
② $(+3)+(-2)=+(3-2)=+1$
③ $(-2)+(+9)=+(9-2)=+7$
④ $(+3)+(-6)=-(6-3)=-3$
⑤ $(-2)+(+2)=0$
따라서 계산 결과가 옳은 것은 ③이다.

09 답 $+\dfrac{3}{2}$

$a=\left(+\dfrac{5}{4}\right)+\left(+\dfrac{3}{2}\right)=\left(+\dfrac{5}{4}\right)+\left(+\dfrac{6}{4}\right)=+\left(\dfrac{5}{4}+\dfrac{6}{4}\right)=+\dfrac{11}{4}$
$b=\left(-\dfrac{3}{4}\right)+\left(-\dfrac{1}{2}\right)=\left(-\dfrac{3}{4}\right)+\left(-\dfrac{2}{4}\right)=-\left(\dfrac{3}{4}+\dfrac{2}{4}\right)=-\dfrac{5}{4}$
$\therefore a+b=\left(+\dfrac{11}{4}\right)+\left(-\dfrac{5}{4}\right)=+\left(\dfrac{11}{4}-\dfrac{5}{4}\right)=+\dfrac{6}{4}=+\dfrac{3}{2}$

10 답 $a=+5$, $b=+\dfrac{1}{5}$

$a=(-1)+(+6)=+(6-1)=+5$
$b=\left(-\dfrac{9}{5}\right)+(+2)=\left(-\dfrac{9}{5}\right)+\left(+\dfrac{10}{5}\right)=+\left(\dfrac{10}{5}-\dfrac{9}{5}\right)=+\dfrac{1}{5}$

11 답 ⑤

⑤ ㈐ $-\dfrac{1}{3}$

개념 13 정수와 유리수의 뺄셈

01 답 덧셈

02 답 (1) $-$, $-$, 3, 2, $-$, 1　(2) $+$, $+$, 2, 3, $+$, 5
　　 (3) $-$, $-$, 2, 3, $-$, 5　(4) $+$, $+$, 3, 2, $+$, 1

03 답 (1) $+3$　(2) -7　(3) -10　(4) -15　(5) -1
　　 (6) $-\dfrac{1}{6}$　(7) $+4.8$　(8) $-\dfrac{4}{5}$

(1) $(+5)-(+2)=(+5)+(-2)=+(5-2)=+3$
(2) $(+3)-(+10)=(+3)+(-10)=-(10-3)=-7$
(3) $(-8)-(+2)=(-8)+(-2)=-(8+2)=-10$
(4) $(-11)-(+4)=(-11)+(-4)=-(11+4)=-15$
(5) $\left(-\dfrac{1}{4}\right)-\left(+\dfrac{3}{4}\right)=\left(-\dfrac{1}{4}\right)+\left(-\dfrac{3}{4}\right)=-\left(\dfrac{1}{4}+\dfrac{3}{4}\right)$
$\qquad\qquad\qquad\qquad\qquad =-\dfrac{4}{4}=-1$
(6) $\left(+\dfrac{1}{2}\right)-\left(+\dfrac{2}{3}\right)=\left(+\dfrac{3}{6}\right)+\left(-\dfrac{4}{6}\right)=-\left(\dfrac{4}{6}-\dfrac{3}{6}\right)=-\dfrac{1}{6}$
(7) $(+7.4)-(+2.6)=(+7.4)+(-2.6)$
$\qquad\qquad\qquad\quad =+(7.4-2.6)=+4.8$
(8) $\left(-\dfrac{3}{5}\right)-(+0.2)=\left(-\dfrac{3}{5}\right)+\left(-\dfrac{2}{10}\right)=\left(-\dfrac{3}{5}\right)+\left(-\dfrac{1}{5}\right)$
$\qquad\qquad\qquad\qquad =-\left(\dfrac{3}{5}+\dfrac{1}{5}\right)=-\dfrac{4}{5}$

04 답 (1) $+13$　(2) $+14$　(3) -2　(4) $+9$　(5) $+\dfrac{21}{8}$
　　 (6) $-\dfrac{5}{12}$　(7) $+7.8$　(8) $+0.8$

(1) $(+9)-(-4)=(+9)+(+4)=+(9+4)=+13$
(2) $(+6)-(-8)=(+6)+(+8)=+(6+8)=+14$
(3) $(-7)-(-5)=(-7)+(+5)=-(7-5)=-2$
(4) $(-1)-(-10)=(-1)+(+10)=+(10-1)=+9$
(5) $\left(+\dfrac{3}{8}\right)-\left(-\dfrac{9}{4}\right)=\left(+\dfrac{3}{8}\right)+\left(+\dfrac{18}{8}\right)$
$\qquad\qquad\qquad\qquad =+\left(\dfrac{3}{8}+\dfrac{18}{8}\right)=+\dfrac{21}{8}$
(6) $\left(-\dfrac{2}{3}\right)-\left(-\dfrac{1}{4}\right)=\left(-\dfrac{8}{12}\right)+\left(+\dfrac{3}{12}\right)$
$\qquad\qquad\qquad\qquad =-\left(\dfrac{8}{12}-\dfrac{3}{12}\right)=-\dfrac{5}{12}$

(7) $(+5.3)-(-2.5)=(+5.3)+(+2.5)$
$\qquad =+(5.3+2.5)=+7.8$

(8) $(-2.3)-(-3.1)=(-2.3)+(+3.1)$
$\qquad =+(3.1-2.3)=+0.8$

05 답 ③

③ $(+3)-(+7)=(+3)+(-7)$

06 답 ④

① $(-4)-(-1)=(-4)+(+1)$
$\qquad =-(4-1)=-3$

② $(+2)-(+4)=(+2)+(-4)$
$\qquad =-(4-2)=-2$

③ $\left(-\dfrac{1}{3}\right)-\left(-\dfrac{1}{5}\right)=\left(-\dfrac{5}{15}\right)+\left(+\dfrac{3}{15}\right)$
$\qquad =-\left(\dfrac{5}{15}-\dfrac{3}{15}\right)=-\dfrac{2}{15}$

④ $\left(-\dfrac{3}{4}\right)-\left(+\dfrac{2}{3}\right)=\left(-\dfrac{9}{12}\right)+\left(-\dfrac{8}{12}\right)$
$\qquad =-\left(\dfrac{9}{12}+\dfrac{8}{12}\right)=-\dfrac{17}{12}$

⑤ $\left(-\dfrac{3}{7}\right)-\left(-\dfrac{1}{14}\right)=\left(-\dfrac{6}{14}\right)+\left(+\dfrac{1}{14}\right)$
$\qquad =-\left(\dfrac{6}{14}-\dfrac{1}{14}\right)=-\dfrac{5}{14}$

따라서 계산 결과가 옳은 것은 ④이다.

07 답 $+5$

$\square=(-2)-(-7)=(-2)+(+7)$
$\quad =+(7-2)=+5$

본문 45~46쪽

개념 14 덧셈과 뺄셈의 혼합 계산

01 답 (1) -2 (2) 4 (3) -6 (4) $\dfrac{5}{3}$ (5) $\dfrac{6}{7}$ (6) 2.1

(1) $(-5)-(+6)+(+9)=(-5)+(-6)+(+9)$
$\qquad =\{(-5)+(-6)\}+(+9)$
$\qquad =(-11)+(+9)=-2$

(2) $(+2)-(-3)-(+1)=(+2)+(+3)+(-1)$
$\qquad =\{(+2)+(+3)\}+(-1)$
$\qquad =(+5)+(-1)=4$

(3) $(+5)+(-14)-(-3)=(+5)+(-14)+(+3)$
$\qquad =\{(+5)+(+3)\}+(-14)$
$\qquad =(+8)+(-14)=-6$

(4) $\left(+\dfrac{4}{3}\right)+\left(-\dfrac{1}{2}\right)-\left(-\dfrac{5}{6}\right)=\left(+\dfrac{8}{6}\right)+\left(-\dfrac{3}{6}\right)+\left(+\dfrac{5}{6}\right)$
$\qquad =\left\{\left(+\dfrac{8}{6}\right)+\left(+\dfrac{5}{6}\right)\right\}+\left(-\dfrac{3}{6}\right)$
$\qquad =\left(+\dfrac{13}{6}\right)+\left(-\dfrac{3}{6}\right)=\dfrac{10}{6}=\dfrac{5}{3}$

(5) $\left(-\dfrac{3}{14}\right)-\left(-\dfrac{1}{2}\right)+\left(+\dfrac{4}{7}\right)$
$\qquad =\left(-\dfrac{3}{14}\right)+\left(+\dfrac{7}{14}\right)+\left(+\dfrac{8}{14}\right)$
$\qquad =\left(-\dfrac{3}{14}\right)+\left\{\left(+\dfrac{7}{14}\right)+\left(+\dfrac{8}{14}\right)\right\}$
$\qquad =\left(-\dfrac{3}{14}\right)+\left(+\dfrac{15}{14}\right)=\dfrac{12}{14}=\dfrac{6}{7}$

(6) $(+3.5)-(-2.9)+(-4.3)$
$\qquad =(+3.5)+(+2.9)+(-4.3)$
$\qquad =\{(+3.5)+(+2.9)\}+(-4.3)$
$\qquad =(+6.4)+(-4.3)=2.1$

02 답 (1) 8 (2) -7 (3) 16 (4) 3 (5) 2 (6) -30

$\qquad$ (7) $-\dfrac{1}{6}$ (8) $-\dfrac{3}{5}$ (9) $\dfrac{19}{12}$ (10) -1.9 (11) $\dfrac{5}{6}$

$\qquad$ (12) $\dfrac{17}{4}$ (13) $-\dfrac{13}{5}$ (14) -3

(1) $-12+16+4=(-12)+(+16)+(+4)$
$\qquad =(-12)+\{(+16)+(+4)\}$
$\qquad =(-12)+(+20)=8$

(2) $-10-5+8=(-10)-(+5)+(+8)$
$\qquad =(-10)+(-5)+(+8)$
$\qquad =\{(-10)+(-5)\}+(+8)$
$\qquad =(-15)+(+8)=-7$

(3) $-3+8+11=(-3)+(+8)+(+11)$
$\qquad =(-3)+\{(+8)+(+11)\}$
$\qquad =(-3)+(+19)=16$

(4) $5-10+8=(+5)-(+10)+(+8)$
$\qquad =(+5)+(-10)+(+8)$
$\qquad =\{(+5)+(+8)\}+(-10)$
$\qquad =(+13)+(-10)=3$

(5) $-3+2-4+7=(-3)+(+2)-(+4)+(+7)$
$\qquad =(-3)+(+2)+(-4)+(+7)$
$\qquad =\{(-3)+(-4)\}+\{(+2)+(+7)\}$
$\qquad =(-7)+(+9)=2$

(6) $-8-11+5-16=(-8)-(+11)+(+5)-(+16)$
$\qquad =(-8)+(-11)+(+5)+(-16)$
$\qquad =\{(-8)+(-11)\}+(-16)+(+5)$
$\qquad =\{(-19)+(-16)\}+(+5)$
$\qquad =(-35)+(+5)=-30$

(7) $\dfrac{1}{6}+\dfrac{5}{6}-\dfrac{7}{6}=\left(+\dfrac{1}{6}\right)+\left(+\dfrac{5}{6}\right)-\left(+\dfrac{7}{6}\right)$
$\qquad =\left(+\dfrac{1}{6}\right)+\left(+\dfrac{5}{6}\right)+\left(-\dfrac{7}{6}\right)$
$\qquad =\left\{\left(+\dfrac{1}{6}\right)+\left(+\dfrac{5}{6}\right)\right\}+\left(-\dfrac{7}{6}\right)$
$\qquad =\left(+\dfrac{6}{6}\right)+\left(-\dfrac{7}{6}\right)=-\dfrac{1}{6}$

(8) $-\dfrac{9}{5}+\dfrac{2}{5}+\dfrac{4}{5}=\left(-\dfrac{9}{5}\right)+\left(+\dfrac{2}{5}\right)+\left(+\dfrac{4}{5}\right)$

$\qquad\qquad\quad =\left(-\dfrac{9}{5}\right)+\left\{\left(+\dfrac{2}{5}\right)+\left(+\dfrac{4}{5}\right)\right\}$

$\qquad\qquad\quad =\left(-\dfrac{9}{5}\right)+\left(+\dfrac{6}{5}\right)=-\dfrac{3}{5}$

(9) $\dfrac{1}{2}-\dfrac{2}{3}+\dfrac{7}{4}=\left(+\dfrac{1}{2}\right)-\left(+\dfrac{2}{3}\right)+\left(+\dfrac{7}{4}\right)$

$\qquad\qquad\quad =\left(+\dfrac{1}{2}\right)+\left(-\dfrac{2}{3}\right)+\left(+\dfrac{7}{4}\right)$

$\qquad\qquad\quad =\left\{\left(+\dfrac{2}{4}\right)+\left(+\dfrac{7}{4}\right)\right\}+\left(-\dfrac{2}{3}\right)$

$\qquad\qquad\quad =\left(+\dfrac{9}{4}\right)+\left(-\dfrac{2}{3}\right)$

$\qquad\qquad\quad =\left(+\dfrac{27}{12}\right)+\left(-\dfrac{8}{12}\right)=\dfrac{19}{12}$

(10) $-3-0.5+1.6=(-3)-(+0.5)+(+1.6)$

$\qquad\qquad\quad =(-3)+(-0.5)+(+1.6)$

$\qquad\qquad\quad =\{(-3)+(-0.5)\}+(+1.6)$

$\qquad\qquad\quad =(-3.5)+(+1.6)=-1.9$

(11) $-4+5-\dfrac{1}{3}+\dfrac{1}{6}$

$\quad =(-4)+(+5)-\left(+\dfrac{1}{3}\right)+\left(+\dfrac{1}{6}\right)$

$\quad =(-4)+(+5)+\left(-\dfrac{1}{3}\right)+\left(+\dfrac{1}{6}\right)$

$\quad =\{(-4)+(+5)\}+\left\{\left(-\dfrac{2}{6}\right)+\left(+\dfrac{1}{6}\right)\right\}$

$\quad =(+1)+\left(-\dfrac{1}{6}\right)=\left(+\dfrac{6}{6}\right)+\left(-\dfrac{1}{6}\right)=\dfrac{5}{6}$

(12) $-3+7-\dfrac{1}{2}+\dfrac{3}{4}$

$\quad =(-3)+(+7)-\left(+\dfrac{1}{2}\right)+\left(+\dfrac{3}{4}\right)$

$\quad =(-3)+(+7)+\left(-\dfrac{1}{2}\right)+\left(+\dfrac{3}{4}\right)$

$\quad =\{(-3)+(+7)\}+\left\{\left(-\dfrac{2}{4}\right)+\left(+\dfrac{3}{4}\right)\right\}$

$\quad =(+4)+\left(+\dfrac{1}{4}\right)=\left(+\dfrac{16}{4}\right)+\left(+\dfrac{1}{4}\right)=\dfrac{17}{4}$

(13) $-\dfrac{1}{5}-\dfrac{7}{2}+\dfrac{3}{10}+\dfrac{4}{5}$

$\quad =\left(-\dfrac{1}{5}\right)-\left(+\dfrac{7}{2}\right)+\left(+\dfrac{3}{10}\right)+\left(+\dfrac{4}{5}\right)$

$\quad =\left(-\dfrac{1}{5}\right)+\left(-\dfrac{7}{2}\right)+\left(+\dfrac{3}{10}\right)+\left(+\dfrac{4}{5}\right)$

$\quad =\left\{\left(-\dfrac{2}{10}\right)+\left(-\dfrac{35}{10}\right)\right\}+\left\{\left(+\dfrac{3}{10}\right)+\left(+\dfrac{8}{10}\right)\right\}$

$\quad =\left(-\dfrac{37}{10}\right)+\left(+\dfrac{11}{10}\right)=-\dfrac{26}{10}=-\dfrac{13}{5}$

(14) $-5.2+4-0.5-1.3$

$\quad =(-5.2)+(+4)-(+0.5)-(+1.3)$

$\quad =(-5.2)+(+4)+(-0.5)+(-1.3)$

$\quad =(+4)+\{(-5.2)+(-0.5)\}+(-1.3)$

$\quad =(+4)+\{(-5.7)+(-1.3)\}$

$\quad =(+4)+(-7)=-3$

03 답 ④

$\left(-\dfrac{3}{2}\right)-\left(-\dfrac{5}{3}\right)+\left(+\dfrac{1}{4}\right)=\left(-\dfrac{3}{2}\right)+\left(+\dfrac{5}{3}\right)+\left(+\dfrac{1}{4}\right)$

$\qquad\qquad\qquad =\left(-\dfrac{3}{2}\right)+\left\{\left(+\dfrac{20}{12}\right)+\left(+\dfrac{3}{12}\right)\right\}$

$\qquad\qquad\qquad =\left(-\dfrac{3}{2}\right)+\left(+\dfrac{23}{12}\right)$

$\qquad\qquad\qquad =\left(-\dfrac{18}{12}\right)+\left(+\dfrac{23}{12}\right)=\dfrac{5}{12}$

04 답 ③

① $(+5)-(-5)+(+1)=(+5)+(+5)+(+1)$

$\qquad\qquad\qquad =\{(+5)+(+5)\}+(+1)$

$\qquad\qquad\qquad =(+10)+(+1)=11$

② $\left(-\dfrac{1}{3}\right)-(-2)+\left(-\dfrac{1}{2}\right)=\left(-\dfrac{1}{3}\right)+(+2)+\left(-\dfrac{1}{2}\right)$

$\qquad\qquad\qquad =\left\{\left(-\dfrac{2}{6}\right)+\left(-\dfrac{3}{6}\right)\right\}+(+2)$

$\qquad\qquad\qquad =\left(-\dfrac{5}{6}\right)+\left(+\dfrac{12}{6}\right)=\dfrac{7}{6}$

③ $\left(-\dfrac{1}{2}\right)-\left(+\dfrac{5}{4}\right)+\left(-\dfrac{3}{2}\right)=\left(-\dfrac{1}{2}\right)+\left(-\dfrac{5}{4}\right)+\left(-\dfrac{3}{2}\right)$

$\qquad\qquad\qquad =\left\{\left(-\dfrac{1}{2}\right)+\left(-\dfrac{3}{2}\right)\right\}+\left(-\dfrac{5}{4}\right)$

$\qquad\qquad\qquad =\left(-\dfrac{4}{2}\right)+\left(-\dfrac{5}{4}\right)$

$\qquad\qquad\qquad =\left(-\dfrac{8}{4}\right)+\left(-\dfrac{5}{4}\right)=-\dfrac{13}{4}$

④ $3-7+1=(+3)-(+7)+(+1)=(+3)+(-7)+(+1)$

$\qquad\qquad\qquad =\{(+3)+(+1)\}+(-7)=(+4)+(-7)=-3$

⑤ $-\dfrac{8}{5}-\dfrac{4}{5}+\dfrac{1}{2}=\left(-\dfrac{8}{5}\right)-\left(+\dfrac{4}{5}\right)+\left(+\dfrac{1}{2}\right)$

$\qquad\qquad\qquad =\left(-\dfrac{8}{5}\right)+\left(-\dfrac{4}{5}\right)+\left(+\dfrac{1}{2}\right)$

$\qquad\qquad\qquad =\left\{\left(-\dfrac{8}{5}\right)+\left(-\dfrac{4}{5}\right)\right\}+\left(+\dfrac{1}{2}\right)$

$\qquad\qquad\qquad =\left(-\dfrac{12}{5}\right)+\left(+\dfrac{1}{2}\right)=\left(-\dfrac{24}{10}\right)+\left(+\dfrac{5}{10}\right)=-\dfrac{19}{10}$

따라서 계산 결과가 옳지 않은 것은 ③이다.

05 답 4

$A=(+7)-(+2)+(-3)-(-6)$

$\quad =(+7)+(-2)+(-3)+(+6)$

$\quad =\{(+7)+(+6)\}+\{(-2)+(-3)\}$

$\quad =(+13)+(-5)=8$

$B=-\dfrac{5}{2}-\dfrac{7}{4}-\dfrac{1}{2}+\dfrac{3}{4}$

$\quad =\left(-\dfrac{5}{2}\right)-\left(+\dfrac{7}{4}\right)-\left(+\dfrac{1}{2}\right)+\left(+\dfrac{3}{4}\right)$

$\quad =\left(-\dfrac{5}{2}\right)+\left(-\dfrac{7}{4}\right)+\left(-\dfrac{1}{2}\right)+\left(+\dfrac{3}{4}\right)$

$\quad =\left\{\left(-\dfrac{5}{2}\right)+\left(-\dfrac{1}{2}\right)\right\}+\left\{\left(-\dfrac{7}{4}\right)+\left(+\dfrac{3}{4}\right)\right\}$

$\quad =\left(-\dfrac{6}{2}\right)+\left(-\dfrac{4}{4}\right)=(-3)+(-1)=-4$

$\therefore A+B=8+(-4)=4$

개념 12-14 한번 더! 기본 문제

01 ①, ④　　**02** $a=\dfrac{5}{6}$, $b=5$　　**03** 5

04 7　　**05** ②　　**06** (1) $\dfrac{19}{6}$　(2) $\dfrac{9}{2}$

---

01 답 ①, ④

② $(-5)+(+6)=+1$

③ $(-7)-(+1)=(-7)+(-1)=-8$

⑤ $(+9)-(-3)=(+9)+(+3)=+12$

따라서 계산 결과가 옳은 것은 ①, ④이다.

02 답 $a=\dfrac{5}{6}$, $b=5$

$a=\left(+\dfrac{1}{2}\right)-\left(-\dfrac{1}{3}\right)=\left(+\dfrac{1}{2}\right)+\left(+\dfrac{1}{3}\right)$

$\quad=\left(+\dfrac{3}{6}\right)+\left(+\dfrac{2}{6}\right)=\dfrac{5}{6}$

$b=(-4)+(+9)=5$

03 답 5

가장 큰 수는 $+3$, 가장 작은 수는 -2이므로 두 수의 차는

$(+3)-(-2)=(+3)+(+2)=5$

04 답 7

$\left(+\dfrac{3}{5}\right)-\left(+\dfrac{5}{4}\right)-\left(-\dfrac{3}{10}\right)+(+1)$

$=\left(+\dfrac{3}{5}\right)+\left(-\dfrac{5}{4}\right)+\left(+\dfrac{3}{10}\right)+(+1)$

$=\left(-\dfrac{5}{4}\right)+\left\{\left(+\dfrac{6}{10}\right)+\left(+\dfrac{3}{10}\right)\right\}+(+1)$

$=\left(-\dfrac{5}{4}\right)+\left\{\left(+\dfrac{9}{10}\right)+\left(+\dfrac{10}{10}\right)\right\}$

$=\left(-\dfrac{5}{4}\right)+\left(+\dfrac{19}{10}\right)$

$=\left(-\dfrac{25}{20}\right)+\left(+\dfrac{38}{20}\right)=\dfrac{13}{20}$

따라서 $a=20$, $b=13$이므로

$a-b=20-13=7$

05 답 ②

$\dfrac{1}{3}-\dfrac{5}{2}+\dfrac{7}{6}=\left(+\dfrac{1}{3}\right)-\left(+\dfrac{5}{2}\right)+\left(+\dfrac{7}{6}\right)$

$\quad=\left(+\dfrac{1}{3}\right)+\left(-\dfrac{5}{2}\right)+\left(+\dfrac{7}{6}\right)$

$\quad=\left\{\left(+\dfrac{2}{6}\right)+\left(+\dfrac{7}{6}\right)\right\}+\left(-\dfrac{5}{2}\right)$

$\quad=\left(+\dfrac{9}{6}\right)+\left(-\dfrac{5}{2}\right)$

$\quad=\left(+\dfrac{3}{2}\right)+\left(-\dfrac{5}{2}\right)$

$\quad=-\dfrac{2}{2}=-1$

---

06 답 (1) $\dfrac{19}{6}$　(2) $\dfrac{9}{2}$

(1) 어떤 수를 □라 하면 $\square+\left(-\dfrac{4}{3}\right)=\dfrac{11}{6}$

$\therefore \square=\dfrac{11}{6}-\left(-\dfrac{4}{3}\right)=\left(+\dfrac{11}{6}\right)+\left(+\dfrac{4}{3}\right)$

$\quad=\left(+\dfrac{11}{6}\right)+\left(+\dfrac{8}{6}\right)=\dfrac{19}{6}$

따라서 어떤 수는 $\dfrac{19}{6}$이다.

(2) $\dfrac{19}{6}-\left(-\dfrac{4}{3}\right)=\left(+\dfrac{19}{6}\right)+\left(+\dfrac{4}{3}\right)$

$\quad=\left(+\dfrac{19}{6}\right)+\left(+\dfrac{8}{6}\right)=\dfrac{27}{6}=\dfrac{9}{2}$

개념 15 정수와 유리수의 곱셈

01 답 (1) 양　(2) 음　(3) 교환법칙, 결합법칙

02 답 (1) $+$, 2, $+$, 6　(2) $+$, 3, $+$, 6　(3) $-$, 3, $-$, 12

　　(4) $-$, 4, $-$, 12

03 답 (1) $+30$　(2) $+21$　(3) $+56$　(4) $+12$

　　(5) $+\dfrac{1}{10}$　(6) $+\dfrac{1}{4}$　(7) $+2.7$　(8) $+\dfrac{1}{15}$

(1) $(+5)\times(+6)=+(5\times6)=+30$

(2) $(+7)\times(+3)=+(7\times3)=+21$

(3) $(-8)\times(-7)=+(8\times7)=+56$

(4) $(-6)\times(-2)=+(6\times2)=+12$

(5) $\left(+\dfrac{1}{4}\right)\times\left(+\dfrac{2}{5}\right)=+\left(\dfrac{1}{4}\times\dfrac{2}{5}\right)=+\dfrac{1}{10}$

(6) $\left(-\dfrac{5}{14}\right)\times\left(-\dfrac{7}{10}\right)=+\left(\dfrac{5}{14}\times\dfrac{7}{10}\right)=+\dfrac{1}{4}$

(7) $(+3)\times(+0.9)=+(3\times0.9)=+2.7$

(8) $\left(-\dfrac{2}{9}\right)\times(-0.3)=+\left(\dfrac{2}{9}\times\dfrac{3}{10}\right)=+\dfrac{1}{15}$

04 답 (1) -20　(2) -33　(3) -2　(4) $-\dfrac{3}{10}$

　　(5) $-\dfrac{4}{15}$　(6) $-\dfrac{1}{6}$　(7) -3.5　(8) $-\dfrac{7}{5}$

(1) $(+4)\times(-5)=-(4\times5)=-20$

(2) $(-11)\times(+3)=-(11\times3)=-33$

(3) $\left(-\dfrac{1}{2}\right)\times(+4)=-\left(\dfrac{1}{2}\times4\right)=-2$

(4) $\left(+\dfrac{7}{5}\right)\times\left(-\dfrac{3}{14}\right)=-\left(\dfrac{7}{5}\times\dfrac{3}{14}\right)=-\dfrac{3}{10}$

(5) $\left(-\dfrac{8}{9}\right)\times\left(+\dfrac{3}{10}\right)=-\left(\dfrac{8}{9}\times\dfrac{3}{10}\right)=-\dfrac{4}{15}$

(6) $\left(+\dfrac{3}{4}\right)\times\left(-\dfrac{2}{9}\right)=-\left(\dfrac{3}{4}\times\dfrac{2}{9}\right)=-\dfrac{1}{6}$

(7) $(+0.7)\times(-5)=-(0.7\times5)=-3.5$

(8) $(-2.1)\times\left(+\dfrac{2}{3}\right)=-\left(\dfrac{21}{10}\times\dfrac{2}{3}\right)=-\dfrac{7}{5}$

05 답 (1) -5, -5, $+45$, $+90$
　　/ ㈜ 곱셈의 교환법칙, ㈐ 곱셈의 결합법칙
　　(2) $+5$, $+5$, $+20$, -240
　　/ ㈜ 곱셈의 교환법칙, ㈐ 곱셈의 결합법칙

06 답 (1) $+160$　(2) -16　(3) $+\dfrac{25}{21}$

(1) $(-2)\times(+16)\times(-5)=(-2)\times(-5)\times(+16)$
$$=\{(-2)\times(-5)\}\times(+16)$$
$$=(+10)\times(+16)=+160$$

(2) $\left(+\dfrac{3}{2}\right)\times\left(-\dfrac{4}{9}\right)\times(+24)$
$$=\left\{\left(+\dfrac{3}{2}\right)\times\left(-\dfrac{4}{9}\right)\right\}\times(+24)$$
$$=\left(-\dfrac{2}{3}\right)\times(+24)=-16$$

(3) $\left(+\dfrac{3}{4}\right)\times\left(-\dfrac{5}{7}\right)\times\left(-\dfrac{20}{9}\right)$
$$=\left(+\dfrac{3}{4}\right)\times\left(-\dfrac{20}{9}\right)\times\left(-\dfrac{5}{7}\right)$$
$$=\left\{\left(+\dfrac{3}{4}\right)\times\left(-\dfrac{20}{9}\right)\right\}\times\left(-\dfrac{5}{7}\right)$$
$$=\left(-\dfrac{5}{3}\right)\times\left(-\dfrac{5}{7}\right)=+\dfrac{25}{21}$$

07 답 ⑤

⑤ $\left(+\dfrac{9}{5}\right)\times\left(-\dfrac{10}{3}\right)=-\left(\dfrac{9}{5}\times\dfrac{10}{3}\right)=-6$

08 답 ㄹ, ㄴ

ㄱ. $(-2.2)\times(+3)=-(2.2\times3)=-6.6$
ㄴ. $(-3.1)\times(-2)=+(3.1\times2)=+6.2$
ㄷ. $(+1.5)\times(+4)=+(1.5\times4)=+6$
ㄹ. $(+2.4)\times(-3)=-(2.4\times3)=-7.2$
따라서 계산 결과가 가장 작은 것은 ㄹ, 가장 큰 것은 ㄴ이다.

09 답 $-\dfrac{1}{15}$

$a=\left(+\dfrac{1}{3}\right)\times\left(+\dfrac{2}{5}\right)=+\left(\dfrac{1}{3}\times\dfrac{2}{5}\right)=+\dfrac{2}{15}$

$b=\left(-\dfrac{3}{2}\right)\times\left(+\dfrac{1}{3}\right)=-\left(\dfrac{3}{2}\times\dfrac{1}{3}\right)=-\dfrac{1}{2}$

$\therefore a\times b=\left(+\dfrac{2}{15}\right)\times\left(-\dfrac{1}{2}\right)=-\left(\dfrac{2}{15}\times\dfrac{1}{2}\right)=-\dfrac{1}{15}$

10 답 -2

$|-4|=4$, $\left|-\dfrac{5}{3}\right|=\dfrac{5}{3}$, $\left|+\dfrac{1}{2}\right|=\dfrac{1}{2}$, $|+1.2|=1.2$

따라서 절댓값이 가장 큰 수는 -4이고,

절댓값이 가장 작은 수는 $+\dfrac{1}{2}$이므로

$(-4)\times\left(+\dfrac{1}{2}\right)=-\left(4\times\dfrac{1}{2}\right)=-2$

11 답 ㈜ 곱셈의 교환법칙, ㈐ 곱셈의 결합법칙 / $-\dfrac{8}{7}$

---

01 답 (1) 양　(2) 음

02 답 (1) $+$, $+$, 81　(2) $-$, $-$, 81　(3) $+$, $+$, 4
　　(4) $-$, $-$, 8

03 답 (1) $+60$　(2) -56　(3) $+5$　(4) -9　(5) $-\dfrac{1}{10}$
　　(6) $+50$　(7) -120　(8) $+480$

(1) $(-3)\times(-4)\times(+5)=+(3\times4\times5)=+60$
(2) $(+7)\times(-2)\times(+4)=-(7\times2\times4)=-56$
(3) $(+3)\times(-2)\times\left(-\dfrac{5}{6}\right)=+\left(3\times2\times\dfrac{5}{6}\right)=+5$
(4) $\left(+\dfrac{3}{8}\right)\times(-6)\times(+4)=-\left(\dfrac{3}{8}\times6\times4\right)=-9$
(5) $\left(+\dfrac{7}{8}\right)\times\left(+\dfrac{1}{14}\right)\times\left(-\dfrac{8}{5}\right)=-\left(\dfrac{7}{8}\times\dfrac{1}{14}\times\dfrac{8}{5}\right)=-\dfrac{1}{10}$
(6) $(+5)\times(-2.5)\times(-4)=+(5\times2.5\times4)=+50$
(7) $(-3)\times(-5)\times(+2)\times(-4)=-(3\times5\times2\times4)$
$$=-120$$
(8) $(+5)\times(-6)\times(-2)\times(+8)=+(5\times6\times2\times8)$
$$=+480$$

04 답 (1) $+27$　(2) -64　(3) $+16$　(4) -16　(5) $+1$
　　(6) -1　(7) $+\dfrac{9}{4}$　(8) $-\dfrac{125}{27}$

(1) $(+3)^3=(+3)\times(+3)\times(+3)=+(3\times3\times3)=+27$
(2) $(-4)^3=(-4)\times(-4)\times(-4)=-(4\times4\times4)=-64$
(3) $(-2)^4=(-2)\times(-2)\times(-2)\times(-2)$
$$=+(2\times2\times2\times2)=+16$$
(4) $-2^4=-(2\times2\times2\times2)=-16$
(5) $(-1)^{10}=\underbrace{(-1)\times(-1)\times\cdots\times(-1)}_{10개}$
$$=+(1\times1\times\cdots\times1)=+1$$
(6) $(-1)^{13}=\underbrace{(-1)\times(-1)\times\cdots\times(-1)}_{13개}$
$$=-(1\times1\times\cdots\times1)=-1$$
(7) $\left(-\dfrac{3}{2}\right)^2=\left(-\dfrac{3}{2}\right)\times\left(-\dfrac{3}{2}\right)=+\left(\dfrac{3}{2}\times\dfrac{3}{2}\right)=+\dfrac{9}{4}$
(8) $\left(-\dfrac{5}{3}\right)^3=\left(-\dfrac{5}{3}\right)\times\left(-\dfrac{5}{3}\right)\times\left(-\dfrac{5}{3}\right)$
$$=-\left(\dfrac{5}{3}\times\dfrac{5}{3}\times\dfrac{5}{3}\right)=-\dfrac{125}{27}$$

05 답 (1) $+48$　(2) -72　(3) $+18$　(4) -54　(5) -1
　　(6) $-\dfrac{16}{9}$　(7) $-\dfrac{8}{25}$　(8) $-\dfrac{1}{4}$

(1) $(-2)^3\times(-6)=(-8)\times(-6)=+(8\times6)=+48$
(2) $-2^3\times(+3)^2=(-8)\times(+9)=-(8\times9)=-72$

(3) $(-3)^2 \times (-1)^7 \times (-2) = (+9) \times (-1) \times (-2)$
$$= +(9 \times 1 \times 2) = +18$$

(4) $(+2) \times (-1)^2 \times (-3)^3 = (+2) \times (+1) \times (-27)$
$$= -(2 \times 1 \times 27) = -54$$

(5) $\left(-\dfrac{1}{2}\right)^2 \times (-4) = \left(+\dfrac{1}{4}\right) \times (-4) = -\left(\dfrac{1}{4} \times 4\right) = -1$

(6) $\left(-\dfrac{2}{3}\right)^3 \times (+6) = \left(-\dfrac{8}{27}\right) \times (+6) = -\left(\dfrac{8}{27} \times 6\right) = -\dfrac{16}{9}$

(7) $\left(-\dfrac{2}{5}\right)^2 \times (-1)^3 \times (+2) = \left(+\dfrac{4}{25}\right) \times (-1) \times (+2)$
$$= -\left(\dfrac{4}{25} \times 1 \times 2\right) = -\dfrac{8}{25}$$

(8) $-3^2 \times \left(-\dfrac{1}{4}\right)^2 \times \left(+\dfrac{2}{3}\right)^2 = -9 \times \left(+\dfrac{1}{16}\right) \times \left(+\dfrac{4}{9}\right)$
$$= -\left(9 \times \dfrac{1}{16} \times \dfrac{4}{9}\right) = -\dfrac{1}{4}$$

06 답 -16

$\left(-\dfrac{3}{11}\right) \times (-22) \times (-2) \times \left(+\dfrac{4}{3}\right) = -\left(\dfrac{3}{11} \times 22 \times 2 \times \dfrac{4}{3}\right)$
$$= -16$$

07 답 ㄱ

ㄱ. $\left(+\dfrac{5}{7}\right) \times \left(-\dfrac{8}{11}\right) \times \left(+\dfrac{7}{10}\right) = -\left(\dfrac{5}{7} \times \dfrac{8}{11} \times \dfrac{7}{10}\right) = -\dfrac{4}{11}$

ㄴ. $\left(-\dfrac{3}{7}\right) \times \left(-\dfrac{21}{8}\right) \times \left(-\dfrac{4}{3}\right) = -\left(\dfrac{3}{7} \times \dfrac{21}{8} \times \dfrac{4}{3}\right) = -\dfrac{3}{2}$

ㄷ. $(+6) \times \left(-\dfrac{1}{2}\right) \times \left(+\dfrac{2}{3}\right) = -\left(6 \times \dfrac{1}{2} \times \dfrac{2}{3}\right) = -2$

따라서 계산 결과가 가장 큰 것은 ㄱ이다.

08 답 $-\dfrac{4}{5}$

$a = \left(-\dfrac{7}{3}\right) \times \left(+\dfrac{6}{5}\right) = -\left(\dfrac{7}{3} \times \dfrac{6}{5}\right) = -\dfrac{14}{5}$

$b = \left(+\dfrac{1}{7}\right) \times \left(-\dfrac{5}{2}\right) \times \left(-\dfrac{4}{5}\right) = +\left(\dfrac{1}{7} \times \dfrac{5}{2} \times \dfrac{4}{5}\right) = \dfrac{2}{7}$

$\therefore a \times b = \left(-\dfrac{14}{5}\right) \times \dfrac{2}{7} = -\left(\dfrac{14}{5} \times \dfrac{2}{7}\right) = -\dfrac{4}{5}$

09 답 ③

③ $-6^2 = -(6 \times 6) = -36$

10 답 ①

① $(-1)^3 = -1$

② $(-1)^6 = 1$

③ $-(-1)^9 = -(-1) = 1$

④ $\{-(-1)\}^5 = 1^5 = 1$

⑤ $\{-(-1)\}^8 = 1^8 = 1$

따라서 계산 결과가 나머지 넷과 다른 하나는 ①이다.

11 답 ④

$\left(-\dfrac{1}{2}\right)^3 \times (-3)^2 \times (-16) = \left(-\dfrac{1}{8}\right) \times (+9) \times (-16)$
$$= +\left(\dfrac{1}{8} \times 9 \times 16\right) = 18$$

개념 17 분배법칙

01 답 분배법칙, $a \times c$

02 답 (1) 100, 1, 2525　(2) 10, 1, 306　(3) 14, 1400
(4) 135, 135

03 답 (1) 721　(2) 1470　(3) 408　(4) 288　(5) $\dfrac{19}{15}$　(6) $-\dfrac{4}{3}$
(7) -5　(8) -10

(1) $7 \times (100 + 3) = 7 \times 100 + 7 \times 3 = 700 + 21 = 721$

(2) $15 \times (100 - 2) = 15 \times 100 - 15 \times 2$
$$= 1500 - 30 = 1470$$

(3) $(50 + 1) \times 8 = 50 \times 8 + 1 \times 8 = 400 + 8 = 408$

(4) $(20 - 2) \times 16 = 20 \times 16 - 2 \times 16 = 320 - 32 = 288$

(5) $\dfrac{5}{4} \times \left(\dfrac{8}{15} + \dfrac{12}{25}\right) = \dfrac{5}{4} \times \dfrac{8}{15} + \dfrac{5}{4} \times \dfrac{12}{25} = \dfrac{2}{3} + \dfrac{3}{5} = \dfrac{19}{15}$

(6) $-12 \times \left(\dfrac{1}{6} - \dfrac{1}{18}\right) = (-12) \times \dfrac{1}{6} - (-12) \times \dfrac{1}{18}$
$$= (-2) - \left(-\dfrac{2}{3}\right) = -\dfrac{4}{3}$$

(7) $\left(\dfrac{1}{3} - \dfrac{8}{9}\right) \times 9 = \dfrac{1}{3} \times 9 - \dfrac{8}{9} \times 9 = 3 - 8 = -5$

(8) $\left(\dfrac{3}{2} - \dfrac{1}{4}\right) \times (-8) = \dfrac{3}{2} \times (-8) - \dfrac{1}{4} \times (-8)$
$$= (-12) - (-2) = -10$$

04 답 (1) -450　(2) 160　(3) 1　(4) 58　(5) 8　(6) -6
(7) -2　(8) 12

(1) $(-9) \times 24 + (-9) \times 26 = (-9) \times (24 + 26)$
$$= (-9) \times 50 = -450$$

(2) $16 \times 26 - 16 \times 16 = 16 \times (26 - 16) = 16 \times 10 = 160$

(3) $\dfrac{1}{18} \times 6 + \dfrac{1}{18} \times 12 = \dfrac{1}{18} \times (6 + 12) = \dfrac{1}{18} \times 18 = 1$

(4) $5.8 \times 13 - 5.8 \times 3 = 5.8 \times (13 - 3) = 5.8 \times 10 = 58$

(5) $2 \times \dfrac{4}{5} + 8 \times \dfrac{4}{5} = (2 + 8) \times \dfrac{4}{5} = 10 \times \dfrac{4}{5} = 8$

(6) $4 \times \dfrac{3}{7} - 18 \times \dfrac{3}{7} = (4 - 18) \times \dfrac{3}{7} = (-14) \times \dfrac{3}{7} = -6$

(7) $\dfrac{2}{5} \times (-2) + \dfrac{3}{5} \times (-2) = \left(\dfrac{2}{5} + \dfrac{3}{5}\right) \times (-2)$
$$= 1 \times (-2) = -2$$

(8) $0.3 \times (-4) - 3.3 \times (-4) = (0.3 - 3.3) \times (-4)$
$$= (-3) \times (-4) = 12$$

05 답 $a = 2$, $b = 38$, $c = 1938$

$19 \times 102 = 19 \times (100 + 2)$
$$= 19 \times 100 + 19 \times 2$$
$$= 1900 + 38 = 1938$$

$\therefore a = 2$, $b = 38$, $c = 1938$

06 답 $-\dfrac{2}{3}$

$$\left(-\dfrac{1}{2}\right)\times 0.8+\left(-\dfrac{1}{3}\right)\times 0.8=\left\{\left(-\dfrac{1}{2}\right)+\left(-\dfrac{1}{3}\right)\right\}\times 0.8$$
$$=\left\{\left(-\dfrac{3}{6}\right)+\left(-\dfrac{2}{6}\right)\right\}\times \dfrac{8}{10}$$
$$=\left(-\dfrac{5}{6}\right)\times \dfrac{4}{5}=-\dfrac{2}{3}$$

07 답 (1) 20 (2) -6

(1) $a\times(b+c)=a\times b+a\times c=7+13=20$
(2) $a\times(b-c)=a\times b-a\times c=7-13=-6$

01 ①	**02** ②	**03** 3	**04** 1
05 -24	**06** 7		

01 답 ①

① $(+2)\times\left(+\dfrac{1}{8}\right)=+\left(2\times\dfrac{1}{8}\right)=\dfrac{1}{4}$

② $\left(-\dfrac{1}{21}\right)\times(-3)=+\left(\dfrac{1}{21}\times 3\right)=\dfrac{1}{7}$

③ $\left(+\dfrac{3}{2}\right)\times\left(-\dfrac{2}{9}\right)=-\left(\dfrac{3}{2}\times\dfrac{2}{9}\right)=-\dfrac{1}{3}$

④ $\left(-\dfrac{3}{4}\right)\times\left(+\dfrac{8}{15}\right)=-\left(\dfrac{3}{4}\times\dfrac{8}{15}\right)=-\dfrac{2}{5}$

⑤ $\left(-\dfrac{1}{4}\right)\times\left(-\dfrac{2}{3}\right)=+\left(\dfrac{1}{4}\times\dfrac{2}{3}\right)=\dfrac{1}{6}$

따라서 계산 결과가 가장 큰 것은 ①이다.

02 답 ②

① $(-5)^3=(-5)\times(-5)\times(-5)$
$$=-(5\times 5\times 5)=-125$$

② $-5^3=-(5\times 5\times 5)=-125$

③ $\left(-\dfrac{1}{2}\right)^2=\left(-\dfrac{1}{2}\right)\times\left(-\dfrac{1}{2}\right)=+\left(\dfrac{1}{2}\times\dfrac{1}{2}\right)=\dfrac{1}{4}$

④ $-\dfrac{1}{2^2}=-\dfrac{1}{2\times 2}=-\dfrac{1}{4}$

⑤ $-\left(-\dfrac{1}{2}\right)^3=-\left(-\dfrac{1}{2}\right)\times\left(-\dfrac{1}{2}\right)\times\left(-\dfrac{1}{2}\right)$
$$=-\left\{-\left(\dfrac{1}{2}\times\dfrac{1}{2}\times\dfrac{1}{2}\right)\right\}=-\left(-\dfrac{1}{8}\right)=\dfrac{1}{8}$$

따라서 옳은 것은 ②이다.

03 답 3

$$(-3^2)\times(-6)\times\left(+\dfrac{1}{8}\right)\times\left(-\dfrac{2}{3}\right)^2$$
$$=(-9)\times(-6)\times\left(+\dfrac{1}{8}\right)\times\left(+\dfrac{4}{9}\right)$$
$$=+\left(9\times 6\times\dfrac{1}{8}\times\dfrac{4}{9}\right)$$
$$=3$$

04 답 1

$$(-1)^{101}\times(-1)^{103}\times(-1)^{104}=(-1)\times(-1)\times(+1)$$
$$=+(1\times 1\times 1)=1$$

05 답 -24

$$(-2.16)\times 12+0.16\times 12=(-2.16+0.16)\times 12$$
$$=(-2)\times 12=-24$$

06 답 7

$a\times(b+c)=a\times b+a\times c$이므로
$25=18+a\times c$ $\therefore a\times c=7$

개념 18   정수와 유리수의 나눗셈

01 답 (1) 양 (2) 음 (3) 역수, 역수

02 답 (1) $+$, 2, $+$, 3 (2) $+$, 6, $+$, 3 (3) $-$, 2, $-$, 2
(4) $-$, 4, $-$, 2

03 답 (1) $+5$ (2) $+9$ (3) $+2$ (4) $+8$ (5) -6 (6) -5
(7) -4 (8) -7

(1) $(+15)\div(+3)=+(15\div 3)=+5$
(2) $(+63)\div(+7)=+(63\div 7)=+9$
(3) $(-18)\div(-9)=+(18\div 9)=+2$
(4) $(-48)\div(-6)=+(48\div 6)=+8$
(5) $(+42)\div(-7)=-(42\div 7)=-6$
(6) $(+60)\div(-12)=-(60\div 12)=-5$
(7) $(-24)\div(+6)=-(24\div 6)=-4$
(8) $(-35)\div(+5)=-(35\div 5)=-7$

04 답 (1) $\dfrac{1}{2}$ (2) $-\dfrac{1}{5}$ (3) $\dfrac{4}{3}$ (4) $\dfrac{13}{5}$ (5) $-\dfrac{7}{2}$ (6) $\dfrac{4}{9}$
(7) $\dfrac{5}{12}$ (8) $-\dfrac{10}{3}$

(6) $2\dfrac{1}{4}=\dfrac{9}{4}$의 역수는 $\dfrac{4}{9}$

(7) $2.4=\dfrac{24}{10}=\dfrac{12}{5}$의 역수는 $\dfrac{5}{12}$

(8) $-0.3=-\dfrac{3}{10}$의 역수는 $-\dfrac{10}{3}$

05 답 (1) $+25$ (2) $-\dfrac{1}{24}$ (3) -21 (4) $+\dfrac{2}{7}$ (5) $-\dfrac{15}{2}$
(6) $+\dfrac{3}{2}$ (7) $-\dfrac{1}{3}$ (8) $+6$

(1) $(+10)\div\left(+\dfrac{2}{5}\right)=(+10)\times\left(+\dfrac{5}{2}\right)=+\left(10\times\dfrac{5}{2}\right)=+25$

(2) $\left(+\dfrac{5}{6}\right)\div(-20)=\left(+\dfrac{5}{6}\right)\times\left(-\dfrac{1}{20}\right)$
$$=-\left(\dfrac{5}{6}\times\dfrac{1}{20}\right)=-\dfrac{1}{24}$$

(3) $(-9) \div \left(+\dfrac{3}{7}\right) = (-9) \times \left(+\dfrac{7}{3}\right) = -\left(9 \times \dfrac{7}{3}\right) = -21$

(4) $\left(+\dfrac{1}{4}\right) \div \left(+\dfrac{7}{8}\right) = \left(+\dfrac{1}{4}\right) \times \left(+\dfrac{8}{7}\right) = +\left(\dfrac{1}{4} \times \dfrac{8}{7}\right) = +\dfrac{2}{7}$

(5) $\left(+\dfrac{5}{3}\right) \div \left(-\dfrac{2}{9}\right) = \left(+\dfrac{5}{3}\right) \times \left(-\dfrac{9}{2}\right) = -\left(\dfrac{5}{3} \times \dfrac{9}{2}\right) = -\dfrac{15}{2}$

(6) $\left(-\dfrac{15}{8}\right) \div \left(-\dfrac{5}{4}\right) = \left(-\dfrac{15}{8}\right) \times \left(-\dfrac{4}{5}\right)$
$= +\left(\dfrac{15}{8} \times \dfrac{4}{5}\right) = +\dfrac{3}{2}$

(7) $\left(+\dfrac{1}{6}\right) \div (-0.5) = \left(+\dfrac{1}{6}\right) \div \left(-\dfrac{1}{2}\right) = \left(+\dfrac{1}{6}\right) \times (-2)$
$= -\left(\dfrac{1}{6} \times 2\right) = -\dfrac{1}{3}$

(8) $(-1.2) \div \left(-\dfrac{1}{5}\right) = \left(-\dfrac{6}{5}\right) \times (-5) = +\left(\dfrac{6}{5} \times 5\right) = +6$

06 답 ③

③ -1의 역수는 -1이고, 1의 역수는 1이다.

07 답 -1

8의 역수는 $\dfrac{1}{8}$이므로 $a = \dfrac{1}{8}$

$-\dfrac{8}{9}$의 역수는 $-\dfrac{9}{8}$이므로 $b = -\dfrac{9}{8}$

$\therefore a + b = \dfrac{1}{8} + \left(-\dfrac{9}{8}\right) = \dfrac{1}{8} - \dfrac{9}{8} = -1$

08 답 $a = -\dfrac{9}{14}$, $b = -\dfrac{9}{10}$

$\left(+\dfrac{7}{5}\right) \div \left(-\dfrac{14}{9}\right) = \left(+\dfrac{7}{5}\right) \times \left(-\dfrac{9}{14}\right)$
$= -\left(\dfrac{7}{5} \times \dfrac{9}{14}\right) = -\dfrac{9}{10}$

$\therefore a = -\dfrac{9}{14}$, $b = -\dfrac{9}{10}$

09 답 ②, ⑤

① $(-20) \div (-4) = +(20 \div 4) = +5$

② $(-144) \div (+12) = -(144 \div 12) = -12$

③ $(+14) \div \left(-\dfrac{7}{3}\right) = (+14) \times \left(-\dfrac{3}{7}\right) = -\left(14 \times \dfrac{3}{7}\right) = -6$

④ $\left(+\dfrac{3}{10}\right) \div \left(+\dfrac{3}{2}\right) = \left(+\dfrac{3}{10}\right) \times \left(+\dfrac{2}{3}\right)$
$= +\left(\dfrac{3}{10} \times \dfrac{2}{3}\right) = +\dfrac{1}{5}$

⑤ $\left(-\dfrac{3}{5}\right) \div (+15) = \left(-\dfrac{3}{5}\right) \times \left(+\dfrac{1}{15}\right)$
$= -\left(\dfrac{3}{5} \times \dfrac{1}{15}\right) = -\dfrac{1}{25}$

따라서 계산 결과가 옳지 않은 것은 ②, ⑤이다.

10 답 ①

$a = (-5) \div (+7) = (-5) \times \left(+\dfrac{1}{7}\right) = -\left(5 \times \dfrac{1}{7}\right) = -\dfrac{5}{7}$

$b = \left(-\dfrac{1}{3}\right) \div \left(-\dfrac{7}{9}\right) = \left(-\dfrac{1}{3}\right) \times \left(-\dfrac{9}{7}\right) = +\left(\dfrac{1}{3} \times \dfrac{9}{7}\right) = +\dfrac{3}{7}$

$\therefore a \div b = \left(-\dfrac{5}{7}\right) \div \left(+\dfrac{3}{7}\right) = \left(-\dfrac{5}{7}\right) \times \left(+\dfrac{7}{3}\right)$
$= -\left(\dfrac{5}{7} \times \dfrac{7}{3}\right) = -\dfrac{5}{3}$

11 답 $-\dfrac{3}{8}$

$\left(+\dfrac{7}{10}\right) \div \left(-\dfrac{2}{5}\right) \div \left(+\dfrac{14}{3}\right) = \left(+\dfrac{7}{10}\right) \times \left(-\dfrac{5}{2}\right) \times \left(+\dfrac{3}{14}\right)$
$= -\left(\dfrac{7}{10} \times \dfrac{5}{2} \times \dfrac{3}{14}\right) = -\dfrac{3}{8}$

본문 60~61쪽

개념 19 곱셈과 나눗셈의 혼합 계산

01 답 (1) -21 (2) 16 (3) -18 (4) 40 (5) 6 (6) -14
(7) 24 (8) -63

(1) $(-6) \times 7 \div 2 = (-6) \times 7 \times \dfrac{1}{2} = -\left(6 \times 7 \times \dfrac{1}{2}\right) = -21$

(2) $4 \times (-8) \div (-2) = 4 \times (-8) \times \left(-\dfrac{1}{2}\right) = +\left(4 \times 8 \times \dfrac{1}{2}\right) = 16$

(3) $24 \div (-4) \times 3 = 24 \times \left(-\dfrac{1}{4}\right) \times 3 = -\left(24 \times \dfrac{1}{4} \times 3\right) = -18$

(4) $(-30) \div (-3) \times 4 = (-30) \times \left(-\dfrac{1}{3}\right) \times 4$
$= +\left(30 \times \dfrac{1}{3} \times 4\right) = 40$

(5) $(-12) \times 3 \div (-6) = (-12) \times 3 \times \left(-\dfrac{1}{6}\right)$
$= +\left(12 \times 3 \times \dfrac{1}{6}\right) = 6$

(6) $35 \div (-5) \times 2 = 35 \times \left(-\dfrac{1}{5}\right) \times 2 = -\left(35 \times \dfrac{1}{5} \times 2\right) = -14$

(7) $8 \times (-9) \div (-3) = 8 \times (-9) \times \left(-\dfrac{1}{3}\right)$
$= +\left(8 \times 9 \times \dfrac{1}{3}\right) = 24$

(8) $(-56) \div (-8) \times (-9) = (-56) \times \left(-\dfrac{1}{8}\right) \times (-9)$
$= -\left(56 \times \dfrac{1}{8} \times 9\right) = -63$

02 답 (1) 1 (2) $-\dfrac{5}{6}$ (3) -4 (4) 10 (5) $\dfrac{5}{16}$ (6) $-\dfrac{1}{2}$
(7) $\dfrac{1}{5}$ (8) $\dfrac{2}{5}$

(1) $\left(-\dfrac{4}{5}\right) \times (-10) \div 8 = \left(-\dfrac{4}{5}\right) \times (-10) \times \dfrac{1}{8}$
$= +\left(\dfrac{4}{5} \times 10 \times \dfrac{1}{8}\right) = 1$

(2) $10 \times \left(-\dfrac{5}{12}\right) \div 5 = 10 \times \left(-\dfrac{5}{12}\right) \times \dfrac{1}{5}$
$= -\left(10 \times \dfrac{5}{12} \times \dfrac{1}{5}\right) = -\dfrac{5}{6}$

(3) $8 \div \dfrac{1}{6} \times \left(-\dfrac{1}{12}\right) = 8 \times 6 \times \left(-\dfrac{1}{12}\right) = -\left(8 \times 6 \times \dfrac{1}{12}\right) = -4$

(4) $\left(-\dfrac{7}{4}\right)\times 20\div\left(-\dfrac{7}{2}\right)=\left(-\dfrac{7}{4}\right)\times 20\times\left(-\dfrac{2}{7}\right)$
$=+\left(\dfrac{7}{4}\times 20\times\dfrac{2}{7}\right)=10$

(5) $\left(-\dfrac{5}{4}\right)\div\left(-\dfrac{10}{3}\right)\times\dfrac{5}{6}=\left(-\dfrac{5}{4}\right)\times\left(-\dfrac{3}{10}\right)\times\dfrac{5}{6}$
$=+\left(\dfrac{5}{4}\times\dfrac{3}{10}\times\dfrac{5}{6}\right)=\dfrac{5}{16}$

(6) $\left(-\dfrac{5}{6}\right)\times\left(-\dfrac{2}{3}\right)\div\left(-\dfrac{10}{9}\right)=\left(-\dfrac{5}{6}\right)\times\left(-\dfrac{2}{3}\right)\times\left(-\dfrac{9}{10}\right)$
$=-\left(\dfrac{5}{6}\times\dfrac{2}{3}\times\dfrac{9}{10}\right)=-\dfrac{1}{2}$

(7) $\left(-\dfrac{3}{8}\right)\div\dfrac{3}{2}\times(-0.8)=\left(-\dfrac{3}{8}\right)\times\dfrac{2}{3}\times\left(-\dfrac{4}{5}\right)$
$=+\left(\dfrac{3}{8}\times\dfrac{2}{3}\times\dfrac{4}{5}\right)=\dfrac{1}{5}$

(8) $\dfrac{24}{5}\div(-2.4)\times\left(-\dfrac{1}{5}\right)=\dfrac{24}{5}\div\left(-\dfrac{12}{5}\right)\times\left(-\dfrac{1}{5}\right)$
$=\dfrac{24}{5}\times\left(-\dfrac{5}{12}\right)\times\left(-\dfrac{1}{5}\right)$
$=+\left(\dfrac{24}{5}\times\dfrac{5}{12}\times\dfrac{1}{5}\right)=\dfrac{2}{5}$

03 답 (1) 9 (2) $\dfrac{1}{2}$ (3) -1 (4) $\dfrac{7}{30}$ (5) $\dfrac{16}{15}$ (6) $-\dfrac{4}{5}$
(7) $-\dfrac{24}{7}$ (8) $\dfrac{1}{12}$

(1) $\left(-\dfrac{1}{3}\right)\div\left(-\dfrac{1}{3}\right)^{3}=\left(-\dfrac{1}{3}\right)\div\left(-\dfrac{1}{27}\right)=\left(-\dfrac{1}{3}\right)\times(-27)=9$

(2) $\left(\dfrac{1}{2}\right)^{3}\div\left(-\dfrac{1}{2}\right)^{2}=\dfrac{1}{8}\div\dfrac{1}{4}=\dfrac{1}{8}\times 4=\dfrac{1}{2}$

(3) $3\times(-1)^{3}\div 3=3\times(-1)\times\dfrac{1}{3}=-\left(3\times 1\times\dfrac{1}{3}\right)=-1$

(4) $\dfrac{7}{12}\times\dfrac{18}{5}\div(-3)^{2}=\dfrac{7}{12}\times\dfrac{18}{5}\div 9=\dfrac{7}{12}\times\dfrac{18}{5}\times\dfrac{1}{9}=\dfrac{7}{30}$

(5) $\left(-\dfrac{3}{10}\right)\times(-2)^{3}\div\dfrac{9}{4}=\left(-\dfrac{3}{10}\right)\times(-8)\times\dfrac{4}{9}$
$=+\left(\dfrac{3}{10}\times 8\times\dfrac{4}{9}\right)=\dfrac{16}{15}$

(6) $\left(-\dfrac{12}{5}\right)\times(-9)\div(-3)^{3}=\left(-\dfrac{12}{5}\right)\times(-9)\div(-27)$
$=\left(-\dfrac{12}{5}\right)\times(-9)\times\left(-\dfrac{1}{27}\right)$
$=-\left(\dfrac{12}{5}\times 9\times\dfrac{1}{27}\right)=-\dfrac{4}{5}$

(7) $\dfrac{4}{7}\div\left(\dfrac{1}{2}\right)^{3}\times\left(-\dfrac{3}{4}\right)=\dfrac{4}{7}\div\dfrac{1}{8}\times\left(-\dfrac{3}{4}\right)=\dfrac{4}{7}\times 8\times\left(-\dfrac{3}{4}\right)$
$=-\left(\dfrac{4}{7}\times 8\times\dfrac{3}{4}\right)=-\dfrac{24}{7}$

(8) $\left(-\dfrac{1}{3}\right)^{2}\div\left(-\dfrac{2}{5}\right)\times\left(-\dfrac{3}{10}\right)=\dfrac{1}{9}\times\left(-\dfrac{5}{2}\right)\times\left(-\dfrac{3}{10}\right)$
$=+\left(\dfrac{1}{9}\times\dfrac{5}{2}\times\dfrac{3}{10}\right)=\dfrac{1}{12}$

04 답 ⑤

$(-2^{2})\times\left(-\dfrac{4}{3}\right)^{2}\div\left(-\dfrac{8}{15}\right)=(-4)\times\dfrac{16}{9}\times\left(-\dfrac{15}{8}\right)$
$=+\left(4\times\dfrac{16}{9}\times\dfrac{15}{8}\right)=\dfrac{40}{3}$

05 답 ④

① $6\times(-8)\div(-24)=6\times(-8)\times\left(-\dfrac{1}{24}\right)$
$=+\left(6\times 8\times\dfrac{1}{24}\right)=2$

② $\left(-\dfrac{3}{10}\right)\div\dfrac{3}{17}\times(-5)=\left(-\dfrac{3}{10}\right)\times\dfrac{17}{3}\times(-5)$
$=+\left(\dfrac{3}{10}\times\dfrac{17}{3}\times 5\right)=\dfrac{17}{2}$

③ $(-20)\div(-5)\div(-3^{2})=(-20)\div(-5)\div(-9)$
$=(-20)\times\left(-\dfrac{1}{5}\right)\times\left(-\dfrac{1}{9}\right)$
$=-\left(20\times\dfrac{1}{5}\times\dfrac{1}{9}\right)=-\dfrac{4}{9}$

④ $(-2^{3})\times\left(-\dfrac{5}{4}\right)\times(-3)=(-8)\times\left(-\dfrac{5}{4}\right)\times(-3)$
$=-\left(8\times\dfrac{5}{4}\times 3\right)=-30$

⑤ $\dfrac{6}{5}\times\left(-\dfrac{1}{2}\right)^{4}\div\left(-\dfrac{3}{5}\right)^{2}=\dfrac{6}{5}\times\dfrac{1}{16}\div\dfrac{9}{25}$
$=\dfrac{6}{5}\times\dfrac{1}{16}\times\dfrac{25}{9}=\dfrac{5}{24}$

따라서 계산 결과가 가장 작은 것은 ④이다.

06 답 -48

$(-3)^{3}\div\left(-\dfrac{1}{10}\right)\times\dfrac{8}{9}\div(-5)$
$=(-27)\times(-10)\times\dfrac{8}{9}\times\left(-\dfrac{1}{5}\right)$
$=-\left(27\times 10\times\dfrac{8}{9}\times\dfrac{1}{5}\right)$
$=-48$

개념 20 덧셈, 뺄셈, 곱셈, 나눗셈의 혼합 계산

01 답 (1) ㉠, ㉡ (2) ㉡, ㉠ (3) ㉢, ㉡, ㉠ (4) ㉡, ㉢, ㉠
(5) ㉡, ㉢, ㉣, ㉠ (6) ㉣, ㉢, ㉡, ㉤, ㉠

02 답 (1) 20 (2) 32 (3) $\dfrac{1}{24}$ (4) $-\dfrac{4}{5}$ (5) -24 (6) $-\dfrac{3}{7}$
(7) -45 (8) 14

(1) $(-2)\times(-8)+4=16+4=20$

(2) $25-49\div(-7)=25-(-7)=25+7=32$

(3) $\dfrac{2}{3}+\dfrac{5}{6}\times\left(-\dfrac{3}{4}\right)=\dfrac{2}{3}+\left(-\dfrac{5}{8}\right)=\dfrac{16}{24}+\left(-\dfrac{15}{24}\right)=\dfrac{1}{24}$

(4) $\left(-\dfrac{1}{8}\right)\div\dfrac{5}{12}-\dfrac{1}{2}=\left(-\dfrac{1}{8}\right)\times\dfrac{12}{5}-\dfrac{1}{2}$
$=-\dfrac{3}{10}-\dfrac{1}{2}=-\dfrac{3}{10}-\dfrac{5}{10}$
$=-\dfrac{8}{10}=-\dfrac{4}{5}$

(5) $4\times(-8)-(-56)\div 7=-32-(-8)=-24$

(6) $2^2 \times \left(-\dfrac{1}{7}\right) - \left(-\dfrac{1}{7}\right) = 4 \times \left(-\dfrac{1}{7}\right) - \left(-\dfrac{1}{7}\right)$
$$= -\dfrac{4}{7} + \dfrac{1}{7} = -\dfrac{3}{7}$$

(7) $(-3)^2 - 24 \div \left(-\dfrac{2}{3}\right)^2 = 9 - 24 \div \dfrac{4}{9} = 9 - 24 \times \dfrac{9}{4}$
$$= 9 - 54 = -45$$

(8) $\dfrac{1}{8} \times (-2)^3 + (-5)^2 \div \dfrac{5}{3} = \dfrac{1}{8} \times (-8) + 25 \times \dfrac{3}{5}$
$$= (-1) + 15 = 14$$

03 답 (1) -18 (2) -33 (3) -6 (4) 50 (5) 8 (6) -6
(7) 0 (8) -21

(1) $-4 \times (1-4) \div \left(-\dfrac{2}{3}\right) = -4 \times (-3) \times \left(-\dfrac{3}{2}\right)$
$$= -\left(4 \times 3 \times \dfrac{3}{2}\right) = -18$$

(2) $(-3) \times \{9 - (3-5)\} = (-3) \times \{9 - (-2)\}$
$$= (-3) \times 11 = -33$$

(3) $36 \div 9 + \{2 + (-4) \times 3\} = 36 \times \dfrac{1}{9} + (2-12)$
$$= 4 + (-10) = -6$$

(4) $21 + \{4 + (-3)^2 \times 4 - 11\} = 21 + (4 + 9 \times 4 - 11)$
$$= 21 + (4 + 36 - 11)$$
$$= 21 + 29 = 50$$

(5) $13 - 6 \times \left\{1 + \left(\dfrac{1}{2} - \dfrac{2}{3}\right)\right\} = 13 - 6 \times \left\{1 + \left(\dfrac{3}{6} - \dfrac{4}{6}\right)\right\}$
$$= 13 - 6 \times \left\{1 + \left(-\dfrac{1}{6}\right)\right\}$$
$$= 13 - 6 \times \dfrac{5}{6} = 13 - 5 = 8$$

(6) $-8 - \left\{(-3)^2 \times \left(-\dfrac{1}{2}\right) - 2 \div \left(-\dfrac{4}{5}\right)\right\}$
$$= -8 - \left\{9 \times \left(-\dfrac{1}{2}\right) - 2 \times \left(-\dfrac{5}{4}\right)\right\}$$
$$= -8 - \left(-\dfrac{9}{2} + \dfrac{5}{2}\right) = -8 - (-2)$$
$$= -8 + 2 = -6$$

(7) $24 \times \left\{\dfrac{3}{4} + (-2)^2 \times \dfrac{1}{16} - \dfrac{1}{2}\right\} - 12$
$$= 24 \times \left(\dfrac{3}{4} + 4 \times \dfrac{1}{16} - \dfrac{1}{2}\right) - 12$$
$$= 24 \times \left(\dfrac{3}{4} + \dfrac{1}{4} - \dfrac{2}{4}\right) - 12$$
$$= 24 \times \dfrac{1}{2} - 12 = 0$$

(8) $3 - \left[\left\{\left(-\dfrac{3}{5}\right)^2 - 1\right\} \times \dfrac{5}{8} + (-2)\right] \times (-10)$
$$= 3 - \left[\left(\dfrac{9}{25} - 1\right) \times \dfrac{5}{8} + (-2)\right] \times (-10)$$
$$= 3 - \left\{-\dfrac{16}{25} \times \dfrac{5}{8} + (-2)\right\} \times (-10)$$
$$= 3 - \left(-\dfrac{2}{5} - \dfrac{10}{5}\right) \times (-10)$$
$$= 3 - \left(-\dfrac{12}{5}\right) \times (-10)$$
$$= 3 - 24 = -21$$

04 답 (1) ㉡, ㉠, ㉢, ㉣, ㉤ (2) 14
(2) $[\{-5 \times (7-3)\} \div 2 - (-3)] \times (-2)$
$$= \left\{(-5 \times 4) \times \dfrac{1}{2} - (-3)\right\} \times (-2)$$
$$= \left\{-20 \times \dfrac{1}{2} - (-3)\right\} \times (-2)$$
$$= (-10 + 3) \times (-2)$$
$$= (-7) \times (-2) = 14$$

05 답 ④
$2^3 - \left\{3 \div \dfrac{9}{5} - (-1)^4\right\} \times \dfrac{3}{4} - \left(-\dfrac{9}{2}\right)$
$$= 8 - \left(3 \times \dfrac{5}{9} - 1\right) \times \dfrac{3}{4} + \dfrac{9}{2}$$
$$= 8 - \left(\dfrac{5}{3} - 1\right) \times \dfrac{3}{4} + \dfrac{9}{2}$$
$$= 8 - \dfrac{2}{3} \times \dfrac{3}{4} + \dfrac{9}{2}$$
$$= 8 - \dfrac{1}{2} + \dfrac{9}{2}$$
$$= 8 + 4 = 12$$

06 답 ③
$-\dfrac{11}{5} - \left\{-2 + \dfrac{3}{4} \times \left(-\dfrac{2}{3}\right)^2 + \dfrac{8}{3}\right\}$
$$= -\dfrac{11}{5} - \left(-2 + \dfrac{3}{4} \times \dfrac{4}{9} + \dfrac{8}{3}\right)$$
$$= -\dfrac{11}{5} - \left(-2 + \dfrac{1}{3} + \dfrac{8}{3}\right)$$
$$= -\dfrac{11}{5} - (-2 + 3)$$
$$= -\dfrac{11}{5} - 1 = -\dfrac{16}{5}$$

따라서 $-\dfrac{16}{5}$보다 큰 음의 정수는 -3, -2, -1의 3개이다.

개념 18~20 **한번 더! 기본 문제** 본문 64쪽

| **01** ① | **02** ③ | **03** (1) 50 (2) -125 |
| **04** ⑤ | **05** $-\dfrac{2}{3}$ | **06** $\dfrac{5}{8}$ |

01 답 ①
$-\dfrac{5}{4}$의 역수는 $-\dfrac{4}{5}$이므로
$$a = -\dfrac{4}{5}$$
$1.2 = \dfrac{12}{10} = \dfrac{6}{5}$의 역수는 $\dfrac{5}{6}$이므로
$$b = \dfrac{5}{6}$$
$\therefore a \times b = \left(-\dfrac{4}{5}\right) \times \dfrac{5}{6} = -\dfrac{2}{3}$

02 답 ③

① $\left(-\dfrac{1}{5}\right)+\left(+\dfrac{5}{3}\right)=\left(-\dfrac{3}{15}\right)+\left(+\dfrac{25}{15}\right)=\dfrac{22}{15}$

② $\left(-\dfrac{3}{4}\right)-\left(-\dfrac{5}{2}\right)=\left(-\dfrac{3}{4}\right)+\left(+\dfrac{10}{4}\right)=\dfrac{7}{4}$

③ $\left(-\dfrac{7}{3}\right)\times\left(-\dfrac{9}{2}\right)=\dfrac{21}{2}$

④ $(-5)\div\left(-\dfrac{5}{2}\right)=(-5)\times\left(-\dfrac{2}{5}\right)=2$

⑤ $\left(-\dfrac{4}{7}\right)\div\left(+\dfrac{3}{28}\right)=\left(-\dfrac{4}{7}\right)\times\left(+\dfrac{28}{3}\right)=-\dfrac{16}{3}$

따라서 계산 결과가 가장 큰 것은 ③이다.

03 답 (1) 50 (2) -125

(1) 어떤 수를 □라 하면

$\quad \square\times\left(-\dfrac{2}{5}\right)=-20$

$\quad \therefore \square=(-20)\div\left(-\dfrac{2}{5}\right)=(-20)\times\left(-\dfrac{5}{2}\right)=50$

따라서 어떤 수는 50이다.

(2) $50\div\left(-\dfrac{2}{5}\right)=50\times\left(-\dfrac{5}{2}\right)=-125$

04 답 ⑤

① $4\times(-3)\div(-2)=4\times(-3)\times\left(-\dfrac{1}{2}\right)$

$\qquad\qquad =+\left(4\times3\times\dfrac{1}{2}\right)=6$

② $(-10)\div2\times5=(-10)\times\dfrac{1}{2}\times5$

$\qquad\qquad =-\left(10\times\dfrac{1}{2}\times5\right)=-25$

③ $(-3)^2\times(-1)^3\div\dfrac{9}{5}=9\times(-1)\times\dfrac{5}{9}$

$\qquad\qquad =-\left(9\times1\times\dfrac{5}{9}\right)=-5$

④ $(-8)\div\dfrac{4}{3}\times\left(-\dfrac{1}{3}\right)=(-8)\times\dfrac{3}{4}\times\left(-\dfrac{1}{3}\right)$

$\qquad\qquad =+\left(8\times\dfrac{3}{4}\times\dfrac{1}{3}\right)=2$

⑤ $\left(-\dfrac{1}{10}\right)\div\left(-\dfrac{2}{3}\right)\div\left(-\dfrac{6}{5}\right)=\left(-\dfrac{1}{10}\right)\times\left(-\dfrac{3}{2}\right)\times\left(-\dfrac{5}{6}\right)$

$\qquad\qquad =-\left(\dfrac{1}{10}\times\dfrac{3}{2}\times\dfrac{5}{6}\right)=-\dfrac{1}{8}$

따라서 옳은 것은 ⑤이다.

05 답 $-\dfrac{2}{3}$

$\left(-\dfrac{5}{6}\right)\times(\square)\div\left(-\dfrac{10}{9}\right)=-\dfrac{1}{2}$에서

$\left(-\dfrac{5}{6}\right)\times(\square)\times\left(-\dfrac{9}{10}\right)=-\dfrac{1}{2}$

$\left\{\left(-\dfrac{5}{6}\right)\times\left(-\dfrac{9}{10}\right)\right\}\times(\square)=-\dfrac{1}{2}$

$\dfrac{3}{4}\times(\square)=-\dfrac{1}{2}$

$\therefore \square=\left(-\dfrac{1}{2}\right)\div\dfrac{3}{4}=\left(-\dfrac{1}{2}\right)\times\dfrac{4}{3}=-\dfrac{2}{3}$

06 답 $\dfrac{5}{8}$

$1-\left[\dfrac{1}{4}+(-4)\div\{5\times(-2)^3+8\}\right]$

$=1-\left[\dfrac{1}{4}+(-4)\div\{5\times(-8)+8\}\right]$

$=1-\left[\dfrac{1}{4}+(-4)\div\{(-40)+8\}\right]$

$=1-\left\{\dfrac{1}{4}+(-4)\div(-32)\right\}$

$=1-\left\{\dfrac{1}{4}+(-4)\times\left(-\dfrac{1}{32}\right)\right\}$

$=1-\left(\dfrac{1}{4}+\dfrac{1}{8}\right)$

$=1-\dfrac{3}{8}=\dfrac{5}{8}$

3. 문자의 사용과 식

본문 66~67쪽

개념 21 문자의 사용

01 답 (1) 앞 (2) 거듭제곱

02 답 (1) $3x$ (2) $-ab$ (3) $2x^2y$ (4) a^3b^3
  (5) $5(x+y)$ (6) $-2a+8b$

03 답 (1) $\dfrac{5}{x}$ (2) $-\dfrac{y}{4}$ (3) $\dfrac{3b}{20}$ (4) $\dfrac{a}{3b}$ (5) $\dfrac{x-y}{7}$
  (6) $\dfrac{a}{2}+\dfrac{b}{c}$

(4) $a\div b\div 3=a\times\dfrac{1}{b}\times\dfrac{1}{3}=\dfrac{a}{3b}$

(5) $(x-y)\div 7=(x-y)\times\dfrac{1}{7}=\dfrac{x-y}{7}$

04 답 (1) $\dfrac{5x}{y}$ (2) $-\dfrac{2a}{b}$ (3) $\dfrac{ab^2}{3}$ (4) $\dfrac{4xy}{z}$ (5) $\dfrac{8x}{3(y+z)}$

(1) $x\times 5\div y=x\times 5\times\dfrac{1}{y}=\dfrac{5x}{y}$

(2) $a\div b\times(-2)=a\times\dfrac{1}{b}\times(-2)=-\dfrac{2a}{b}$

(3) $a\div 3\times b\times b=a\times\dfrac{1}{3}\times b\times b=\dfrac{ab^2}{3}$

(4) $x\times 4\times y\div z=x\times 4\times y\times\dfrac{1}{z}=\dfrac{4xy}{z}$

(5) $x\times 8\div(y+z)\div 3=x\times 8\times\dfrac{1}{y+z}\times\dfrac{1}{3}=\dfrac{8x}{3(y+z)}$

05 답 (1) $200a$원 (2) $\dfrac{x}{12}$원 (3) $(5000-700x)$원
  (4) $2a+3b$ (5) $2(x+y)$ cm (6) $\dfrac{ab}{2}$ cm²
  (7) $3x$ km (8) $\dfrac{x}{5}$시간

(5) (직사각형의 둘레의 길이)
  $=2\times\{$(가로의 길이)$+$(세로의 길이)$\}$
  $=2\times(x+y)=2(x+y)$(cm)

(6) (삼각형의 넓이)$=\dfrac{1}{2}\times$(밑변의 길이)$\times$(높이)
  $=\dfrac{1}{2}\times a\times b=\dfrac{ab}{2}$(cm²)

(7) (거리)$=$(속력)$\times$(시간)$=x\times 3=3x$(km)

(8) (시간)$=\dfrac{\text{(거리)}}{\text{(속력)}}=\dfrac{x}{5}$(시간)

06 답 ㄴ, ㄹ

ㄱ. $0.1\times a=0.1a$

ㄷ. $x+y\div(-3)=x+y\times\left(-\dfrac{1}{3}\right)=x-\dfrac{y}{3}$

ㄹ. $x\div y\div 5=x\times\dfrac{1}{y}\times\dfrac{1}{5}=\dfrac{x}{5y}$

따라서 옳은 것은 ㄴ, ㄹ이다.

07 답 ⑤

① $a\div b\div c=a\times\dfrac{1}{b}\times\dfrac{1}{c}=\dfrac{a}{bc}$

② $a\div\dfrac{1}{b}\times c=a\times b\times c=abc$

③ $a\div(b\div c)=a\div\dfrac{b}{c}=a\times\dfrac{c}{b}=\dfrac{ac}{b}$

④ $a\div(b\times c)=a\div bc=\dfrac{a}{bc}$

⑤ $(a\div b)\div c=\dfrac{a}{b}\times\dfrac{1}{c}=\dfrac{a}{bc}$

따라서 옳지 않은 것은 ⑤이다.

08 답 ③, ⑤

③ $10a+b$ ⑤ $7000\times\dfrac{x}{100}=70x$(원)

본문 68~69쪽

개념 22 대입과 식의 값

01 답 대입

02 답 (1) -3 (2) 1 (3) 4 (4) 10 (5) -25 (6) 66

(1) $3x-9=3\times 2-9=6-9=-3$

(2) $-2x-5=-2\times(-3)-5=6-5=1$

(3) $4x+2=4\times\dfrac{1}{2}+2=2+2=4$

(4) $\dfrac{6}{a}+7=\dfrac{6}{2}+7=3+7=10$

(5) $-a^2=-5^2=-25$

(6) $2a^2-3a+1=2\times(-5)^2-3\times(-5)+1$
  $=50+15+1=66$

03 답 (1) 5 (2) 18 (3) 6 (4) 25

(1) $x+y=3+2=5$

(2) $4x+3y=4\times 3+3\times 2=12+6=18$

(3) $-x+2y+5=-3+2\times 2+5=-3+4+5=6$

(4) $(x+y)^2=(3+2)^2=5^2=25$

04 답 (1) -12 (2) 25 (3) 4 (4) 22

(1) $xy=4\times(-3)=-12$

(2) $x^2+y^2=4^2+(-3)^2=16+9=25$

(3) $x(x+y)=4\times\{4+(-3)\}=4\times 1=4$

(4) $x^2-2y=4^2-2\times(-3)=16+6=22$

05 답 (1) 2 (2) -8 (3) 3 (4) -7

(1) $\dfrac{1}{a}=1\div a=1\div\dfrac{1}{2}=1\times 2=2$

(2) $-\dfrac{4}{a}=-4\div a=-4\div\dfrac{1}{2}=-4\times 2=-8$

(3) $\dfrac{2}{a}-1=2\div a-1=2\div\dfrac{1}{2}-1=2\times 2-1=4-1=3$

(4) $5-\dfrac{6}{a}=5-6\div a=5-6\div\dfrac{1}{2}=5-6\times 2=5-12=-7$

06 답 (1) 3 (2) 1 (3) -1 (4) 25

(1) $9a^2-24ab=9\times\left(\dfrac{1}{3}\right)^2-24\times\dfrac{1}{3}\times\left(-\dfrac{1}{4}\right)$

$\qquad\qquad\quad =9\times\dfrac{1}{9}+2=1+2=3$

(2) $12(a+b)=12\times\left\{\dfrac{1}{3}+\left(-\dfrac{1}{4}\right)\right\}=12\times\dfrac{1}{12}=1$

(3) $\dfrac{1}{a}+\dfrac{1}{b}=1\div a+1\div b=1\div\dfrac{1}{3}+1\div\left(-\dfrac{1}{4}\right)$

$\qquad\qquad =1\times3+1\times(-4)=3-4=-1$

(4) $\dfrac{3}{a}-\dfrac{4}{b}=3\div a-4\div b=3\div\dfrac{1}{3}-4\div\left(-\dfrac{1}{4}\right)$

$\qquad\qquad =3\times3-4\times(-4)=9+16=25$

07 답 ⑤

① $3x=3\times(-3)=-9$

② $\dfrac{27}{x}=\dfrac{27}{-3}=-9$

③ $4x+3=4\times(-3)+3=-12+3=-9$

④ $x^3+18=(-3)^3+18=-27+18=-9$

⑤ $(-x)^2=\{-(-3)\}^2=3^2=9$

따라서 식의 값이 나머지 넷과 다른 하나는 ⑤이다.

08 답 ①

① $7a-b=7\times2-(-5)=14+5=19$

② $a^2-b=2^2-(-5)=4+5=9$

③ $a+b+10=2+(-5)+10=7$

④ $5a^2+6b=5\times2^2+6\times(-5)=20-30=-10$

⑤ $-\dfrac{40}{ab}=-\dfrac{40}{2\times(-5)}=-\dfrac{40}{-10}=4$

따라서 식의 값이 가장 큰 것은 ①이다.

09 답 21

$\dfrac{2}{x}-\dfrac{3}{y}=2\div x-3\div y=2\div\dfrac{2}{3}-3\div\left(-\dfrac{1}{6}\right)$

$\qquad\quad =2\times\dfrac{3}{2}-3\times(-6)=3+18=21$

10 답 (1) $(2a+1000b)$원 (2) 2800원

(1) (지불한 금액)

$\quad=$(사탕 한 개의 가격)×(사탕의 개수)

$\qquad\qquad\quad+$(초콜릿 한 개의 가격)×(초콜릿의 개수)

$\quad=a\times2+1000\times b=2a+1000b$(원)

(2) $2a+1000b$에 $a=400$, $b=2$를 대입하면

$\quad 2a+1000b=2\times400+1000\times2=2800$(원)

개념 21-22 **한번 더! 기본 문제** 본문 70쪽

01 ③, ④ **02** ③ **03** 45 **04** ⑤

05 30℃

01 답 ③, ④

③ $(x+y)\div2=\dfrac{x+y}{2}$

④ $x\div y\times7=x\times\dfrac{1}{y}\times7=\dfrac{7x}{y}$

02 답 ③

ㄱ. $x\div3\times7=\dfrac{7x}{3}$(원)

ㄴ. (시간)$=\dfrac{(거리)}{(속력)}=\dfrac{a}{2}$(시간)

ㄷ. $1000-1000\times\dfrac{a}{100}=1000-10a$(원)

ㄹ. $(x+y)\div2=\dfrac{x+y}{2}$(점)

따라서 옳은 것은 ㄱ, ㄴ, ㄹ이다.

03 답 45

$x^2-2xy=3^2-2\times3\times(-6)=9+36=45$

04 답 ⑤

① $x^2=\left(-\dfrac{1}{2}\right)^2=\dfrac{1}{4}$

② $(-x)^2=\left\{-\left(-\dfrac{1}{2}\right)\right\}^2=\left(\dfrac{1}{2}\right)^2=\dfrac{1}{4}$

③ $\left(\dfrac{1}{x}\right)^2=\left\{1\div\left(-\dfrac{1}{2}\right)\right\}^2=\{1\times(-2)\}^2=(-2)^2=4$

④ $-x^2=-\left(-\dfrac{1}{2}\right)^2=-\dfrac{1}{4}$

⑤ $-\left(-\dfrac{1}{x}\right)^2=-\left\{-1\div\left(-\dfrac{1}{2}\right)\right\}^2=-\{-1\times(-2)\}^2$

$\qquad\qquad =-2^2=-4$

따라서 식의 값이 가장 작은 것은 ⑤이다.

05 답 30℃

$\dfrac{5}{9}(x-32)$에 $x=86$을 대입하면

$\dfrac{5}{9}\times(86-32)=\dfrac{5}{9}\times54=30$(℃)

따라서 화씨온도 86℉는 섭씨온도 30℃이다.

본문 71~72쪽

개념 23 **다항식과 일차식**

01 답 (1) 계수, 상수항 (2) 다항식, 단항식 (3) 일차식

02 답 (1) $2x$, 3 / 3 (2) $2x$, $-3y$, -4 / -4

$\qquad$ (3) x^2, 5 / 5 (4) $-x^2$, $4y$, 3 / 3

03 답 -7, $5x^2$, ab

04 답 (1) 5, -1

(2) x의 계수: 2, y의 계수: 7

(3) a^2의 계수: 1, a의 계수: -1

(4) x^2의 계수: -6, x의 계수: 2

(5) x의 계수: $\dfrac{1}{10}$, y의 계수: -7

(6) a^2의 계수: 3, a의 계수: 2

(7) a의 계수: 0.4, b의 계수: 0.7

(8) x의 계수: 0.5, y의 계수: $\dfrac{3}{2}$

05 답 (1) 1 (2) 1 (3) 2 (4) 3

(3) 차수가 가장 큰 항은 a^2이고, 이 항의 차수는 2이므로 다항식의 차수는 2이다.

(4) 차수가 가장 큰 항은 $5x^3$이고, 이 항의 차수는 3이므로 다항식의 차수는 3이다.

06 답 (1) ○ (2) × (3) ○ (4) × (5) × (6) ○

(2) 차수가 가장 큰 항은 y^2이고, 이 항의 차수는 2이므로 일차식이 아니다.

(4) 분모에 문자가 있는 항이 있으므로 다항식이 아니다.

즉, 일차식이 아니다.

(5) 상수항의 차수는 0이므로 일차식이 아니다.

07 답 ①, ⑤

② 항의 개수는 $\dfrac{x^2}{2}$, $-5x$, 1의 3개이다.

③ x의 계수는 -5이다.

④ 다항식의 차수는 2이다.

⑤ x^2의 계수는 $\dfrac{1}{2}$, 상수항은 1이므로 $\dfrac{1}{2}+1=\dfrac{3}{2}$

따라서 옳은 것은 ①, ⑤이다.

08 답 4

다항식의 차수는 2이므로 $a=2$

x의 계수는 -7이므로 $b=-7$

상수항은 9이므로 $c=9$

$\therefore a+b+c=2+(-7)+9=4$

09 답 ③, ⑤

① 다항식의 차수가 2이므로 일차식이 아니다.

② 분모에 문자가 있는 항이 있으므로 다항식이 아니다.

즉, 일차식이 아니다.

④ $0\times x+9=9$이므로 일차식이 아니다.

따라서 일차식은 ③, ⑤이다.

본문 73~75쪽

개념 24 일차식과 수의 곱셈, 나눗셈

01 답 (1) 분배법칙 (2) 역수

02 답 (1) 5, 5, 20 (2) $\dfrac{1}{4}$, $\dfrac{1}{4}$, 2 (3) 2, 2, 10, 8

(4) $\dfrac{1}{2}$, $\dfrac{1}{2}$, $\dfrac{1}{2}$, 4, 2

03 답 (1) $18x$ (2) $-12a$ (3) $30y$ (4) $14b$ (5) $3x$

(6) $10b$ (7) $-6y$ (8) $\dfrac{1}{2}a$

(5) $12x\div 4=12x\times\dfrac{1}{4}=3x$

(6) $14b\div\dfrac{7}{5}=14b\times\dfrac{5}{7}=10b$

(7) $2y\div\left(-\dfrac{1}{3}\right)=2y\times(-3)=-6y$

(8) $\left(-\dfrac{3}{4}a\right)\div\left(-\dfrac{3}{2}\right)=\left(-\dfrac{3}{4}a\right)\times\left(-\dfrac{2}{3}\right)=\dfrac{1}{2}a$

04 답 (1) $6a+12$ (2) $-6x+2$ (3) $5a-10$ (4) $-12-8x$

(5) $5-10y$ (6) $-a+2$ (7) $1+2b$ (8) $-4x-2$

(1) $3(2a+4)=3\times 2a+3\times 4=6a+12$

(2) $-2(3x-1)=-2\times 3x-(-2)\times 1=-6x+2$

(3) $(a-2)\times 5=a\times 5-2\times 5=5a-10$

(4) $(3+2x)\times(-4)=3\times(-4)+2x\times(-4)$
$=-12-8x$

(5) $\dfrac{5}{3}(3-6y)=\dfrac{5}{3}\times 3-\dfrac{5}{3}\times 6y=5-10y$

(6) $(-2a+4)\times\dfrac{1}{2}=-2a\times\dfrac{1}{2}+4\times\dfrac{1}{2}=-a+2$

(7) $0.2(5+10b)=0.2\times 5+0.2\times 10b=1+2b$

(8) $(16x+8)\times\left(-\dfrac{1}{4}\right)=16x\times\left(-\dfrac{1}{4}\right)+8\times\left(-\dfrac{1}{4}\right)=-4x-2$

05 답 (1) $x+3$ (2) $2-b$ (3) $-x-2$ (4) $2y+3$

(5) $\dfrac{2}{9}a-2$ (6) $-\dfrac{6}{5}x-\dfrac{1}{4}$ (7) $-2+6y$ (8) $2b+5$

(1) $(4x+12)\div 4=(4x+12)\times\dfrac{1}{4}$
$=4x\times\dfrac{1}{4}+12\times\dfrac{1}{4}=x+3$

(2) $(12-6b)\div 6=(12-6b)\times\dfrac{1}{6}$
$=12\times\dfrac{1}{6}-6b\times\dfrac{1}{6}=2-b$

(3) $(5x+10)\div(-5)=(5x+10)\times\left(-\dfrac{1}{5}\right)$
$=5x\times\left(-\dfrac{1}{5}\right)+10\times\left(-\dfrac{1}{5}\right)$
$=-x-2$

(4) $(-6y-9)\div(-3)=(-6y-9)\times\left(-\dfrac{1}{3}\right)$
$=-6y\times\left(-\dfrac{1}{3}\right)-9\times\left(-\dfrac{1}{3}\right)$
$=2y+3$

(5) $\left(\dfrac{2}{3}a-6\right)\div 3=\left(\dfrac{2}{3}a-6\right)\times\dfrac{1}{3}$
$=\dfrac{2}{3}a\times\dfrac{1}{3}-6\times\dfrac{1}{3}=\dfrac{2}{9}a-2$

(6) $\left(-4x-\dfrac{5}{6}\right)\div\dfrac{10}{3}=\left(-4x-\dfrac{5}{6}\right)\times\dfrac{3}{10}$

$\qquad\qquad =-4x\times\dfrac{3}{10}-\dfrac{5}{6}\times\dfrac{3}{10}=-\dfrac{6}{5}x-\dfrac{1}{4}$

(7) $(5-15y)\div\left(-\dfrac{5}{2}\right)=(5-15y)\times\left(-\dfrac{2}{5}\right)$

$\qquad\qquad =5\times\left(-\dfrac{2}{5}\right)-15y\times\left(-\dfrac{2}{5}\right)$

$\qquad\qquad =-2+6y$

(8) $(0.2b+0.5)\div\dfrac{1}{10}=(0.2b+0.5)\times10$

$\qquad\qquad =0.2b\times10+0.5\times10=2b+5$

06 답 ②, ④

① $-3x\times5=-15x$

② $2x\times\left(-\dfrac{3}{2}\right)=-3x$

③ $\dfrac{3}{5}\times(-15y)=-9y$

④ $\dfrac{2}{5}a\div\left(-\dfrac{1}{10}\right)=\dfrac{2}{5}a\times(-10)=-4a$

⑤ $(-8y)\div\left(-\dfrac{1}{2}\right)=(-8y)\times(-2)=16y$

따라서 옳은 것은 ②, ④이다.

07 답 3

$(8x-12)\div(-4)=(8x-12)\times\left(-\dfrac{1}{4}\right)$

$\qquad\qquad =8x\times\left(-\dfrac{1}{4}\right)-12\times\left(-\dfrac{1}{4}\right)=-2x+3$

따라서 상수항은 3이다.

08 답 -18

$-5\left(4x-\dfrac{2}{5}\right)=-5\times4x-(-5)\times\dfrac{2}{5}$

$\qquad\qquad\qquad =-20x+2$

따라서 $a=-20$, $b=2$이므로

$a+b=-20+2=-18$

09 답 ④

④ $(-21x+15)\div3=(-21x+15)\times\dfrac{1}{3}$

$\qquad\qquad =-21x\times\dfrac{1}{3}+15\times\dfrac{1}{3}=-7x+5$

10 답 16

$-2\left(4x-\dfrac{5}{8}\right)=-2\times4x-(-2)\times\dfrac{5}{8}=-8x+\dfrac{5}{4}$

에서 x의 계수는 -8이므로 $a=-8$

$\left(\dfrac{1}{2}x-1\right)\div\left(-\dfrac{1}{4}\right)=\left(\dfrac{1}{2}x-1\right)\times(-4)$

$\qquad\qquad =\dfrac{1}{2}x\times(-4)-1\times(-4)=-2x+4$

에서 x의 계수는 -2이므로 $b=-2$

$\therefore ab=-8\times(-2)=16$

11 답 $9y+18$

$(4y+8)\div\left(-\dfrac{2}{3}\right)^{2}=(4y+8)\div\dfrac{4}{9}=(4y+8)\times\dfrac{9}{4}$

$\qquad\qquad =4y\times\dfrac{9}{4}+8\times\dfrac{9}{4}=9y+18$

개념 23~24 한번 더! 기본 문제 　본문 76쪽

| **01** ④ | **02** -42 | **03** 3개 | **04** -5 |
| **05** ③, ④ | **06** -4 | | |

01 답 ④

① $2x-5$의 차수는 1이다.

② x^2-x-7의 상수항은 -7이다.

③ a^2+a-1은 단항식이 아니다.

⑤ $2a-8b$의 항은 $2a$, $-8b$이다.

따라서 옳은 것은 ④이다.

02 답 -42

다항식의 차수는 2이므로 $a=2$

x의 계수는 7이므로 $b=7$

상수항은 -3이므로 $c=-3$

$\therefore abc=2\times7\times(-3)=-42$

03 답 3개

ㄷ. 다항식의 차수가 2이므로 일차식이 아니다.

ㄹ. $-3+0\times a=-3$이므로 일차식이 아니다.

ㅂ. 분모에 문자가 있는 항이 있으므로 다항식이 아니다.

　　즉, 일차식이 아니다.

따라서 일차식은 ㄱ, ㄴ, ㅁ의 3개이다.

04 답 -5

x에 대한 일차식이 되려면 x^2의 계수가 0이어야 하므로

$5+a=0$ 　 $\therefore a=-5$

05 답 ③, ④

① $4\times3x=12x$

② $(-x)\times2=-2x$

⑤ $(14x-35)\div7=(14x-35)\times\dfrac{1}{7}$

$\qquad\qquad =14x\times\dfrac{1}{7}-35\times\dfrac{1}{7}=2x-5$

따라서 옳은 것은 ③, ④이다.

06 답 -4

$\left(\dfrac{12}{25}y-3\right)\div\left(-\dfrac{3}{5}\right)=\left(\dfrac{12}{25}y-3\right)\times\left(-\dfrac{5}{3}\right)$

$\qquad\qquad =\dfrac{12}{25}y\times\left(-\dfrac{5}{3}\right)-3\times\left(-\dfrac{5}{3}\right)=-\dfrac{4}{5}y+5$

따라서 $a=-\dfrac{4}{5}$, $b=5$이므로 $ab=-\dfrac{4}{5}\times5=-4$

개념 25 일차식의 덧셈과 뺄셈

01 답 (1) 동류항 (2) 분배법칙, 동류항

02 답 (1) $2a$와 $3a$, 3과 -4 (2) x와 $-3x$, 7과 5
(3) $2x$와 $5x$ (4) x와 $-5x$, y와 $-3y$
(5) x와 $-\dfrac{2}{3}x$, $-2y$와 y (6) $\dfrac{2}{5}a$와 $-a$, $3b$와 $2b$

03 답 (1) $12x$ (2) $3y$ (3) $-5a$ (4) a (5) $3x$
(1) $4x+8x=(4+8)x=12x$
(2) $9y-6y=(9-6)y=3y$
(3) $-3a-2a=(-3-2)a=-5a$
(4) $5a-7a+3a=(5-7+3)a=a$
(5) $-4x+2x+5x=(-4+2+5)x=3x$

04 답 (1) $9a+15$ (2) $-4b+2$ (3) $-16x-4$ (4) $\dfrac{5}{6}y+5$
(1) $5a+7+4a+8=5a+4a+7+8=9a+15$
(2) $6b-5+7-10b=6b-10b-5+7=-4b+2$
(3) $-5x+16-11x-20=-5x-11x+16-20=-16x-4$
(4) $\dfrac{1}{6}y-4+\dfrac{2}{3}y+9=\dfrac{1}{6}y+\dfrac{2}{3}y-4+9=\dfrac{5}{6}y+5$

05 답 (1) $9x+5$ (2) $6a-3$ (3) $-3y+4$ (4) $2b+6$
(5) $8x-7$ (6) $-3a+4$ (7) $-7y+6$ (8) $-4b-1$
(1) $(4x+2)+(5x+3)=4x+2+5x+3$
$\qquad\qquad\qquad\quad=4x+5x+2+3=9x+5$
(2) $(a+12)+(5a-15)=a+12+5a-15$
$\qquad\qquad\qquad\quad=a+5a+12-15=6a-3$
(3) $(-2y+1)+(-y+3)=-2y+1-y+3$
$\qquad\qquad\qquad\quad=-2y-y+1+3=-3y+4$
(4) $(7b-3)+(-5b+9)=7b-3-5b+9$
$\qquad\qquad\qquad\quad=7b-5b-3+9=2b+6$
(5) $11x-(3x+7)=11x-3x-7=8x-7$
(6) $(2a-3)-(5a-7)=2a-3-5a+7$
$\qquad\qquad\qquad\quad=2a-5a-3+7=-3a+4$
(7) $(-3y+5)-(4y-1)=-3y+5-4y+1$
$\qquad\qquad\qquad\quad=-3y-4y+5+1=-7y+6$
(8) $(-9b-3)-(-5b-2)=-9b-3+5b+2$
$\qquad\qquad\qquad\quad=-9b+5b-3+2=-4b-1$

06 답 (1) $4a-1$ (2) $7x+1$ (3) $-a+13$ (4) $6x-11$
(5) $4a-4$ (6) $\dfrac{13}{3}x-\dfrac{4}{3}$ (7) $2a-4$ (8) $13x-6$
(1) $(a+2)+3(a-1)=a+2+3a-3$
$\qquad\qquad\qquad\quad=a+3a+2-3=4a-1$
(2) $3(x+1)+2(2x-1)=3x+3+4x-2$
$\qquad\qquad\qquad\quad=3x+4x+3-2=7x+1$

(3) $4(a-3)-5(a-5)=4a-12-5a+25$
$\qquad\qquad\qquad\quad=4a-5a-12+25=-a+13$
(4) $2(-3x-4)-3(-4x+1)=-6x-8+12x-3$
$\qquad\qquad\qquad\quad=-6x+12x-8-3=6x-11$
(5) $\dfrac{1}{3}(6a-3)+\dfrac{1}{4}(8a-12)=2a-1+2a-3$
$\qquad\qquad\qquad\quad=2a+2a-1-3=4a-4$
(6) $4\left(x-\dfrac{1}{2}\right)+\dfrac{1}{3}(x+2)=4x-2+\dfrac{1}{3}x+\dfrac{2}{3}$
$\qquad\qquad\qquad\quad=\dfrac{12}{3}x+\dfrac{1}{3}x-\dfrac{6}{3}+\dfrac{2}{3}=\dfrac{13}{3}x-\dfrac{4}{3}$
(7) $12\left(\dfrac{1}{3}a-\dfrac{1}{4}\right)-\dfrac{1}{4}(8a+4)=4a-3-2a-1$
$\qquad\qquad\qquad\quad=4a-2a-3-1=2a-4$
(8) $\dfrac{1}{2}(6x-4)-\dfrac{2}{3}(-15x+6)=3x-2+10x-4$
$\qquad\qquad\qquad\quad=3x+10x-2-4=13x-6$

07 답 ④, ⑤
① 문자가 다르므로 동류항이 아니다.
② 차수가 다르므로 동류항이 아니다.
③ $\dfrac{3}{a}$은 다항식이 아니므로 $\dfrac{a}{3}$와 $\dfrac{3}{a}$은 동류항이 아니다.
따라서 동류항끼리 짝 지어진 것은 ④, ⑤이다.

08 답 3개
$5x$와 동류항인 것은 $-\dfrac{x}{3}$, $0.1x$, $\dfrac{2}{5}x$의 3개이다.

09 답 ③, ⑤
③ $3a$, $4b$는 동류항이 아니므로 $3a+4b$는 더 이상 계산할 수 없다.
⑤ $\dfrac{1}{4}y-\dfrac{1}{8}y+y=\left(\dfrac{1}{4}-\dfrac{1}{8}+1\right)y=\dfrac{9}{8}y$

10 답 $4x+5$
$(3x+1)-(-x-4)=3x+1+x+4=4x+5$

11 답 ④
① $(3x-1)+4(x+2)=3x-1+4x+8=7x+7$
② $3(2x+1)-2(x-1)=6x+3-2x+2=4x+5$
③ $\dfrac{1}{2}(2x+6)+(x-3)=x+3+x-3=2x$
④ $3(x-2)-\dfrac{1}{4}(8x+16)=3x-6-2x-4=x-10$
⑤ $\dfrac{2}{3}(x-3)+\dfrac{1}{6}(2x+6)=\dfrac{2}{3}x-2+\dfrac{1}{3}x+1=x-1$
따라서 옳지 않은 것은 ④이다.

12 답 ②
$\dfrac{3}{4}(16x-20)-(9x-3)\div\dfrac{3}{2}=12x-15-(9x-3)\times\dfrac{2}{3}$
$\qquad\qquad\qquad\quad=12x-15-6x+2$
$\qquad\qquad\qquad\quad=6x-13$
따라서 $a=6$, $b=-13$이므로 $a+b=6+(-13)=-7$

개념 26 여러 가지 일차식의 덧셈과 뺄셈

01 답 (1) $\dfrac{1}{2}$, 2, $\dfrac{3}{4}$ (2) $2x$, $2x$, $6x$, $8x$

02 답 (1) $\dfrac{13}{6}x+\dfrac{7}{6}$ (2) $\dfrac{12}{7}x+\dfrac{3}{14}$ (3) $\dfrac{8}{3}a+\dfrac{1}{6}$

(4) $-x-\dfrac{3}{4}$ (5) $-\dfrac{11}{10}x-\dfrac{1}{10}$ (6) $\dfrac{1}{6}a+\dfrac{5}{12}$

(1) $\dfrac{3x+1}{2}+\dfrac{2+2x}{3}=\dfrac{3}{2}x+\dfrac{1}{2}+\dfrac{2}{3}+\dfrac{2}{3}x$

$\qquad\qquad\qquad\quad=\dfrac{9}{6}x+\dfrac{4}{6}x+\dfrac{3}{6}+\dfrac{4}{6}=\dfrac{13}{6}x+\dfrac{7}{6}$

(2) $\dfrac{5x-2}{7}+\dfrac{2x+1}{2}=\dfrac{5}{7}x-\dfrac{2}{7}+x+\dfrac{1}{2}$

$\qquad\qquad\qquad\quad=\dfrac{5}{7}x+\dfrac{7}{7}x-\dfrac{4}{14}+\dfrac{7}{14}=\dfrac{12}{7}x+\dfrac{3}{14}$

(3) $\dfrac{a+2}{3}+\dfrac{14a-3}{6}=\dfrac{1}{3}a+\dfrac{2}{3}+\dfrac{7}{3}a-\dfrac{1}{2}$

$\qquad\qquad\qquad\quad=\dfrac{1}{3}a+\dfrac{7}{3}a+\dfrac{4}{6}-\dfrac{3}{6}=\dfrac{8}{3}a+\dfrac{1}{6}$

(4) $\dfrac{2x+7}{4}-\dfrac{3x+5}{2}=\dfrac{1}{2}x+\dfrac{7}{4}-\dfrac{3}{2}x-\dfrac{5}{2}$

$\qquad\qquad\qquad\quad=\dfrac{1}{2}x-\dfrac{3}{2}x+\dfrac{7}{4}-\dfrac{10}{4}=-x-\dfrac{3}{4}$

(5) $\dfrac{2x-3}{5}-\dfrac{3x-1}{2}=\dfrac{2}{5}x-\dfrac{3}{5}-\dfrac{3}{2}x+\dfrac{1}{2}$

$\qquad\qquad\qquad\quad=\dfrac{4}{10}x-\dfrac{15}{10}x-\dfrac{6}{10}+\dfrac{5}{10}$

$\qquad\qquad\qquad\quad=-\dfrac{11}{10}x-\dfrac{1}{10}$

(6) $\dfrac{2a-1}{4}-\dfrac{a-2}{3}=\dfrac{1}{2}a-\dfrac{1}{4}-\dfrac{1}{3}a+\dfrac{2}{3}$

$\qquad\qquad\qquad\quad=\dfrac{3}{6}a-\dfrac{2}{6}a-\dfrac{3}{12}+\dfrac{8}{12}=\dfrac{1}{6}a+\dfrac{5}{12}$

03 답 (1) $2x+1$ (2) $6a-4$ (3) $x+5$ (4) 2 (5) $4x-3$

(6) $4a-10$

(1) $4x+\{3-2(x+1)\}=4x+(3-2x-2)$

$\qquad\qquad\qquad\quad=4x+(-2x+1)$

$\qquad\qquad\qquad\quad=4x-2x+1=2x+1$

(2) $3(a-1)-\{a+(1-4a)\}=3a-3-(a+1-4a)$

$\qquad\qquad\qquad\qquad\quad=3a-3-(-3a+1)$

$\qquad\qquad\qquad\qquad\quad=3a-3+3a-1=6a-4$

(3) $-2x-\{-(1-3x)-2(3x+2)\}$

$\quad=-2x-(-1+3x-6x-4)$

$\quad=-2x-(-3x-5)$

$\quad=-2x+3x+5=x+5$

(4) $7a-[2a+\{4-(6-5a)\}]$

$\quad=7a-\{2a+(4-6+5a)\}$

$\quad=7a-\{2a+(5a-2)\}$

$\quad=7a-(2a+5a-2)$

$\quad=7a-(7a-2)$

$\quad=7a-7a+2=2$

(5) $3x-[2x+3\{4x-(5x-1)\}]$

$\quad=3x-\{2x+3(4x-5x+1)\}$

$\quad=3x-\{2x+3(-x+1)\}$

$\quad=3x-(2x-3x+3)$

$\quad=3x-(-x+3)$

$\quad=3x+x-3=4x-3$

(6) $-a-[6-\{3(2a+1)-(a+7)\}]$

$\quad=-a-\{6-(6a+3-a-7)\}$

$\quad=-a-\{6-(5a-4)\}$

$\quad=-a-(6-5a+4)$

$\quad=-a-(-5a+10)$

$\quad=-a+5a-10=4a-10$

04 답 (1) $-x+7$ (2) $x-5$ (3) $-2x-2$ (4) $-x-3$

(5) $11x+5$

(1) $\boxed{}=2x+5-(3x-2)$

$\qquad\quad=2x+5-3x+2=-x+7$

(2) $\boxed{}=2x-1-(x+4)$

$\qquad\quad=2x-1-x-4=x-5$

(3) $\boxed{}=-3x-1+(x-1)$

$\qquad\quad=-3x-1+x-1=-2x-2$

(4) $\boxed{}=(x+2)-(2x+5)$

$\qquad\quad=x+2-2x-5=-x-3$

(5) $\boxed{}=7x+11+2(2x-3)$

$\qquad\quad=7x+11+4x-6=11x+5$

05 답 $-\dfrac{1}{2}x+\dfrac{11}{6}$

$\dfrac{-2x+5}{3}+\dfrac{x+1}{6}=-\dfrac{2}{3}x+\dfrac{5}{3}+\dfrac{1}{6}x+\dfrac{1}{6}$

$\qquad\qquad\qquad\quad=-\dfrac{4}{6}x+\dfrac{1}{6}x+\dfrac{10}{6}+\dfrac{1}{6}$

$\qquad\qquad\qquad\quad=-\dfrac{3}{6}x+\dfrac{11}{6}=-\dfrac{1}{2}x+\dfrac{11}{6}$

06 답 22

$\dfrac{1}{2}x-[3x+1-\{x-(4x+3)\}]$

$=\dfrac{1}{2}x-\{3x+1-(x-4x-3)\}$

$=\dfrac{1}{2}x-\{3x+1-(-3x-3)\}$

$=\dfrac{1}{2}x-(3x+1+3x+3)$

$=\dfrac{1}{2}x-(6x+4)=\dfrac{1}{2}x-6x-4$

$=-\dfrac{11}{2}x-4$

따라서 $a=-\dfrac{11}{2}$, $b=-4$이므로

$ab=-\dfrac{11}{2}\times(-4)=22$

07 답 ④

$$\boxed{}=2(5x-4)-3(2x-1)$$
$$=10x-8-6x+3=4x-5$$

08 답 $x-4$

$A-(3x-5)=-2x+1$이므로
$$A=-2x+1+(3x-5)$$
$$=-2x+1+3x-5=x-4$$

개념 25~26 한번 더! 기본 문제 본문 82쪽

01 ②	**02** ⑤	**03** $13x-11$
04 -9	**05** ①	**06** (1) $-x-11$ (2) $x-15$

01 답 ②

① 상수항이므로 동류항이 아니다.
③ 다항식이 아니므로 동류항이 아니다.
④ 문자가 다르므로 동류항이 아니다.
⑤ 차수가 다르므로 동류항이 아니다.
따라서 $-3a$와 동류항인 것은 ②이다.

02 답 ⑤

① $(3x+1)-(-5x+3)=3x+1+5x-3$
$$=8x-2$$

② $\dfrac{1}{2}(4x+2)-x=2x+1-x$
$$=x+1$$

③ $-7(x-1)+2(4x+3)=-7x+7+8x+6$
$$=x+13$$

④ $2(2x-1)-\dfrac{1}{5}(15-10x)=4x-2-3+2x$
$$=6x-5$$

⑤ $-2(4x+3)+(25-5x)\div5$
$$=-2(4x+3)+(25-5x)\times\dfrac{1}{5}$$
$$=-8x-6+5-x=-9x-1$$

따라서 x의 계수가 가장 작은 것은 ⑤이다.

03 답 $13x-11$

$2A-3B=2(2x-4)-3(-3x+1)$
$$=4x-8+9x-3=13x-11$$

04 답 -9

$3(x-2)-\dfrac{1}{4}(8x+16)=3x-6-2x-4$
$$=x-10$$

에서 상수항은 -10이므로 $a=-10$

$$\dfrac{2x-1}{4}-\dfrac{x-5}{3}=\dfrac{1}{2}x-\dfrac{1}{4}-\dfrac{1}{3}x+\dfrac{5}{3}$$
$$=\dfrac{3}{6}x-\dfrac{2}{6}x-\dfrac{3}{12}+\dfrac{20}{12}=\dfrac{1}{6}x+\dfrac{17}{12}$$

에서 x의 계수는 $\dfrac{1}{6}$이므로 $b=\dfrac{1}{6}$

$$\therefore a+6b=-10+6\times\dfrac{1}{6}=-10+1=-9$$

05 답 ①

$3x-[4x-3\{5-(3-7x)-2x\}]$
$$=3x-\{4x-3(5-3+7x-2x)\}$$
$$=3x-\{4x-3(5x+2)\}$$
$$=3x-(4x-15x-6)$$
$$=3x-(-11x-6)$$
$$=3x+11x+6$$
$$=14x+6$$
따라서 $a=14$, $b=6$이므로
$$a-b=14-6=8$$

06 답 (1) $-x-11$ (2) $x-15$

(1) 어떤 다항식을 $\boxed{}$라 하면
$$(\boxed{})-(2x-4)=-3x-7$$
$$\therefore \boxed{}=-3x-7+(2x-4)$$
$$=-3x-7+2x-4$$
$$=-x-11$$

따라서 어떤 다항식은 $-x-11$이다.

(2) 바르게 계산한 식은
$$-x-11+(2x-4)=-x-11+2x-4$$
$$=x-15$$

4. 일차방정식

개념 27 방정식과 그 해

01 답 (1) 등식　(2) 방정식, 해　(3) 항등식

02 답 (1) ○　(2) ×　(3) ×　(4) ○　(5) ○　(6) ×

03 답 (1) $2x-3=5$　(2) $x-7=6$　(3) $700x+1600=3000$
　　　(4) $5x=30$

(1) 어떤 수 x의 2배에서 3을 빼면 $2x-3$이므로 $2x-3=5$
(2) 나의 나이 x세에서 동생의 나이 7세를 빼면 $(x-7)$세이므로
　$x-7=6$
(3) 한 권에 700원인 공책 x권과 한 자루에 400원인 볼펜 4자루의
　값은 $(700x+1600)$원이므로
　$700x+1600=3000$
(4) 가로의 길이가 $5\,\mathrm{cm}$, 세로의 길이가 $x\,\mathrm{cm}$인 직사각형의 넓이는
　$5x\,\mathrm{cm}^2$이므로 $5x=30$

04 답 (1) ×　(2) ○　(3) ○　(4) ×

(1) $x-4=2$에 $x=-2$를 대입하면 $-2-4\neq2$
(2) $\dfrac{1}{2}x+1=0$에 $x=-2$를 대입하면 $\dfrac{1}{2}\times(-2)+1=0$
(3) $x=6+4x$에 $x=-2$를 대입하면 $-2=6+4\times(-2)$
(4) $2x+5=3x-1$에 $x=-2$를 대입하면
　$2\times(-2)+5\neq3\times(-2)-1$

05 답 (1) ○　(2) ×　(3) ×　(4) ○
　　　(5) ×　(6) ×　(7) ○　(8) ○

(1) $x+6=9$에 $x=3$을 대입하면 $3+6=9$
(2) $6-x=-4$에 $x=2$를 대입하면 $6-2\neq-4$
(3) $-5x=x+6$에 $x=1$을 대입하면 $-5\times1\neq1+6$
(4) $1-\dfrac{1}{2}x=-2$에 $x=6$을 대입하면
　$1-\dfrac{1}{2}\times6=-2$
(5) $3x+1=2x+5$에 $x=-1$을 대입하면
　$3\times(-1)+1\neq2\times(-1)+5$
(6) $-x+9=-3x-3$에 $x=4$를 대입하면
　$-4+9\neq-3\times4-3$
(7) $3(1-x)=-3$에 $x=2$를 대입하면
　$3\times(1-2)=-3$
(8) $2(x-1)=x+3$에 $x=5$를 대입하면
　$2\times(5-1)=5+3$

06 답 (1) ×　(2) ○　(3) ○　(4) ×　(5) ○
(4) $2(x-1)=10$에서 $2x-2=10$이므로 항등식이 아니다.
(5) $3(x+1)=3x+3$에서 $3x+3=3x+3$이므로 항등식이다.

07 답 (1) 2, 3　(2) $a=3$, $b=1$　(3) $a=-2$, $b=4$
　　　(4) $a=5$, $b=-7$　(5) $a=1$, $b=-2$

08 답 ③, ⑤

①, ④ 다항식
② 부등호를 사용한 식
따라서 등식은 ③, ⑤이다.

09 답 ③

어떤 수 x의 2배에서 6을 뺀 것은 $2x-6$이고,
어떤 수 x에 4를 더한 것은 $x+4$이므로
$2x-6=x+4$

10 답 ③, ④
주어진 방정식에 $x=-1$을 각각 대입하면
① $-1+2\neq5$　　　　② $-(-1)+3\neq2$
③ $-(-1+4)=-3$　　④ $-2\times(-1)+4=-1+7$
⑤ $-\dfrac{1}{3}+1\neq-\dfrac{1}{4}-2$

따라서 해가 $x=-1$인 것은 ③, ④이다.

11 답 ④

주어진 방정식에 [ ] 안의 수를 대입하면
① $5-3\times2=-1$
② $1=6\times1-5$
③ $5\times(-4)=8\times(-4)+12$
④ $3\times(-1)+5\neq2\times(-1)+3$
⑤ $\dfrac{2}{3}\times(-2)+1=-\dfrac{2}{6}$

따라서 [ ] 안의 수가 주어진 방정식의 해가 아닌 것은 ④이다.

12 답 ⑤
⑤ (우변)$=(3x-4)-(x-5)=3x-4-x+5=2x+1$
　즉, (좌변)$=$(우변)이므로 항등식이다.

13 답 5
$2ax+3=4x-b$가 x에 대한 항등식이므로
$2a=4$에서 $a=2$, $3=-b$에서 $b=-3$
$\therefore a-b=2-(-3)=5$

개념 28 등식의 성질

01 답 (1) 3　(2) 2　(3) 4　(4) 5　(5) 2　(6) $\dfrac{1}{6}$　(7) -3　(8) -2

02 답 (1) ×　(2) ○　(3) ○　(4) ○　(5) ×　(6) ○　(7) ×　(8) ○

(1) $a=b$의 양변에 4를 더하면 $a+4=b+4$

(2) $\dfrac{a}{3}=\dfrac{b}{3}$의 양변에 3을 곱하면 $a=b$

(3) $\dfrac{a}{7}=b$의 양변에 7을 곱하면 $a=7b$

(4) $8a=4b$의 양변을 4로 나누면 $2a=b$

(5) $a+6=b+8$의 양변에서 3을 빼면 $a+3=b+5$

(6) $a=b$의 양변에 3을 곱하면 $3a=3b$
$3a=3b$의 양변에 1을 더하면 $1+3a=1+3b$

(7) $a=-b$의 양변에 2를 곱하면 $2a=-2b$
$2a=-2b$의 양변에 3을 더하면 $2a+3=-2b+3$

(8) $a=4b$의 양변에서 2를 빼면
$a-2=4b-2$, 즉 $a-2=2(2b-1)$

03 답 (1) $x=3$ (2) $x=6$ (3) $x=4$ (4) $x=-4$
(5) $x=-2$ (6) $x=-6$

(1) $x+2=5$의 양변에서 2를 빼면 $x=3$

(2) $\dfrac{x}{3}=2$의 양변에 3을 곱하면 $x=6$

(3) $3x-5=7$의 양변에 5를 더하면 $3x=12$
$3x=12$의 양변을 3으로 나누면 $x=4$

(4) $7x+4=-24$의 양변에서 4를 빼면 $7x=-28$
$7x=-28$의 양변을 7로 나누면 $x=-4$

(5) $-2x+1=5$의 양변에서 1을 빼면 $-2x=4$
$-2x=4$의 양변을 -2로 나누면 $x=-2$

(6) $-\dfrac{x}{2}+6=9$의 양변에서 6을 빼면 $-\dfrac{x}{2}=3$
$-\dfrac{x}{2}=3$의 양변에 -2를 곱하면 $x=-6$

04 답 ④

④ $x=y$의 양변에 -3을 곱하면 $-3x=-3y$
$-3x=-3y$의 양변에 1을 더하면 $1-3x=1-3y$

05 답 ⑤

① $\dfrac{a}{2}=b$의 양변에 2를 곱하면 $a=2b$

② $2a=3b$의 양변을 6으로 나누면 $\dfrac{a}{3}=\dfrac{b}{2}$

③ $a=4b$의 양변에서 4를 빼면 $a-4=4b-4$
즉, $a-4=4(b-1)$

④ $a=b$의 양변에 3을 곱하면 $3a=3b$
$3a=3b$의 양변에서 1을 빼면 $3a-1=3b-1$

⑤ $a=-b$의 양변에 -1을 곱하면 $-a=b$
$-a=b$의 양변에 5를 더하면 $5-a=5+b$

따라서 옳은 것은 ⑤이다.

06 답 (가) ㄴ, (나) ㄹ

(가) $5x+9=-1$의 양변에서 9를 뺀다. ⇨ ㄴ

(나) $5x=-10$의 양변을 5로 나눈다. ⇨ ㄹ

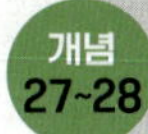

 한번 더! 기본 문제 본문 89쪽

01 ⑤ **02** ⑤ **03** 13 **04** ①, ④

05 (가) 3, (나) 5, (다) $3x$, (라) -5, (마) $-\dfrac{5}{2}$

01 답 ⑤

① $5x=2x$ ② $4x=12$

③ $4x=20$ ④ $3x=21$

따라서 옳은 것은 ⑤이다.

02 답 ⑤

주어진 방정식에 $x=2$를 각각 대입하면

① $2\times2-4\neq-2-2$ ② $2+1\neq-2$

③ $4\times2\neq-3\times2+1$ ④ $3-2\times2\neq1$

⑤ $2\times2-10=-2-4$

따라서 해가 $x=2$인 것은 ⑤이다.

03 답 13

$(a-3)x+18=7x+6b$가 x에 대한 항등식이므로

$a-3=7$에서 $a=10$

$18=6b$에서 $b=3$

$\therefore a+b=10+3=13$

04 답 ①, ④

① $\dfrac{a}{2}=3b$의 양변에 2를 곱하면 $a=6b$

② $\dfrac{a}{3}=\dfrac{b}{2}$의 양변에 6을 곱하면 $2a=3b$

③ $a+b=c$의 양변에서 b를 빼면 $a=c-b$

④ $a-3=b$의 양변에 3을 더하면 $a=b+3$

⑤ $a=b$의 양변에 2를 곱하면 $2a=2b$
$2a=2b$의 양변에서 1을 빼면 $2a-1=2b-1$

따라서 옳은 것은 ①, ④이다.

05 답 (가) 3, (나) 5, (다) $3x$, (라) -5, (마) $-\dfrac{5}{2}$

본문 90~91쪽

 일차방정식

01 답 (1) 이항 (2) 일차방정식

02 답 (1) $x=5-2$ (2) $2x=-4+6$ (3) $x=2+7$
(4) $2x-3x=2$ (5) $x+5x=8$ (6) $x+2x=6$

03 답 (1) $x=2$ (2) $3x=7$ (3) $4x=6$ (4) $-4x=2$
(5) $-5x=5$ (6) $5x=12$ (7) $10x=14$ (8) $-7x=20$

(1) $3x-2x=3-1$에서 $x=2$

(2) $6x-3x=3+4$에서 $3x=7$

(3) $5x-x=4+2$에서 $4x=6$

(4) $-5x+x=3-1$에서 $-4x=2$

(5) $-4x-x=2+3$에서 $-5x=5$

(6) $2x+3x=4+8$에서 $5x=12$

(7) $6x+4x=5+9$에서 $10x=14$

(8) $-2x-5x=13+7$에서 $-7x=20$

04 답 (1) ○ (2) × (3) × (4) ○ (5) × (6) ○ (7) × (8) ○

(1) $3x-4=2x+3$에서 $3x-4-2x-3=0$ $\therefore x-7=0$
따라서 일차방정식이다.

(2) 등식이 아니므로 일차방정식이 아니다.

(3) $2+3=5$에서 $2+3-5=0$ $\therefore 0=0$
따라서 일차방정식이 아니다.

(4) $6x-5=2x+3$에서 $6x-5-2x-3=0$ $\therefore 4x-8=0$
따라서 일차방정식이다.

(5) $2x+5=3+2x$에서 $2x+5-3-2x=0$ $\therefore 2=0$
따라서 일차방정식이 아니다.

(6) $-(x-1)=x-1$에서 $-x+1=x-1$
$-x+1-x+1=0$ $\therefore -2x+2=0$
따라서 일차방정식이다.

(7) $x^2+2x+1=0$의 좌변이 일차식이 아니므로 일차방정식이 아니다.

(8) $x^2+2=x(x-2)$에서 $x^2+2=x^2-2x$
$x^2+2-x^2+2x=0$ $\therefore 2x+2=0$
따라서 일차방정식이다.

05 답 ㄱ, ㄹ

ㄴ. $-x=-2x+5$에서 $-x+2x=5$

ㄷ. $x+1=2x$에서 $x-2x=-1$

따라서 바르게 이항한 것은 ㄱ, ㄹ이다.

06 답 ③

① $x-2=3$에서 $x-2-3=0$ $\therefore x-5=0$

② $x^2+3x=x^2-2$에서 $x^2+3x-x^2+2=0$ $\therefore 3x+2=0$

③ $5(x-1)=5x^2$에서 $5x-5=5x^2$
$\therefore -5x^2+5x-5=0$
즉, 좌변이 일차식이 아니므로 일차방정식이 아니다.

④ $2x+4=4x$에서 $2x+4-4x=0$
$\therefore -2x+4=0$

⑤ $3x+1=2(x-6)$에서 $3x+1=2x-12$
$3x+1-2x+12=0$ $\therefore x+13=0$

따라서 일차방정식이 아닌 것은 ③이다.

07 답 ⑤

x에 대한 일차방정식이므로 x의 계수가 0이 아니다.

즉, $k-7\neq0$이므로 $k\neq7$

개념 30 일차방정식의 풀이

01 답 $\dfrac{b}{a}$

02 답 (1) $x=-1$ (2) $x=-2$ (3) $x=5$ (4) $x=2$
(5) $x=3$ (6) $x=-2$

(1) $x+4=3$에서 $x=3-4$ $\therefore x=-1$

(2) $4x+1=-7$에서 $4x=-7-1$
$4x=-8$ $\therefore x=-2$

(3) $2x-5=5$에서 $2x=5+5$
$2x=10$ $\therefore x=5$

(4) $x=5x-8$에서 $x-5x=-8$
$-4x=-8$ $\therefore x=2$

(5) $-3x+12=x$에서 $-3x-x=-12$
$-4x=-12$ $\therefore x=3$

(6) $-5x=x+12$에서 $-5x-x=12$
$-6x=12$ $\therefore x=-2$

03 답 (1) $x=9$ (2) $x=1$ (3) $x=6$ (4) $x=3$ (5) $x=\dfrac{2}{5}$
(6) $x=-3$ (7) $x=-2$ (8) $x=-3$

(1) $2x-4=x+5$에서 $2x-x=5+4$ $\therefore x=9$

(2) $2x+1=4-x$에서 $2x+x=4-1$
$3x=3$ $\therefore x=1$

(3) $x-6=-2x+12$에서 $x+2x=12+6$
$3x=18$ $\therefore x=6$

(4) $-x+4=3x-8$에서 $-x-3x=-8-4$
$-4x=-12$ $\therefore x=3$

(5) $4x+1=-x+3$에서 $4x+x=3-1$
$5x=2$ $\therefore x=\dfrac{2}{5}$

(6) $-5x+4=-x+16$에서 $-5x+x=16-4$
$-4x=12$ $\therefore x=-3$

(7) $9+2x=-x+3$에서 $2x+x=3-9$
$3x=-6$ $\therefore x=-2$

(8) $-7x+2=-4x+11$에서 $-7x+4x=11-2$
$-3x=9$ $\therefore x=-3$

04 답 (1) $x=2$ (2) $x=-3$ (3) $x=-6$ (4) $x=1$
(5) $x=-2$ (6) $x=0$ (7) $x=\dfrac{12}{7}$ (8) $x=-4$

(1) $4(2x-1)=12$에서 $8x-4=12$
$8x=16$ $\therefore x=2$

(2) $-2(x-5)=16$에서 $-2x+10=16$
$-2x=6$ $\therefore x=-3$

(3) $3(x-4)=5x$에서 $3x-12=5x$
$-2x=12$ $\therefore x=-6$

(4) $-(3x-4)=x$에서 $-3x+4=x$
$-4x=-4$ $\therefore x=1$

(5) $2(3x+1)=x-8$에서 $6x+2=x-8$
$5x=-10$ $\therefore x=-2$

(6) $2(2x-3)=-(x+6)$에서 $4x-6=-x-6$
$5x=0$ $\therefore x=0$

(7) $2(3-2x)=3(x-2)$에서 $6-4x=3x-6$
$-7x=-12$ $\therefore x=\dfrac{12}{7}$

(8) $5-2(3x+1)=3(5-x)$에서 $5-6x-2=15-3x$
$-3x=12$ $\therefore x=-4$

05 답 ④
$-5x+2=x-4$에서
$-6x=-6$ $\therefore x=1$

06 답 3
$3(x+3)=5x-1$에서 $3x+9=5x-1$
$-2x=-10$ $\therefore x=5$
$6x-2=4x+2$에서 $2x=4$ $\therefore x=2$
따라서 $a=5$, $b=2$이므로
$a-b=5-2=3$

07 답 -5
$4x+a(x-1)=3$에 $x=2$를 대입하면
$8+a=3$ $\therefore a=-5$

본문 94~95쪽

개념 31 여러 가지 일차방정식의 풀이

01 답 (1) 10 (2) 최소공배수

02 답 (1) $x=-1$ (2) $x=5$ (3) $x=4$ (4) $x=6$
(5) $x=5$ (6) $x=12$ (7) $x=25$ (8) $x=2$

(1) $0.3x+0.5=0.2$의 양변에 10을 곱하면
$3x+5=2$, $3x=-3$ $\therefore x=-1$

(2) $-0.8x+2.4=-1.6$의 양변에 10을 곱하면
$-8x+24=-16$, $-8x=-40$ $\therefore x=5$

(3) $0.1x+0.4=0.4x-0.8$의 양변에 10을 곱하면
$x+4=4x-8$, $-3x=-12$ $\therefore x=4$

(4) $1.4x-2.8=0.5x+2.6$의 양변에 10을 곱하면
$14x-28=5x+26$, $9x=54$ $\therefore x=6$

(5) $0.03x+0.27=0.42$의 양변에 100을 곱하면
$3x+27=42$, $3x=15$ $\therefore x=5$

(6) $0.04x-0.24=0.05x-0.36$의 양변에 100을 곱하면
$4x-24=5x-36$, $-x=-12$ $\therefore x=12$

(7) $-0.02x+0.2=-0.3$의 양변에 100을 곱하면
$-2x+20=-30$, $-2x=-50$ $\therefore x=25$

(8) $0.2x+0.8=-3(-0.3x+0.2)$의 양변에 10을 곱하면
$2x+8=-30(-0.3x+0.2)$, $2x+8=9x-6$
$-7x=-14$ $\therefore x=2$

03 답 (1) $x=2$ (2) $x=-1$ (3) $x=-7$ (4) $x=2$
(5) $x=22$ (6) $x=9$ (7) $x=-14$ (8) $x=\dfrac{3}{13}$

(1) $\dfrac{1}{2}x+\dfrac{1}{4}=\dfrac{5}{4}$의 양변에 4를 곱하면
$2x+1=5$, $2x=4$ $\therefore x=2$

(2) $\dfrac{2}{5}x-1=-\dfrac{7}{5}$의 양변에 5를 곱하면
$2x-5=-7$, $2x=-2$ $\therefore x=-1$

(3) $\dfrac{1}{3}x-\dfrac{2}{3}=\dfrac{1}{2}x+\dfrac{1}{2}$의 양변에 6을 곱하면
$2x-4=3x+3$, $-x=7$ $\therefore x=-7$

(4) $\dfrac{4}{9}x+\dfrac{1}{3}=\dfrac{1}{6}x+\dfrac{8}{9}$의 양변에 18을 곱하면
$8x+6=3x+16$, $5x=10$ $\therefore x=2$

(5) $\dfrac{x-6}{2}=\dfrac{x+2}{3}$의 양변에 6을 곱하면
$3(x-6)=2(x+2)$, $3x-18=2x+4$ $\therefore x=22$

(6) $x-\dfrac{1}{2}(x-1)=5$의 양변에 2를 곱하면
$2x-(x-1)=10$, $2x-x+1=10$ $\therefore x=9$

(7) $\dfrac{4}{5}x+\dfrac{7}{10}=\dfrac{1}{2}(x-7)$의 양변에 10을 곱하면
$8x+7=5(x-7)$, $8x+7=5x-35$
$3x=-42$ $\therefore x=-14$

(8) $\dfrac{4}{3}\left(x+\dfrac{3}{4}\right)=\dfrac{3}{2}-\dfrac{1-x}{4}$의 양변에 12를 곱하면
$16\left(x+\dfrac{3}{4}\right)=18-3(1-x)$, $16x+12=18-3+3x$
$13x=3$ $\therefore x=\dfrac{3}{13}$

04 답 (1) $x=4$ (2) $x=2$ (3) $x=20$ (4) $x=\dfrac{10}{3}$
(5) $x=13$

(1) $\dfrac{4}{5}x-0.9=0.2x+\dfrac{3}{2}$에서 $\dfrac{4}{5}x-\dfrac{9}{10}=\dfrac{1}{5}x+\dfrac{3}{2}$
양변에 10을 곱하면 $8x-9=2x+15$
$6x=24$ $\therefore x=4$

(2) $\dfrac{5}{2}x-\dfrac{6}{5}=1.6x+\dfrac{3}{5}$에서 $\dfrac{5}{2}x-\dfrac{6}{5}=\dfrac{8}{5}x+\dfrac{3}{5}$
양변에 10을 곱하면 $25x-12=16x+6$
$9x=18$ $\therefore x=2$

(3) $0.3x-\dfrac{1}{3}(x-2)=0$에서 $\dfrac{3}{10}x-\dfrac{1}{3}(x-2)=0$
양변에 30을 곱하면 $9x-10(x-2)=0$
$9x-10x+20=0$, $-x=-20$ $\therefore x=20$

4. 일차방정식   **45**

(4) $\dfrac{x}{2}-0.1x=-0.5(x-6)$에서 $\dfrac{x}{2}-\dfrac{1}{10}x=-\dfrac{1}{2}(x-6)$

양변에 10을 곱하면 $5x-x=-5(x-6)$

$4x=-5x+30$, $9x=30$ $\quad\therefore x=\dfrac{10}{3}$

(5) $0.3(x+1)-\dfrac{1}{4}(x-1)=1.2$에서

$\dfrac{3}{10}(x+1)-\dfrac{1}{4}(x-1)=\dfrac{6}{5}$

양변에 20을 곱하면 $6(x+1)-5(x-1)=24$

$6x+6-5x+5=24$ $\quad\therefore x=13$

05 답 ⑤

$0.5x+0.4=0.3(x+6)$의 양변에 10을 곱하면

$5x+4=3(x+6)$, $5x+4=3x+18$

$2x=14$ $\quad\therefore x=7$

06 답 42

$0.7x+0.1=\dfrac{3x-1}{2}-5$에서 $\dfrac{7}{10}x+\dfrac{1}{10}=\dfrac{3x-1}{2}-5$

양변에 10을 곱하면 $7x+1=5(3x-1)-50$

$7x+1=15x-5-50$, $-8x=-56$ $\quad\therefore x=7$

따라서 $a=7$이므로 $a^2-a=7^2-7=49-7=42$

07 답 2

$\dfrac{x+a}{5}=\dfrac{x-2}{4}+1$에 $x=-2$를 대입하면

$\dfrac{-2+a}{5}=\dfrac{-2-2}{4}+1$, $\dfrac{-2+a}{5}=0$

양변에 5를 곱하면 $-2+a=0$ $\quad\therefore a=2$

개념 29~31 **한번 더! 기본 문제** 　　　　본문 96쪽

01 ④	02 ②	03 ⑤	04 $x=1$
05 ⑤	06 6		

01 답 ④

④ $2-4x=x+7 \Rightarrow -4x-x=7-2$

02 답 ②

ㄱ. 등식이 아니므로 일차방정식이 아니다.

ㄴ. $-x+7=x^2-x$에서 $-x^2+7=0$

　　즉, 좌변이 일차식이 아니므로 일차방정식이 아니다.

ㄷ. $x-3=3-x$에서 $2x-6=0$

ㄹ. $x^2-1=2(x+1)+x^2$에서 $x^2-1=2x+2+x^2$

　　$\therefore -2x-3=0$

ㅁ. 등식이 아니므로 일차방정식이 아니다.

ㅂ. $4(x+2)=x+8+3x$에서 $4x+8=4x+8$ $\quad\therefore 0=0$

　　즉, 좌변이 일차식이 아니므로 일차방정식이 아니다.

따라서 일차방정식은 ㄷ, ㄹ의 2개이다.

03 답 ⑤

$4(x+1)=3(x-1)+9$에서

$4x+4=3x-3+9$ $\quad\therefore x=2$

① $2x+1=-3$에서 $2x=-4$ $\quad\therefore x=-2$

② $5x-1=x+3$에서 $4x=4$ $\quad\therefore x=1$

③ $2(5x-2)=-14$에서 $10x-4=-14$

　　$10x=-10$ $\quad\therefore x=-1$

④ $-x-8=x-4$에서 $-2x=4$ $\quad\therefore x=-2$

⑤ $3(x+1)=2(x+2)+1$에서

　　$3x+3=2x+4+1$ $\quad\therefore x=2$

따라서 주어진 일차방정식과 해가 같은 것은 ⑤이다.

04 답 $x=1$

$\dfrac{1}{2}-\dfrac{1-x}{4}=0.5x$에서 $\dfrac{1}{2}-\dfrac{1-x}{4}=\dfrac{1}{2}x$

양변에 4를 곱하면 $2-(1-x)=2x$

$2-1+x=2x$, $-x=-1$ $\quad\therefore x=1$

05 답 ⑤

$1-(a-2x)=\dfrac{x+a}{3}$에 $x=5$를 대입하면

$1-(a-10)=\dfrac{5+a}{3}$

양변에 3을 곱하면 $3-3(a-10)=5+a$

$3-3a+30=5+a$, $-4a=-28$ $\quad\therefore a=7$

06 답 6

$\dfrac{3x-1}{4}=\dfrac{x+2}{6}$의 양변에 12를 곱하면

$3(3x-1)=2(x+2)$, $9x-3=2x+4$

$7x=7$ $\quad\therefore x=1$

$0.6(a-x)=3$에 $x=1$을 대입하면 $0.6(a-1)=3$

양변에 10을 곱하면 $6(a-1)=30$

$6a-6=30$, $6a=36$ $\quad\therefore a=6$

　　　　　　　　　　　　　　　　　　　　　　본문 97~99쪽

개념 32 **일차방정식의 활용 (1)**

01 답

(1) $3x=x+6$, $x=3$　(2) $2x-3=x+5$, $x=8$

(3) $6+8+x=19$, $x=5$　(4) $8x=72$, $x=9$

(5) $3000-800x=600$, $x=3$

(6) $8000+500x=19000$, $x=22$

(1) $3x=x+6$에서 $2x=6$ $\quad\therefore x=3$

(2) $2x-3=x+5$ $\quad\therefore x=8$

(3) $6+8+x=19$에서 $14+x=19$ $\quad\therefore x=5$

(4) $8x=72$ $\quad\therefore x=9$

(5) $3000-800x=600$에서 $-800x=-2400$ $\quad\therefore x=3$

(6) $1000\times8+500x=19000$에서 $8000+500x=19000$

　　$500x=11000$ $\quad\therefore x=22$

02 답 (1) $x-1$, $x+1$ / $(x-1)+x+(x+1)=30$
(2) $x=10$ (3) 9, 10, 11

(1), (2) $(x-1)+x+(x+1)=30$에서 $x-1+x+x+1=30$
$3x=30$ ∴ $x=10$
(3) 연속하는 세 자연수는 $x-1$, x, $x+1$이므로 9, 10, 11이다.
참고 연속하는 세 자연수는 x, $x+1$, $x+2$ 또는 $x-2$, $x-1$, x로 나타낼 수도 있다.

03 답 (1) $20+x$, $10x+2$ / $10x+2=(20+x)+18$
(2) $x=4$ (3) 24

(1), (2) $10x+2=(20+x)+18$에서 $10x+2=20+x+18$
$9x=36$ ∴ $x=4$
(3) 처음 수는 $20+x$이므로 $20+4=24$이다.

04 답 (1) $3x-31$ / $x+(3x-31)=25$
(2) $x=14$ (3) 14세

(1), (2) $x+(3x-31)=25$에서 $x+3x-31=25$
$4x=56$ ∴ $x=14$

05 답 (1) $11-x$ / $400x+600(11-x)=5800$
(2) $x=4$ (3) 4개

(1), (2) $400x+600(11-x)=5800$에서
$400x+6600-600x=5800$
$-200x=-800$ ∴ $x=4$

06 답 (1) $x+7$ / $2\{(x+7)+x\}=66$
(2) $x=13$ (3) 13 cm

(1), (2) $2\{(x+7)+x\}=66$에서 $2(2x+7)=66$
$4x+14=66$, $4x=52$ ∴ $x=13$

07 답 (1) $x-4$ / $\dfrac{1}{2}\times\{(x-4)+x\}\times5=30$
(2) $x=8$ (3) 8 cm

(1), (2) $\dfrac{1}{2}\times\{(x-4)+x\}\times5=30$에서 $\dfrac{5}{2}(2x-4)=30$
$5x-10=30$, $5x=40$ ∴ $x=8$

08 답 10

어떤 수를 x라 하면
$4(x-3)=2x+8$에서
$4x-12=2x+8$, $2x=20$ ∴ $x=10$
따라서 어떤 수는 10이다.

09 답 ④

연속하는 세 자연수 중 가장 작은 수를 x라 하면
세 자연수는 x, $x+1$, $x+2$이므로
$x+(x+1)+(x+2)=78$에서
$3x+3=78$, $3x=75$ ∴ $x=25$
따라서 연속하는 세 자연수 중 가장 작은 수는 25이다.

10 답 45

처음 수의 일의 자리의 숫자를 x라 하면 처음 수는 $40+x$,
십의 자리의 숫자와 일의 자리의 숫자를 바꾼 수는 $10x+4$이므로
$10x+4=(40+x)+9$에서
$10x+4=x+49$
$9x=45$ ∴ $x=5$
따라서 처음 수는 $40+5=45$이다.

11 답 12세

수연이의 현재 나이를 x세라 하면
$x+20=3x-4$에서
$2x=24$ ∴ $x=12$
따라서 수연이의 현재 나이는 12세이다.

12 답 12개, 18개

오렌지맛 사탕을 x개 샀다고 하면 포도맛 사탕은 $(30-x)$개를 샀으므로
$250x+300(30-x)=8400$에서
$250x+9000-300x=8400$
$-50x=-600$ ∴ $x=12$
따라서 오렌지맛 사탕은 12개, 포도맛 사탕은 $30-12=18$(개)를 샀다.

13 답 $180\,\text{cm}^2$

직사각형의 세로의 길이를 $x\,\text{cm}$라 하면
가로의 길이는 $(x-8)\,\text{cm}$이므로
$2\{(x-8)+x\}=56$에서
$2(2x-8)=56$, $4x-16=56$
$4x=72$ ∴ $x=18$
따라서 직사각형의 세로의 길이는 18 cm,
가로의 길이는 $18-8=10$(cm)이므로
직사각형의 넓이는 $10\times18=180$(cm^2)이다.

본문 100~101쪽

개념 33 **일차방정식의 활용 (2)**

01 답 (1) $8x-4$ / $6x+10=8x-4$ (2) $x=7$ (3) 7명, 52개

(1), (2) $6x+10=8x-4$에서
$2x=14$ ∴ $x=7$
(3) 학생 수가 7명이므로 음료수의 개수는 $6\times7+10=52$(개)이다.

02 답 (1) $\dfrac{1}{6}$ / $\left(\dfrac{1}{3}+\dfrac{1}{6}\right)x=1$ (2) $x=2$ (3) 2일

(1), (2) $\left(\dfrac{1}{3}+\dfrac{1}{6}\right)x=1$에서
$\dfrac{1}{2}x-1$ ∴ $x=2$

03 탑 (1) $\dfrac{11}{10}x$ / $\dfrac{11}{10}x=55$ (2) $x=50$ (3) 50명

(1) 올해 증가한 회원 수는 $\dfrac{10}{100}x$명이고, 올해의 회원 수는

55명이므로

$$x+\dfrac{10}{100}x=55$$

(2) $x+\dfrac{10}{100}x=55$에서

$$\dfrac{11}{10}x=55 \qquad \therefore x=50$$

04 탑 (1) 표는 풀이 참조 / $\dfrac{x}{3}+\dfrac{x}{2}=5$ (2) $x=6$ (3) 6 km

(1)

	갈 때	올 때
거리	x km	x km
속력	시속 3 km	시속 2 km
시간	$\dfrac{x}{3}$시간	$\dfrac{x}{2}$시간

총 5시간이 걸렸으므로 $\dfrac{x}{3}+\dfrac{x}{2}=5$

(2) $\dfrac{x}{3}+\dfrac{x}{2}=5$에서

$$2x+3x=30,\ 5x=30 \qquad \therefore x=6$$

05 탑 (1) 표는 풀이 참조 / $\dfrac{x}{80}+\dfrac{x-20}{70}=4$

(2) $x=160$ (3) 160 km

(1)

	갈 때	올 때
거리	x km	$(x-20)$ km
속력	시속 80 km	시속 70 km
시간	$\dfrac{x}{80}$시간	$\dfrac{x-20}{70}$시간

총 4시간이 걸렸으므로 $\dfrac{x}{80}+\dfrac{x-20}{70}=4$

(2) $\dfrac{x}{80}+\dfrac{x-20}{70}=4$에서

$$7x+8(x-20)=2240,\ 7x+8x-160=2240$$
$$15x=2400 \qquad \therefore x=160$$

06 탑 (1) 표는 풀이 참조 / $\dfrac{x}{60}=\dfrac{x}{90}+1$

(2) $x=180$ (3) 180 km

(1)

	갈 때	올 때
거리	x km	x km
속력	시속 60 km	시속 90 km
시간	$\dfrac{x}{60}$시간	$\dfrac{x}{90}$시간

갈 때는 올 때보다 1시간이 더 걸렸으므로 $\dfrac{x}{60}=\dfrac{x}{90}+1$

(2) $\dfrac{x}{60}=\dfrac{x}{90}+1$에서

$$3x=2x+180 \qquad \therefore x=180$$

07 탑 52권

학생 수를 x명이라 하면

$4x+16=6x-2$에서

$2x=18 \qquad \therefore x=9$

따라서 학생 수가 9명이므로 공책의 수는 $4\times9+16=52$(권)이다.

08 탑 4시간

전체 작업의 양을 1, 둘이 함께 작업한 시간을 x시간이라 하면

$\dfrac{1}{8}\times2+\left(\dfrac{1}{8}+\dfrac{1}{16}\right)x=1$에서

$3x=12 \qquad \therefore x=4$

따라서 둘이 함께 작업한 시간은 4시간이다.

09 탑 1350명

작년의 회원 수를 x명이라 하면

올해의 회원 수는 $x-\dfrac{10}{100}x=\dfrac{9}{10}x$(명)이므로

$\dfrac{9}{10}x=1215 \qquad \therefore x=1350$

따라서 작년의 회원 수는 1350명이다.

10 탑 ③

올라간 거리를 x km라 하면 총 3시간이 걸렸으므로

$\dfrac{x}{2}+\dfrac{x}{4}=3$에서

$3x=12 \qquad \therefore x=4$

따라서 올라간 거리는 4 km이다.

11 탑 $\dfrac{21}{5}$ km

민이가 할머니 댁에서 집으로 이동한 거리를 x km라 하면 집에서 할머니 댁으로 이동한 거리는 $(x-1)$ km이고, 총 3시간이 걸렸으므로

$\dfrac{x-1}{2}+\dfrac{x}{3}=3$에서

$3(x-1)+2x=18,\ 5x=21 \qquad \therefore x=\dfrac{21}{5}$

따라서 할머니 댁에서 집으로 이동한 거리는 $\dfrac{21}{5}$ km이다.

12 탑 6 km

집에서 서점까지의 거리를 x km라 하면 시속 4 km로 걸어갈 때 시속 3 km로 걸어가는 것보다 30분 빨리 도착하므로

$\dfrac{x}{4}=\dfrac{x}{3}-\dfrac{1}{2}$에서

$3x=4x-6 \qquad \therefore x=6$

따라서 집에서 서점까지의 거리는 6 km이다.

01 20, 22, 24   **02** 24   **03** ⑤
04 7마리   **05** 10   **06** ④
07 2시간 40분
08 (1) 160명   (2) 150명   (3) 310명   **09** 7 km
10 20분 후

---

01 답 20, 22, 24

연속하는 세 짝수 중 가운데 수를 x라 하면
$(x-2)+x+(x+2)=66$에서
$3x=66$ $\therefore x=22$
따라서 연속하는 세 짝수는 20, 22, 24이다.

02 답 24

이 자연수의 십의 자리의 숫자를 x라 하면
$10x+4=4(x+4)$에서
$10x+4=4x+16$, $6x=12$ $\therefore x=2$
따라서 이 자연수는 $10\times2+4=24$이다.

03 답 ⑤

x년 후에 아버지의 나이는 $(44+x)$세, 딸의 나이는 $(6+x)$세이므로
$44+x=3(6+x)$에서
$44+x=18+3x$, $2x=26$ $\therefore x=13$
따라서 아버지의 나이가 딸의 나이의 3배가 되는 것은 13년 후이다.

04 답 7마리

소가 x마리 있다고 하면 닭은 $(15-x)$마리가 있으므로
$4x+2(15-x)=44$에서
$4x+30-2x=44$, $2x=14$ $\therefore x=7$
따라서 소는 7마리가 있다.

05 답 10

새로 만든 삼각형의 밑변의 길이는 $8-2=6\,(\text{cm})$,
높이는 $(6+x)$ cm이므로
$\dfrac{1}{2}\times6\times(6+x)=2\times\left(\dfrac{1}{2}\times8\times6\right)$에서
$18+3x=48$
$3x=30$ $\therefore x=10$

06 답 ④

학생 수를 x명이라 하면
$3x+8=4x-5$ $\therefore x=13$
따라서 학생 수는 13명이다.

07 답 2시간 40분

전체 문서 작업의 양을 1, 예나와 진수가 함께 문서 작업을 한 시간을 x시간이라 하면
$\left(\dfrac{1}{4}+\dfrac{1}{8}\right)x=1$에서
$\dfrac{3}{8}x=1$ $\therefore x=\dfrac{8}{3}\left(=2\dfrac{2}{3}\right)$
따라서 예나와 진수가 함께 완성하는 데 2시간 40분이 걸린다.

08 답 (1) 160명   (2) 150명   (3) 310명

(1) 작년의 남학생 수를 x명이라 하면
올해의 남학생 수는 $x-\dfrac{5}{100}x=\dfrac{19}{20}x$(명)이므로
$\dfrac{19}{20}x=152$ $\therefore x=160$
따라서 작년의 남학생 수는 160명이다.

(2) 작년의 여학생 수를 y명이라 하면
올해의 여학생 수는 $y+\dfrac{8}{100}y=\dfrac{27}{25}y$(명)이므로
$\dfrac{27}{25}y=162$ $\therefore y=150$
따라서 작년의 여학생 수는 150명이다.

(3) (1), (2)에서 작년의 전체 학생 수는 $160+150=310$(명)이다.

09 답 7 km

동하가 올라간 거리를 x km라 하면 내려온 거리는 $(x+1)$ km이고,
총 4시간 20분, 즉 $4\dfrac{1}{3}=\dfrac{13}{3}$(시간)이 걸렸으므로
$\dfrac{x}{3}+\dfrac{x+1}{4}=\dfrac{13}{3}$에서
$4x+3(x+1)=52$, $4x+3x+3=52$
$7x=49$ $\therefore x=7$
따라서 동하가 올라간 거리는 7 km이다.

10 답 20분 후

A, B 두 사람이 같은 지점에서 동시에 출발한 지 x분 후에 처음으로 만난다고 하면 트랙의 둘레의 길이가 1400 m이므로
$40x+30x=1400$에서
$70x=1400$ $\therefore x=20$
따라서 두 사람은 20분 후에 처음으로 만난다.

5. 좌표와 그래프

개념 34 순서쌍과 좌표

01 답 (1) 좌표 (2) 순서쌍 (3) 풀이 참조

(3)
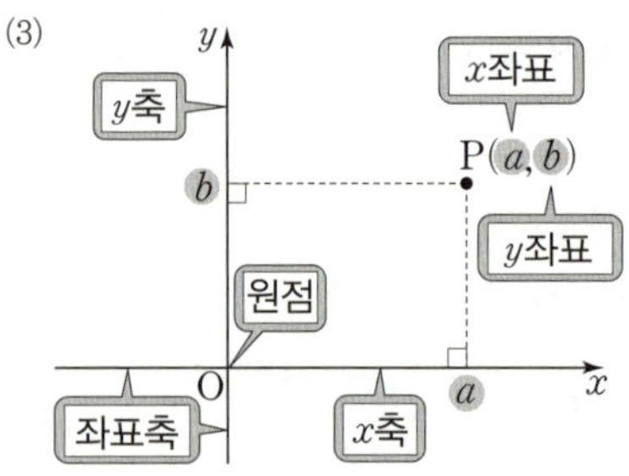

02 답 (1) A(-3), B(0), C(2) (2) A(-2), B$\left(\frac{3}{2}\right)$, C(3)

(3) A$\left(-\frac{1}{2}\right)$, B$\left(\frac{5}{2}\right)$, C$\left(\frac{11}{3}\right)$

03 답 풀이 참조

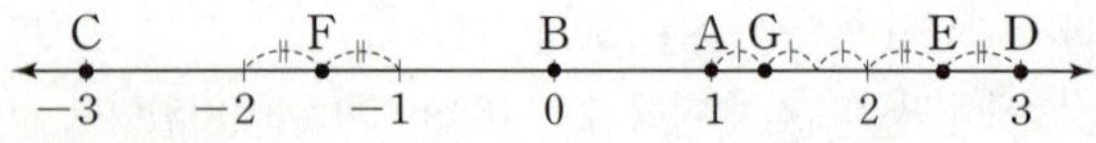

04 답 (1) A$(0, 3)$, B$(-2, 0)$, C$(2, -2)$

(2) A$(3, 2)$, B$(-4, 3)$, C$(-2, -2)$

05 답 풀이 참조

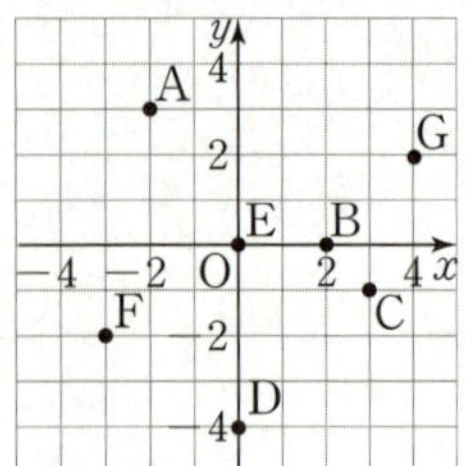

06 답 (1) $(0, 0)$ (2) $(3, 2)$ (3) $(-1, 1)$ (4) $(-5, -6)$

(5) $(-3, 0)$ (6) $(0, -2)$ (7) $(4, 0)$ (8) $(0, 1)$

07 답 수직선은 풀이 참조, 5

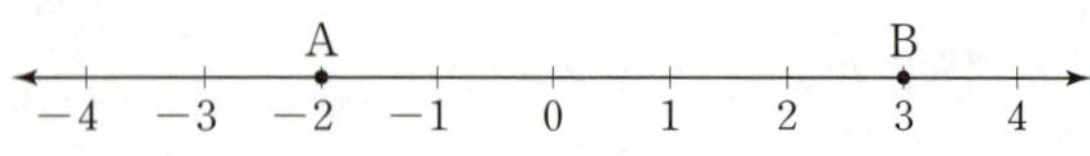

두 점 A(-2), B(3) 사이의 거리는 $3-(-2)=3+2=5$

08 답 $a=1$, $b=-1$

$a+3=4$에서 $a=1$

$-2=b-1$에서 $b=-1$

09 답 ③

③ C$(-3, -2)$

10 답 ③

x축 위에 있으므로 y좌표는 0이고, 점 $(1, -4)$와 x좌표가 같으므로 x좌표는 1이다.

따라서 구하는 점의 좌표는 $(1, 0)$이다.

11 답 ⑤

점 $(a-1, 2+a)$는 x축 위의 점이므로

$2+a=0$에서 $a=-2$

점 $(b+1, b-3)$은 y축 위의 점이므로

$b+1=0$에서 $b=-1$

$\therefore ab=-2\times(-1)=2$

12 답 (1) 풀이 참조 (2) 14

(1) 세 점 A$(0, 2)$, B$(-3, -2)$, C$(4, -2)$를 꼭짓점으로 하는 삼각형 ABC를 좌표평면 위에 그리면 오른쪽 그림과 같다.

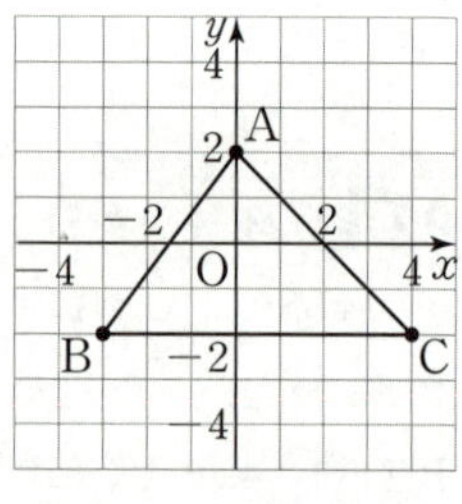

(2) (삼각형 ABC의 넓이)

$=\frac{1}{2}\times\{4-(-3)\}\times\{2-(-2)\}$

$=\frac{1}{2}\times7\times4=14$

개념 35 사분면

01 답 (1) + / + (2) − / + (3) − / − (4) + / −

02 답 (1) 점 A, 점 H, 점 I (2) 점 C, 점 J, 점 K

(3) 점 D, 점 E (4) 점 F, 점 G, 점 L, 점 M

03 답 (1) 제1사분면 (2) 제2사분면 (3) 제3사분면

(4) 제4사분면 (5) 제4사분면 (6) 제3사분면

(7) 제1사분면 (8) 제2사분면

04 답 (1) ㄱ (2) ㅂ, ㅅ (3) ㄷ, ㅇ

05 답 (1) +, +, 제1사분면 (2) +, +, 제1사분면

(3) +, −, 제4사분면 (4) −, +, 제2사분면

(5) −, −, 제3사분면

06 답 (1) 제4사분면 (2) 제3사분면 (3) 제1사분면

(4) 제2사분면

(1) $a>0$, $b<0$이므로 점 (a, b)는 제4사분면 위의 점이다.

(2) $-a<0$, $b<0$이므로 점 $(-a, b)$는 제3사분면 위의 점이다.

(3) $a>0$, $-b>0$이므로 점 $(a, -b)$는 제1사분면 위의 점이다.

(4) $-a<0$, $-b>0$이므로 점 $(-a, -b)$는 제2사분면 위의 점이다.

07 답 (1) 제4사분면 (2) 제1사분면 (3) 제3사분면
　　　　(4) 제2사분면

점 (a, b)가 제2사분면 위의 점이므로 $a<0$, $b>0$

(1) $b>0$, $a<0$이므로 점 (b, a)는 제4사분면 위의 점이다.

(2) $-a>0$, $b>0$이므로 점 $(-a, b)$는 제1사분면 위의 점이다.

(3) $a<0$, $-b<0$이므로 점 $(a, -b)$는 제3사분면 위의 점이다.

(4) $-b<0$, $-a>0$이므로 점 $(-b, -a)$는 제2사분면 위의 점이다.

08 답 ④

① 제1사분면 위의 점

② 제2사분면 위의 점

③ 제4사분면 위의 점

⑤ y축 위의 점은 어느 사분면에도 속하지 않는다.

따라서 제3사분면 위의 점은 ④이다.

09 답 ④

① y축 위의 점은 어느 사분면에도 속하지 않는다.

② 제2사분면

③ x축 위의 점은 어느 사분면에도 속하지 않는다.

⑤ 제3사분면

따라서 바르게 연결된 것은 ④이다.

10 답 ④, ⑤

④ 점 $(-3, 3)$은 제2사분면 위의 점이다.

⑤ 점 $(0, 0)$은 어느 사분면에도 속하지 않는다.

11 답 제4사분면

$a<0$, $b<0$에서 $-b>0$, $a<0$이므로
점 $(-b, a)$는 제4사분면 위의 점이다.

12 답 ②

점 (a, b)가 제4사분면 위의 점이므로 $a>0$, $b<0$

따라서 $-a<0$, $-b>0$이므로 점 $(-a, -b)$는 제2사분면 위의 점이다.

13 답 제3사분면

$a<0$, $b>0$이므로 $ab<0$

따라서 $a<0$, $ab<0$이므로 점 (a, ab)는 제3사분면 위의 점이다.

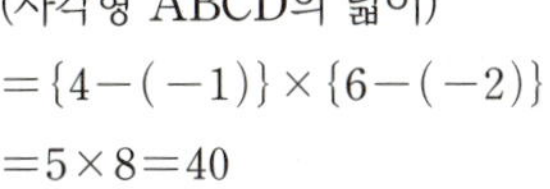

개념 34-35 **한번 더! 기본 문제**　　본문 112쪽

01 ③　　**02** ①, ⑤　　**03** 3　　**04** ⑤
05 ②　　**06** 제2사분면

---

01 답 ③

$2a-5=-1$에서 $2a=4$이므로 $a=2$

$b+1=3b+5$에서 $-2b=4$이므로 $b=-2$

$\therefore a+b=2+(-2)=0$

02 답 ①, ⑤

① $A(2, 0)$

⑤ $E(3, -3)$

03 답 3

점 $(3-2a, a-1)$은 x축 위의 점이므로

$a-1=0$에서 $a=1$

점 $(2b-4, 4b-1)$은 y축 위의 점이므로

$2b-4=0$에서 $2b=4$　　$\therefore b=2$

$\therefore a+b=1+2=3$

04 답 ⑤

오른쪽 그림과 같이 네 점 $A(-1, 6)$, 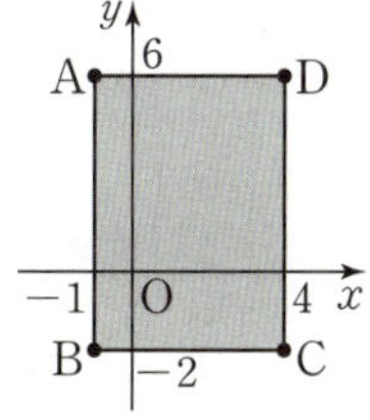
$B(-1, -2)$, $C(4, -2)$, $D(4, 6)$을
꼭짓점으로 하는 사각형은 직사각형이므로

(사각형 $ABCD$의 넓이)

$=\{4-(-1)\} \times \{6-(-2)\}$

$=5 \times 8=40$

05 답 ②

② 점 $(-2, 6)$은 제2사분면 위의 점이다.

06 답 제2사분면

$ab>0$이므로 a, b의 부호는 같다.

이때 $a+b<0$이므로 $a<0$, $b<0$

따라서 $a<0$, $-b>0$이므로 점 $(a, -b)$는 제2사분면 위의 점이다.

　　　　　　　　　　　　　　　　　본문 113~114쪽

개념 36 **그래프의 이해(1)**

01 답 (1) 변수　 (2) 그래프

02 답 (1) 변함없이 일정하다

　　　　(2) 일정하게 증가한다

　　　　(3) 점점 느리게 증가한다

　　　　(4) 점점 빠르게 증가한다

　　　　(5) 증가와 감소를 반복한다

03 답 (1) ㄴ　 (2) ㄱ　 (3) ㄷ　 (4) ㄹ

04 답 (1) ㄹ (2) ㄴ (3) ㄷ (4) ㄱ

(1), (2) 물통의 폭이 일정하면 물의 높이는 일정하게 증가한다.
　이때 물통의 폭이 좁을수록 물의 높이가 빠르게 증가한다.

(3) 물통의 폭이 위로 갈수록 좁아지므로 물의 높이는 점점 빠르게
　증가한다.

(4) 물통의 폭이 좁고 일정한 부분에서 물의 높이는 빠르고 일정하
　게 증가하고, 폭이 넓고 일정한 부분에서 물의 높이는 느리고
　일정하게 증가한다.

05 답 ㄴ

06 답 ㄷ

집으로 가는 도중 멈춰 서 있다가 집으로 갔으므로 집에서 떨어진
거리는 줄어들다가 멈춰 선 순간부터 변함없이 일정하고, 집에 도
착할 때까지 줄어들다가 0이 된다.
따라서 그래프로 알맞은 것은 ㄷ이다.

07 답 ②

물이 높이가 점점 느리게 증가하므로 용기의 폭이 위로 갈수록 넓
어져야 한다.
따라서 용기의 모양으로 가장 알맞은 것은 ②이다.

본문 115~117쪽

개념 37 그래프의 이해 (2)

01 답 (1) 12 ℃ (2) 1 km

02 답 (1) 12분 (2) 300 m (3) 600 m

(1) 놀이터에서 출발한 지 12분 후에 집에서 떨어진 거리가 0 m가
　되므로 놀이터에서 출발하여 집에 도착할 때까지 걸린 시간은
　12분이다.

(3) 놀이터에서 출발한 지 8분 후에 집에서 떨어진 거리가 300 m
　이므로 놀이터에서 출발하여 8분 동안 이동한 거리는
　$900-300=600(m)$

03 답 (1) 1 km (2) 2 km (3) 15분 후 (4) 5분 후 (5) 5분

(4) 멈추면 이동한 거리는 변함없이 일정하다.
　따라서 멈춰 있기 시작한 것은 출발한 지 5분 후이다.

(5) 출발한 지 5분 후부터 10분 후까지 이동한 거리가 변함없으므로
　$10-5=5(분)$ 동안 멈춰 있었다.

04 답 (1) 800 m (2) 135분 (3) 30분 후 (4) 70분 (5) 35분

(4) 도서관에 머무는 동안에는 거리가 변함없으므로 도서관에 머문
　시간은 $100-30=70(분)$이다.

(5) 집에서 출발한 지 100분 후에 도서관에서 출발하여 135분 후에
　집에 도착하였으므로 도서관에서 집으로 돌아오는 데 걸린 시간은
　$135-100=35(분)$이다.

05 답 (1) 1 m (2) 2 m (3) 2 m (4) 3번 (5) 5번

(4) 회전목마가 운행을 시작하고 10초 동안 지면으로부터 최고 높이,
　즉 2 m에 올라가는 경우는 운행을 시작한 지 2초 후, 6초 후,
　10초 후의 3번이다.

(5) 운행을 시작한 지 1초 후, 3초 후, 5초 후, 7초 후, 9초 후의
　5번이다.

06 답 ②

② 출발한 후 10분 후부터 20분 후까지 달린 거리가 변함없으므로
　$20-10=10(분)$ 동안 멈춰 있었다.

⑤ 멈췄다가 다시 출발한 후 달린 거리는 $8-4=4(km)$이다.
따라서 옳지 않은 것은 ②이다.

07 답 ㄴ

ㄱ. 드론의 지면으로부터의 높이가 처음으로 8 m가 되는 것은 드
　론을 날리기 시작한 지 6분 후이다.

ㄷ. 드론의 지면으로부터의 높이가 10 m가 되는 경우는 총 2번이다.
따라서 옳은 것은 ㄴ이다.

08 답 6초

브레이크를 밟는 순간부터 속력이 감소하여 정지하는 순간 자동차
의 속력은 0이 된다.
4초 후부터 속력이 감소하기 시작하여 10초 후일 때 속력이 0이
되므로 브레이크를 밟은 후 자동차가 완전히 정지하는 데 걸린 시간
은 $10-4=6(초)$이다.

09 답 (1) 현진: 3 km, 수하: 2 km
　　　(2) 현진: 40분, 수하: 60분
　　　(3) 20분 후 (4) 1 km

(3) 수하는 현진이가 도착한 지 $60-40=20(분)$ 후 공원에 도착했다.

(4) 출발한 지 30분 후 현진이와 수하 사이의 거리는
　$3-2=1(km)$이다.

개념 36~37 한번 더! 기본 문제 본문 118쪽

01 ⑤	**02** ④	**03** ㄴ, ㄹ	**04** 20 ℃

01 답 ⑤

집에서 떨어진 거리가 증가하다가 공원에서 머물 때 거리가 변함없
이 일정하고, 집에 도착할 때까지 거리가 감소하다가 0이 된다.
따라서 그래프로 알맞은 것은 ⑤이다.

02 답 ④

용기의 폭이 넓고 일정한 부분에서 물의 높이는 느리고 일정하게
증가하고, 폭이 좁고 일정한 부분에서 물의 높이는 빠르고 일정하게
증가한다.
따라서 그래프로 알맞은 것은 ④이다.

03 답 ㄴ, ㄹ

ㄴ. 엘리베이터가 처음으로 멈춘 것은 엘리베이터가 출발한 지 2초
  후이다.
ㄹ. 유미가 엘리베이터를 탄 후 집에 도착하기 전까지 엘리베이터는
  2초 후부터 4초 후까지, 5초 후부터 7초 후까지, 8초 후부터 9초
  후까지의 총 3번 멈췄다.

04 답 20 ℃

열을 가한 지 5분 후에 물 100 g의 온도는 60 ℃, 물 200 g의 온
도는 40 ℃이므로 두 비커에 담긴 물의 온도의 차는
$60-40=20(℃)$이다.

6. 정비례와 반비례

개념 38 정비례 관계

01 답 (1) 정비례 (2) 정비례

02 답 (1) 풀이 참조 (2) 정비례한다. (3) $y=4x$

(1)
x	1	2	3	4	5	⋯
y	4	8	12	16	20	⋯

03 답 (1) ○ (2) ○ (3) × (4) ○
   (5) × (6) × (7) ○

y가 x에 정비례하면 관계식은 $y=ax\,(a\neq0)$의 꼴이다.

(6) $xy=-3$에서 $y=-\dfrac{3}{x}$이므로 y가 x에 정비례하지 않는다.

(7) $\dfrac{y}{x}=6$에서 $y=6x$이므로 y가 x에 정비례한다.

04 답 (1) $y=30x$, 정비례한다.
   (2) $y=x+5$, 정비례하지 않는다.
   (3) $y=150-10x$, 정비례하지 않는다.
   (4) $y=20x$, 정비례한다.
   (5) $y=40x$, 정비례한다.
   (6) $y=\dfrac{30}{x}$, 정비례하지 않는다.
   (7) $y=\dfrac{5}{2}x$, 정비례한다.
   (8) $y=\dfrac{80}{x}$, 정비례하지 않는다.

05 답 표는 풀이 참조
   (1) $y=3x$ (2) $y=-4x$ (3) $y=\dfrac{1}{2}x$

y가 x에 정비례하므로 x의 값이 2배, 3배, 4배, ⋯로 변함에 따라
y의 값도 2배, 3배, 4배, ⋯로 변한다.

(1)
x	1	2	3	4	5	6
y	3	6	9	12	15	18

⇨ $y=3x$

(2)
x	1	2	3	4	5	6
y	−4	−8	−12	−16	−20	−24

⇨ $y=-4x$

(3)
x	2	4	6	8	10	12
y	1	2	3	4	5	6

⇨ $y=\dfrac{1}{2}x$

06 답 (1) 표는 풀이 참조, $y=13x$ (2) 130 km (3) 15 L

(1)

x	1	2	3	4	5	$\cdots$
y	13	26	39	52	65	$\cdots$

x L의 휘발유로 달릴 수 있는 거리는 $13x$ km이므로

$y=13x$

(2) $y=13x$에 $x=10$을 대입하면

$y=13\times10=130$

따라서 휘발유 10 L로 달릴 수 있는 거리는 130 km이다.

(3) $y=13x$에 $y=195$를 대입하면

$195=13x$ $\therefore x=15$

따라서 195 km의 거리를 달리려면 15 L의 휘발유가 필요하다.

07 답 (1) 표는 풀이 참조, $y=4x$ (2) 120 kcal (3) 60분

(1)

x	1	2	3	4	5	$\cdots$
y	4	8	12	16	20	$\cdots$

보통 걸음으로 x분 동안 걸으면 소모되는 열량은 $4x$ kcal이므로

$y=4x$

(2) $y=4x$에 $x=30$을 대입하면

$y=4\times30=120$

따라서 보통 걸음으로 30분 동안 걸으면 소모되는 열량은 120 kcal이다.

(3) $y=4x$에 $y=240$을 대입하면

$240=4x$ $\therefore x=60$

따라서 240 kcal를 소모하려면 보통 걸음으로 60분 동안 걸어야 한다.

08 답 ②

y가 x에 정비례하면 관계식은 $y=ax\,(a\neq0)$의 꼴이다.

③ $xy=3$에서 $y=\dfrac{3}{x}$

따라서 y가 x에 정비례하는 것은 ②이다.

09 답 ①, ③

y가 x에 정비례하면 관계식은 $y=ax\,(a\neq0)$의 꼴이다.

주어진 문장을 x와 y 사이의 관계식으로 나타내면 다음과 같다.

① $y=15+x$ ② $y=200x$ ③ $y=24-x$
④ $y=3x$ ⑤ $y=500x$

따라서 y가 x에 정비례하지 않는 것은 ①, ③이다.

10 답 ②

y가 x에 정비례하므로

$y=ax$에 $x=-2$, $y=10$을 대입하면

$10=-2a$에서 $a=-5$ $\therefore y=-5x$

11 답 $A=8$, $B=-4$

y가 x에 정비례하므로

$y=ax$에 $x=-1$, $y=4$를 대입하면

$4=-a$에서 $a=-4$ $\therefore y=-4x$

$y=-4x$에 $x=-2$, $y=A$를 대입하면

$A=-4\times(-2)=8$

$y=-4x$에 $x=1$, $y=B$를 대입하면

$B=-4\times1=-4$

12 답 12분

x분 후의 물의 높이는 $8x$ cm이므로 $y=8x$

물을 가득 채우면 물의 높이는 96 cm이므로

$y=8x$에 $y=96$을 대입하면

$96=8x$ $\therefore x=12$

따라서 빈 물통에 물을 가득 채우는 데 12분이 걸린다.

13 답 120 mL

5분 동안 20 mL가 투여되었으므로 1분 동안 $\dfrac{20}{5}=4$(mL)가 투여되었다.

즉, x분 동안 투여한 수액의 양은 $4x$ mL이므로 $y=4x$

$y=4x$에 $x=30$을 대입하면

$y=4\times30=120$

따라서 30분 동안 투여한 수액의 양은 120 mL이다.

개념 39 정비례 관계의 그래프

01 답 (1) 직선 (2) 위, 아래

02 답 (1) 2, 그래프는 풀이 참조 (2) -1, 그래프는 풀이 참조

(1)

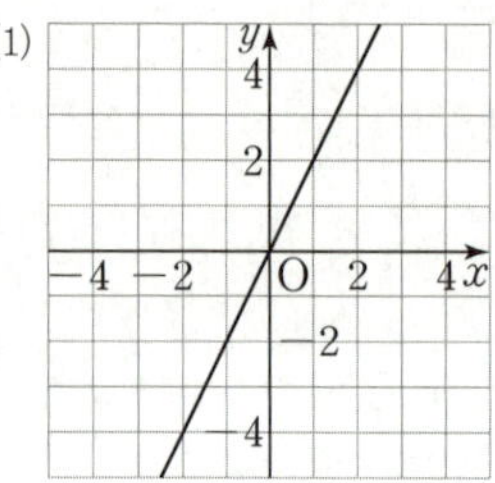

(2)

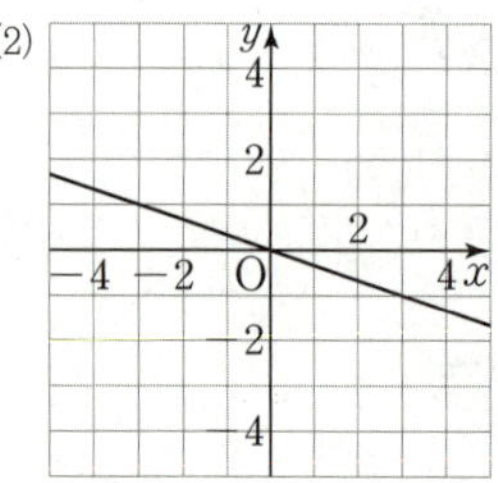

03 답 (1) ㄴ, ㄷ, ㅂ, ㅅ (2) ㄱ, ㄹ, ㅁ, ㅇ (3) ㄴ, ㄷ, ㅂ, ㅅ
(4) ㄱ, ㄹ, ㅁ, ㅇ (5) ㄴ, ㄷ, ㅂ, ㅅ (6) ㄱ, ㄹ, ㅁ, ㅇ

04 답 (1) ○ (2) × (3) × (4) ○

(1) $y=-3x$에 $x=1$, $y=-3$을 대입하면 $-3=-3\times1$
(2) $y=-3x$에 $x=2$, $y=-5$를 대입하면 $-5\neq-3\times2$
(3) $y=-3x$에 $x=-3$, $y=-9$를 대입하면 $-9\neq-3\times(-3)$
(4) $y=-3x$에 $x=-\dfrac{1}{3}$, $y=1$을 대입하면 $1=-3\times\left(-\dfrac{1}{3}\right)$

05 답 (1) -2 (2) 2 (3) 3 (4) -3

(1) $y=2x$에 $x=-1$, $y=a$를 대입하면 $a=2\times(-1)=-2$
(2) $y=-5x$에 $x=a$, $y=-10$을 대입하면 $-10=-5a$ ∴ $a=2$
(3) $y=\dfrac{2}{3}x$에 $x=a$, $y=2$를 대입하면 $2=\dfrac{2}{3}a$ ∴ $a=3$
(4) $y=-\dfrac{1}{4}x$에 $x=12$, $y=a$를 대입하면 $a=-\dfrac{1}{4}\times12=-3$

06 답 (1) 3 (2) -1 (3) $-\dfrac{1}{2}$ (4) 8

(1) $y=ax$에 $x=3$, $y=9$를 대입하면 $9=3a$ ∴ $a=3$
(2) $y=ax$에 $x=2$, $y=-2$를 대입하면 $-2=2a$ ∴ $a=-1$
(3) $y=ax$에 $x=-6$, $y=3$을 대입하면
$3=-6a$ ∴ $a=-\dfrac{1}{2}$
(4) $y=ax$에 $x=\dfrac{1}{2}$, $y=4$를 대입하면
$4=\dfrac{1}{2}a$ ∴ $a=8$

07 답 (1) 2 (2) $-\dfrac{1}{2}$

(1) 그래프가 점 $(3,6)$을 지나므로
$y=ax$에 $x=3$, $y=6$을 대입하면
$6=3a$ ∴ $a=2$
(2) 그래프가 점 $(-4,2)$를 지나므로
$y=ax$에 $x=-4$, $y=2$를 대입하면
$2=-4a$ ∴ $a=-\dfrac{1}{2}$

08 답 ②

$y=-\dfrac{3}{4}x$에서 $x=-4$일 때

$y=-\dfrac{3}{4}\times(-4)=3$

따라서 $y=-\dfrac{3}{4}x$의 그래프는 원점과 점 $(-4,3)$을 지나는 직선
이므로 ②이다.

09 답 ④, ⑤

① $y=2x$에 $x=6$, $y=12$를 대입하면 $12=2\times6$
  즉, 점 $(6,12)$를 지난다.
④ 제1사분면과 제3사분면을 지난다.
⑤ x의 값이 증가하면 y의 값도 증가한다.
따라서 옳지 않은 것은 ④, ⑤이다.

10 답 ③

정비례 관계 $y=ax$의 그래프는 a의 절댓값이 클수록 y축에 가깝다.

① $\left|\dfrac{4}{3}\right|=\dfrac{4}{3}$ ② $|-2|=2$ ③ $|5|=5$

④ $\left|-\dfrac{5}{4}\right|=\dfrac{5}{4}$ ⑤ $\left|\dfrac{7}{5}\right|=\dfrac{7}{5}$

따라서 y축에 가장 가까운 그래프는 ③이다.

11 답 ⑤

$y=-\dfrac{4}{3}x$에 주어진 점의 좌표를 각각 대입하면

① $-\dfrac{4}{3}=-\dfrac{4}{3}\times1$ ② $-4=-\dfrac{4}{3}\times3$

③ $-8=-\dfrac{4}{3}\times6$ ④ $\dfrac{4}{3}=-\dfrac{4}{3}\times(-1)$

⑤ $-4\neq-\dfrac{4}{3}\times(-3)$

따라서 $y=-\dfrac{4}{3}x$의 그래프 위의 점이 아닌 것은 ⑤이다.

12 답 $y=-\dfrac{2}{5}x$

그래프가 원점을 지나는 직선이므로 $y=ax$라 하고,
점 $(-5,2)$를 지나므로 $y=ax$에 $x=-5$, $y=2$를 대입하면

$2=-5a$ ∴ $a=-\dfrac{2}{5}$

따라서 x와 y 사이의 관계식은 $y=-\dfrac{2}{5}x$이다.

13 답 $\dfrac{7}{4}$

$y=7x$의 그래프가 점 $(a-1,3a)$를 지나므로
$y=7x$에 $x=a-1$, $y=3a$를 대입하면
$3a=7(a-1)$에서 $3a=7a-7$
$-4a=-7$ ∴ $a=\dfrac{7}{4}$

개념 38~39 **한번 더! 기본 문제** 본문 126쪽

| **01** 3개 | **02** ⑤ | **03** 50 g | **04** ①, ⑤ |
| **05** $-\dfrac{8}{3}$ | | **06** $a=2,\ b=-\dfrac{3}{2}$ | |

01 답 3개

y가 x에 정비례하면 관계식은 $y=ax\ (a\neq0)$의 꼴이다.

ㅁ. $\dfrac{y}{x}=-1$에서 $y=-x$

ㅂ. $xy=5$에서 $y=\dfrac{5}{x}$

따라서 y가 x에 정비례하는 것은 ㄱ, ㄹ, ㅁ의 3개이다.

02 답 ⑤

① y가 x에 정비례하므로
  $y=ax$에 $x=-3$, $y=-9$를 대입하면
  $-9=-3a$에서 $a=3$ $\therefore y=3x$
② $y=3x$에 $x=2$, $y=6$을 대입하면 $6=3\times2$
  즉, 점 $(2,6)$을 지난다.
⑤ x의 값이 증가하면 y의 값도 증가한다.
따라서 옳지 않은 것은 ⑤이다.

03 답 $50\,g$

무게가 $10\,g$인 추를 매달면 용수철의 길이가 $3\,cm$ 늘어나므로 무게가 $1\,g$인 추를 매달면 용수철의 길이가 $3\div10=\dfrac{3}{10}(cm)$ 늘어난다.

즉, 무게가 $x\,g$인 추를 매달면 용수철의 길이가 $\dfrac{3}{10}x\,cm$ 늘어나므로

$$y=\frac{3}{10}x$$

$y=\dfrac{3}{10}x$에 $y=15$를 대입하면

$$15=\frac{3}{10}x \quad \therefore x=50$$

따라서 용수철의 길이가 $15\,cm$ 늘어나려면 무게가 $50\,g$인 추를 매달아야 한다.

04 답 ①, ⑤

① $y=ax$에 $x=1$, $y=a$를 대입하면 $a=a\times1$
  즉, 점 $(1,a)$를 지난다.
② $a>0$이면 제1사분면과 제3사분면을 지나고,
  $a<0$이면 제2사분면과 제4사분면을 지난다.
③ a의 절댓값이 클수록 그래프는 y축에 가까워진다.
④ $a>0$이면 x의 값이 증가할 때, y의 값도 증가한다.
따라서 옳은 것은 ①, ⑤이다.

05 답 $-\dfrac{8}{3}$

$y=\dfrac{9}{4}x$의 그래프가 점 $(a,-6)$을 지나므로

$y=\dfrac{9}{4}x$에 $x=a$, $y=-6$을 대입하면

$$-6=\frac{9}{4}a \quad \therefore a=-\frac{8}{3}$$

06 답 $a=2$, $b=-\dfrac{3}{2}$

$y=ax$의 그래프가 점 $(2,4)$를 지나므로
$y=ax$에 $x=2$, $y=4$를 대입하면
$4=2a$에서 $a=2$ $\therefore y=2x$
$y=2x$의 그래프가 점 $(b,-3)$을 지나므로
$y=2x$에 $x=b$, $y=-3$을 대입하면
$$-3=2b \quad \therefore b=-\frac{3}{2}$$

개념 40 반비례 관계

01 답 (1) 반비례 (2) 반비례

02 답 (1) 풀이 참조 (2) 반비례한다. (3) $y=\dfrac{60}{x}$

(1)

x	1	2	3	4	5	…
y	60	30	20	15	12	…

03 답 (1) × (2) ○ (3) ○ (4) × (5) ○ (6) × (7) ○

y가 x에 반비례하면 관계식은 $y=\dfrac{a}{x}\,(a\neq0)$의 꼴이다.

(6) $\dfrac{y}{x}=8$에서 $y=8x$이므로 y가 x에 반비례하지 않는다.

(7) $xy=6$에서 $y=\dfrac{6}{x}$이므로 y가 x에 반비례한다.

04 답 (1) $y=\dfrac{1200}{x}$, 반비례한다.

(2) $y=50-x$, 반비례하지 않는다.

(3) $y=\dfrac{8000}{x}$, 반비례한다.

(4) $y=6x$, 반비례하지 않는다.

(5) $y=\dfrac{50}{x}$, 반비례한다.

(6) $y=\dfrac{20}{x}$, 반비례한다.

(7) $y=x+500$, 반비례하지 않는다.

(8) $y=\dfrac{100}{x}$, 반비례한다.

05 답 표는 풀이 참조

(1) $y=\dfrac{60}{x}$ (2) $y=-\dfrac{12}{x}$ (3) $y=\dfrac{1}{2x}$

y가 x에 반비례하므로 x의 값이 2배, 3배, 4배, …로 변함에 따라 y의 값은 $\dfrac{1}{2}$배, $\dfrac{1}{3}$배, $\dfrac{1}{4}$배, …로 변한다.

(1)

x	1	2	3	4	5	6
y	60	30	20	15	12	10

$\Rightarrow y=\dfrac{60}{x}$

(2)

x	1	2	3	4	5	6
y	-12	-6	-4	-3	$-\dfrac{12}{5}$	-2

$\Rightarrow y=-\dfrac{12}{x}$

(3)

x	1	2	3	4	5	6
y	$\dfrac{1}{2}$	$\dfrac{1}{4}$	$\dfrac{1}{6}$	$\dfrac{1}{8}$	$\dfrac{1}{10}$	$\dfrac{1}{12}$

$\Rightarrow y=\dfrac{1}{2x}$

06 답 (1) 표는 풀이 참조, $y=\dfrac{72}{x}$ (2) 8개 (3) 6명

(1)

x	1	2	3	4	$\cdots$
y	72	36	24	18	$\cdots$

x명이 똑같이 나누어 가지면 한 명당 $\dfrac{72}{x}$개씩 가질 수 있으므로

$$y=\frac{72}{x}$$

(2) $y=\dfrac{72}{x}$에 $x=9$를 대입하면

$$y=\frac{72}{9}=8$$

따라서 9명이 똑같이 나누어 가지면 한 명당 8개씩 가질 수 있다.

(3) $y=\dfrac{72}{x}$에 $y=12$를 대입하면

$$12=\frac{72}{x}\qquad\therefore x=6$$

따라서 한 명당 12개씩 가지려면 6명이 똑같이 나누어 가져야
한다.

07 답 (1) 표는 풀이 참조, $y=\dfrac{120}{x}$ (2) 3시간 (3) 시속 60 km

(1)

x	1	2	3	4	$\cdots$
y	120	60	40	30	$\cdots$

시속 x km로 가면 $\dfrac{120}{x}$시간이 걸리므로 $y=\dfrac{120}{x}$

(2) $y=\dfrac{120}{x}$에 $x=40$을 대입하면

$$y=\frac{120}{40}=3$$

따라서 시속 40 km로 가면 3시간이 걸린다.

(3) $y=\dfrac{120}{x}$에 $y=2$를 대입하면

$$2=\frac{120}{x}\qquad\therefore x=60$$

따라서 A지점에서 B지점까지 2시간 만에 가려면 시속 60 km로
가야 한다.

08 답 ①, ⑤

y가 x에 반비례하면 관계식은 $y=\dfrac{a}{x}\,(a\neq0)$의 꼴이다.

① $xy=-1$에서 $y=-\dfrac{1}{x}$

③ $\dfrac{y}{x}=3$에서 $y=3x$

따라서 y가 x에 반비례하는 것은 ①, ⑤이다.

09 답 ②, ④

y가 x에 반비례하면 관계식은 $y=\dfrac{a}{x}\,(a\neq0)$의 꼴이다.

주어진 문장을 x와 y 사이의 관계식으로 나타내면 다음과 같다.

① $y=2x$ ② $y=\dfrac{120}{x}$ ③ $y=4x$

④ $y=\dfrac{72}{x}$ ⑤ $y=60x$

따라서 y가 x에 반비례하는 것은 ②, ④이다.

10 답 $y=\dfrac{24}{x}$

y가 x에 반비례하므로

$y=\dfrac{a}{x}$에 $x=8$, $y=3$을 대입하면

$3=\dfrac{a}{8}$에서 $a=24$

$$\therefore y=\frac{24}{x}$$

11 답 4

y가 x에 반비례하므로

$y=\dfrac{a}{x}$에 $x=-4$, $y=1$을 대입하면

$1=\dfrac{a}{-4}$에서 $a=-4$

$$\therefore y=-\frac{4}{x}$$

$y=-\dfrac{4}{x}$에 $x=-2$, $y=A$를 대입하면

$$A=-\frac{4}{-2}=2$$

$y=-\dfrac{4}{x}$에 $x=B$, $y=-2$를 대입하면

$-2=-\dfrac{4}{B}\qquad\therefore B=2$

$$\therefore A+B=2+2=4$$

12 답 $6\,\text{m}^3$

기체의 부피는 압력에 반비례하므로 $y=\dfrac{a}{x}$라 하고,

$y=\dfrac{a}{x}$에 $x=4$, $y=12$를 대입하면

$12=\dfrac{a}{4}$에서 $a=48$

$$\therefore y=\frac{48}{x}$$

$y=\dfrac{48}{x}$에 $x=8$을 대입하면

$$y=\frac{48}{8}=6$$

따라서 압력이 8기압일 때, 기체의 부피는 $6\,\text{m}^3$이다.

13 답 16 L

물탱크의 용량은 $6\times40=240(\text{L})$

매분 x L씩 물을 넣으면 가득 차는 데 $\dfrac{240}{x}$분이 걸리므로

$$y=\frac{240}{x}$$

$y=\dfrac{240}{x}$에 $y=15$를 대입하면

$15=\dfrac{240}{x}\qquad\therefore x=16$

따라서 15분 만에 물을 가득 채우려면 매분 16 L씩 물을 넣어야
한다.

개념 **41** **반비례 관계의 그래프**

01 답 (1) 곡선 (2) 제3사분면, 제4사분면

02 답 (1) -2, -3, 3, 2, 그래프는 풀이 참조
(2) 1, 2, -2, -1, 그래프는 풀이 참조

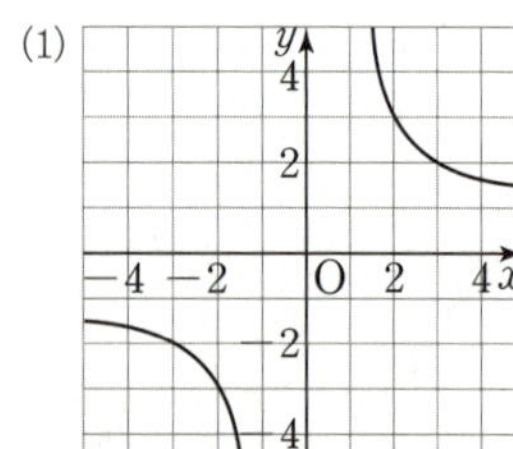 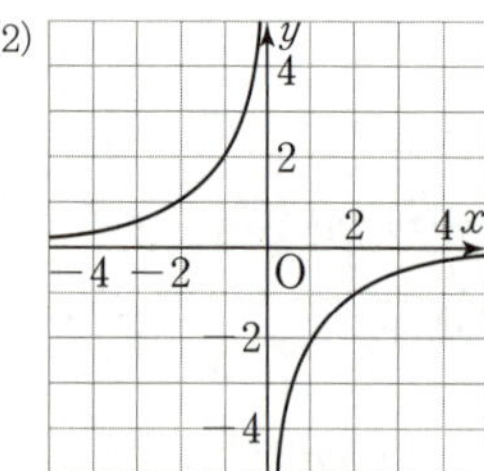

03 답 (1) ㄴ, ㅁ, ㅂ (2) ㄱ, ㄷ, ㄹ (3) ㄱ, ㄷ, ㄹ (4) ㄴ, ㅁ, ㅂ

04 답 (1) ○ (2) × (3) ○ (4) ○
(1) $y=\dfrac{8}{x}$에 $x=2$, $y=4$를 대입하면 $4=\dfrac{8}{2}$
(2) $y=\dfrac{8}{x}$에 $x=-1$, $y=8$을 대입하면 $8\neq\dfrac{8}{-1}$
(3) $y=\dfrac{8}{x}$에 $x=-4$, $y=-2$를 대입하면 $-2=\dfrac{8}{-4}$
(4) $y=\dfrac{8}{x}$에 $x=1$, $y=8$을 대입하면 $8=\dfrac{8}{1}$

05 답 (1) -1 (2) 3 (3) -3 (4) -2
(1) $y=-\dfrac{2}{x}$에 $x=2$, $y=a$를 대입하면
$$a=-\dfrac{2}{2}=-1$$
(2) $y=\dfrac{3}{x}$에 $x=1$, $y=a$를 대입하면
$$a=\dfrac{3}{1}=3$$
(3) $y=-\dfrac{9}{x}$에 $x=a$, $y=3$을 대입하면
$$3=-\dfrac{9}{a} \quad \therefore a=-3$$
(4) $y=\dfrac{12}{x}$에 $x=a$, $y=-6$을 대입하면
$$-6=\dfrac{12}{a} \quad \therefore a=-2$$

06 답 (1) 3 (2) 4 (3) -24 (4) -6
(1) $y=\dfrac{a}{x}$에 $x=3$, $y=1$을 대입하면
$$1=\dfrac{a}{3} \quad \therefore a=3$$
(2) $y=\dfrac{a}{x}$에 $x=-2$, $y=-2$를 대입하면
$$-2=\dfrac{a}{-2} \quad \therefore a=4$$

(3) $y=\dfrac{a}{x}$에 $x=-8$, $y=3$을 대입하면
$$3=\dfrac{a}{-8} \quad \therefore a=-24$$
(4) $y=\dfrac{a}{x}$에 $x=4$, $y=-\dfrac{3}{2}$을 대입하면
$$-\dfrac{3}{2}=\dfrac{a}{4} \quad \therefore a=-6$$

07 답 (1) 2 (2) -1
(1) $y=\dfrac{a}{x}$의 그래프가 점 $(2, 1)$을 지나므로
$y=\dfrac{a}{x}$에 $x=2$, $y=1$을 대입하면
$$1=\dfrac{a}{2} \quad \therefore a=2$$
(2) $y=\dfrac{a}{x}$의 그래프가 점 $(-1, 1)$을 지나므로
$y=\dfrac{a}{x}$에 $x=-1$, $y=1$을 대입하면
$$1=\dfrac{a}{-1} \quad \therefore a=-1$$

08 답 ②
$y=\dfrac{2}{x}$의 그래프는 제1사분면, 제3사분면을 지나는 한 쌍의 매끄러운 곡선이므로 ②이다.

09 답 ㄱ, ㄹ
ㄱ. $y=\dfrac{21}{x}$에 $x=3$, $y=7$을 대입하면 $7=\dfrac{21}{3}$
즉, 점 $(3, 7)$을 지난다.
ㄴ. y축과 만나지 않는다.
ㄷ. 제1사분면과 제3사분면을 지난다.
따라서 옳은 것은 ㄱ, ㄹ이다.

10 답 ②
반비례 관계 $y=\dfrac{a}{x}$의 그래프는 a의 절댓값이 작을수록 좌표축에 가깝다.
① $|1|=1$ ② $\left|-\dfrac{1}{2}\right|=\dfrac{1}{2}$ ③ $|-3|=3$
④ $\left|-\dfrac{5}{7}\right|=\dfrac{5}{7}$ ⑤ $|4|=4$
따라서 좌표축에 가장 가까운 그래프는 ②이다.

11 답 -4
$y=-\dfrac{8}{x}$의 그래프가 점 $(2, k)$를 지나므로
$y=-\dfrac{8}{x}$에 $x=2$, $y=k$를 대입하면
$$k=-\dfrac{8}{2}=-4$$

12 답 2

$y=\dfrac{a}{x}$의 그래프가 점 $\left(-6, -\dfrac{1}{3}\right)$를 지나므로

$y=\dfrac{a}{x}$에 $x=-6$, $y=-\dfrac{1}{3}$을 대입하면

$-\dfrac{1}{3}=\dfrac{a}{-6}$ $\therefore a=2$

13 답 -1

$y=\dfrac{a}{x}$의 그래프가 점 $(2, 2)$를 지나므로

$y=\dfrac{a}{x}$에 $x=2$, $y=2$를 대입하면

$2=\dfrac{a}{2}$에서 $a=4$ $\therefore y=\dfrac{4}{x}$

$y=\dfrac{4}{x}$의 그래프가 점 $(k, -4)$를 지나므로

$y=\dfrac{4}{x}$에 $x=k$, $y=-4$를 대입하면

$-4=\dfrac{4}{k}$ $\therefore k=-1$

<table>
<tr><td>개념
40-41</td><td>한번 더! 기본 문제</td><td>본문 133쪽</td></tr>
</table>

01 ②	**02** 분속 150 m	**03** ④, ⑤
04 45	**05** ④	**06** 9

01 답 ②

y가 x에 반비례하므로 관계식은 $y=\dfrac{a}{x}$ $(a\neq0)$의 꼴이다.

④ $\dfrac{y}{x}=9$에서 $y=9x$

따라서 x의 값이 2배, 3배, 4배, $\cdots$가 될 때, y의 값이 $\dfrac{1}{2}$배, $\dfrac{1}{3}$배, $\dfrac{1}{4}$배, $\cdots$가 되는 것은 ②이다.

02 답 분속 150 m

분속 x m로 가면 등교하는 데 $\dfrac{1200}{x}$분이 걸리므로

$y=\dfrac{1200}{x}$

$y=\dfrac{1200}{x}$에 $y=8$을 대입하면

$8=\dfrac{1200}{x}$ $\therefore x=150$

따라서 8분 만에 등교하려면 분속 150 m로 가야 한다.

03 답 ④, ⑤

① $y=-\dfrac{6}{x}$에 $x=6$, $y=-1$을 대입하면 $-1=-\dfrac{6}{6}$

즉, 점 $(6, -1)$을 지난다.

④ 제2사분면과 제4사분면을 지난다.

⑤ $x<0$일 때, x의 값이 증가하면 y의 값도 증가한다.

따라서 옳지 않은 것은 ④, ⑤이다.

04 답 45

$y=-\dfrac{24}{x}$의 그래프가 점 $(8, a)$를 지나므로

$y=-\dfrac{24}{x}$에 $x=8$, $y=a$를 대입하면

$a=-\dfrac{24}{8}=-3$

$y=-\dfrac{24}{x}$의 그래프가 점 $\left(b, -\dfrac{1}{2}\right)$을 지나므로

$y=-\dfrac{24}{x}$에 $x=b$, $y=-\dfrac{1}{2}$을 대입하면

$-\dfrac{1}{2}=-\dfrac{24}{b}$ $\therefore b=48$

$\therefore a+b=-3+48=45$

05 답 ④

그래프가 원점을 지나지 않는 한 쌍의 매끄러운 곡선이므로

$y=\dfrac{a}{x}$라 하고, 점 $(6, 1)$을 지나므로

$y=\dfrac{a}{x}$에 $x=6$, $y=1$을 대입하면

$1=\dfrac{a}{6}$ $\therefore a=6$

따라서 x와 y 사이의 관계식은 ④ $y=\dfrac{6}{x}$이다.

06 답 9

$y=ax$의 그래프가 점 $(4, 3)$을 지나므로

$y=ax$에 $x=4$, $y=3$을 대입하면

$3=4a$ $\therefore a=\dfrac{3}{4}$

$y=\dfrac{b}{x}$의 그래프가 점 $(4, 3)$을 지나므로

$y=\dfrac{b}{x}$에 $x=4$, $y=3$을 대입하면

$3=\dfrac{b}{4}$ $\therefore b=12$

$\therefore ab=\dfrac{3}{4}\times12=9$

PART 2

단원 테스트

1. 소인수분해 [1회]
본문 136~138쪽

01 ②	**02** ③	**03** ④	**04** 10
05 ④	**06** 4	**07** ③	**08** 8
09 ③	**10** ④	**11** 3	**12** ③
13 ⑤	**14** ②	**15** 120	**16** ③
17 15	**18** 360		

01 답 ②

소수가 아닌 것은 1, 9, 15, 21, 27의 5개이다.

02 답 ③

ㄱ. 소수의 약수의 개수는 2개이다.

ㄴ. 10 이하의 소수는 2, 3, 5, 7의 4개이다.

ㄹ. 2는 짝수이면서 소수이다.

따라서 옳은 것은 ㄴ, ㄷ이다.

03 답 ④

① $10^6 = 10 \times 10 \times 10 \times 10 \times 10 \times 10 = 1000000$

② $\dfrac{1}{4} \times \dfrac{1}{4} \times \dfrac{1}{4} = \left(\dfrac{1}{4}\right)^3$

③ $a \times a \times a \times a \times a = a^5$

⑤ $\dfrac{1}{2^3 \times 3^5} = \dfrac{1}{2 \times 2 \times 2 \times 3 \times 3 \times 3 \times 3 \times 3}$

따라서 옳은 것은 ④이다.

04 답 10

$64 \times 81 = 2^6 \times 3^4$이므로 $a=6$, $b=4$

$\therefore a+b = 6+4 = 10$

05 답 ④

④ $100 = 2^2 \times 5^2$

06 답 4

$441 = 3^2 \times 7^2$이므로 $a=2$, $b=2$

$\therefore a \times b = 2 \times 2 = 4$

07 답 ③

$12 = 2^2 \times 3$의 소인수는 2, 3이다.

① $15 = 3 \times 5$의 소인수는 3, 5이다.

② $21 = 3 \times 7$의 소인수는 3, 7이다.

③ $54 = 2 \times 3^3$의 소인수는 2, 3이다.

④ $63 = 3^2 \times 7$의 소인수는 3, 7이다.

⑤ $80 = 2^4 \times 5$의 소인수는 2, 5이다.

따라서 12와 소인수가 같은 것은 ③이다.

08 답 8

$72 = 2^3 \times 3^2$이므로 $72 \times x$가 어떤 자연수의 제곱이 되려면 $x = 2 \times (자연수)^2$의 꼴이어야 한다.

따라서 x의 값이 될 수 있는 수는

$2 \times 1^2 = 2$, $2 \times 2^2 = 8$, $2 \times 3^2 = 18$, $2 \times 4^2 = 32$, $\cdots$

이므로 두 번째로 작은 수는 8이다.

09 답 ③

$120 = 2^3 \times 3 \times 5$이므로 120의 약수는

$(2^3의 약수) \times (3의 약수) \times (5의 약수)$의 꼴이다.

③ 3^2은 3의 약수가 아니므로 $2^2 \times 3^2$은 120의 약수가 아니다.

10 답 ④

① $15 = 3 \times 5$의 약수의 개수는 $(1+1) \times (1+1) = 4$(개)

② $3^2 \times 5^2$의 약수의 개수는 $(2+1) \times (2+1) = 9$(개)

③ 5^3의 약수의 개수는 $3+1 = 4$(개)

④ $2^4 \times 3^2$의 약수의 개수는 $(4+1) \times (2+1) = 15$(개)

⑤ $1024 = 2^{10}$의 약수의 개수는 $10+1 = 11$(개)

따라서 약수의 개수가 15개인 것은 ④이다.

11 답 3

$2^a \times 25 = 2^a \times 5^2$이므로

$(a+1) \times (2+1) = 12$, $(a+1) \times 3 = 4 \times 3$

$a+1 = 4$ $\quad \therefore a=3$

12 답 ③

두 수가 서로소이면 그 두 수의 최대공약수는 1이다.

ㄷ. 17과 51의 최대공약수는 17이다.

ㅁ. 28과 63의 최대공약수는 7이다.

ㅂ. 21과 57의 최대공약수는 3이다.

따라서 두 수가 서로소인 것은 ㄱ, ㄴ, ㄹ이다.

13 답 ⑤

$$\begin{array}{r} 2^2 \times 3^2 \times 5^2 \\ 2 \times 3^3 \times 5 \\ 2^2 \times 3^2 \\ \hline \end{array}$$

$(최대공약수) = 2 \times 3^2 = 18$

$(최소공배수) = 2^2 \times 3^3 \times 5^2 = 2700$

14 답 ②

두 수 $2^2 \times 3^3 \times 5^2 \times 7$, $2^2 \times 3^2 \times 5$의 최대공약수는 $2^2 \times 3^2 \times 5$이므로 공약수는 $(2^2의 약수) \times (3^2의 약수) \times (5의 약수)$의 꼴이다.

ㄷ. 5^2은 5의 약수가 아니므로 $2 \times 3 \times 5^2$은 주어진 두 수의 공약수가 아니다.

ㄹ. 3^3은 3^2의 약수가 아니므로 $3^3 \times 5$는 주어진 두 수의 공약수가 아니다.

ㅁ. 7은 2^2, 3^2, 5의 약수가 아니므로 $3 \times 5 \times 7$은 주어진 두 수의 공약수가 아니다.

따라서 주어진 두 수의 공약수는 ㄱ, ㄴ, ㅂ이다.

15 답 120

조건 (가)에서 구하는 자연수는 12와 30의 공배수이다.

이때 12와 30의 최소공배수는 60이므로 두 수의 공배수는

60, 120, 180, …

이때 조건 (나)에서 구하는 자연수는 가장 작은 세 자리의 자연수이므로 120이다.

16 답 ③

$$2^a \times 3 \times 5^b$$
$$2^3 \times 3^c \times 5$$

$$(최대공약수) = 2 \times 3 \times 5$$
$$(최소공배수) = 2^3 \times 3^2 \times 5^2$$

따라서 $a=1$, $b=2$, $c=2$이므로

$a+b+c=1+2+2=5$

17 답 15

$1 \times 2 \times 3 \times 4 \times 5 \times 6 \times 7 \times 8 \times 9 \times 10$
$= 1 \times 2 \times 3 \times 2^2 \times 5 \times (2 \times 3) \times 7 \times 2^3 \times 3^2 \times (2 \times 5)$
$= 2^8 \times 3^4 \times 5^2 \times 7$ ⋯ ❶

따라서 $2^8 \times 3^4 \times 5^2 \times 7 = 2^a \times 3^b \times 5^c \times 7^d$이므로

$a=8$, $b=4$, $c=2$, $d=1$ ⋯ ❷

$\therefore a+b+c+d=8+4+2+1=15$ ⋯ ❸

채점 기준	배점
❶ $1 \times 2 \times 3 \times 4 \times 5 \times 6 \times 7 \times 8 \times 9 \times 10$을 소인수분해한 경우	60 %
❷ a, b, c, d의 값을 각각 구한 경우	20 %
❸ $a+b+c+d$의 값을 구한 경우	20 %

18 답 360

세 수 6, 20, 24를 각각 소인수분해하면

$6=2 \times 3$, $20=2^2 \times 5$, $24=2^3 \times 3$ ⋯ ❶

세 수의 공배수는 세 수의 최소공배수인 $2^3 \times 3 \times 5$, 즉 120의 배수이다.

즉, 120, 240, 360, 480, … ⋯ ❷

이 중에서 400에 가장 가까운 수는 360이므로 구하는 수는 360이다. ⋯ ❸

채점 기준	배점
❶ 세 수를 각각 소인수분해한 경우	30 %
❷ 세 수의 공배수를 나열한 경우	40 %
❸ 세 수의 공배수 중 400에 가장 가까운 수를 구한 경우	30 %

1. 소인수분해 [2회] 본문 139~141쪽

01 1	**02** ③	**03** ③, ⑤	**04** 8
05 ③	**06** 0	**07** ④	**08** 42
09 ④	**10** ②	**11** ④	**12** ②
13 112, 140, 168, 196		**14** ③	**15** ③
16 5	**17** 3개	**18** 63	

01 답 1

소수는 2, 5, 19, 37의 4개이므로

$a=4$

합성수는 14, 27, 39의 3개이므로

$b=3$

$\therefore a-b=4-3=1$

02 답 ③

① 1은 소수도 아니고 합성수도 아니다.

② 2는 소수이면서 짝수이다.

④ 소수가 아닌 수 중 1은 약수의 개수가 1의 1개이다.

⑤ 자연수는 1, 소수, 합성수로 이루어져 있다.

따라서 옳은 것은 ③이다.

03 답 ③, ⑤

① $4 \times 4 \times 4 = 4^3$

② $2 \times 2 \times 3 \times 3 \times 5 = 2^2 \times 3^2 \times 5$

④ $a+a+a+a+a=5 \times a$

따라서 옳은 것은 ③, ⑤이다.

04 답 8

$2 \times 3 \times 3 \times 3 \times 3 \times 7 \times 7 = 2 \times 3^4 \times 7^2$이므로

$2 \times 3^4 \times 7^2 = a \times 3^b \times 7^c$에서

$a=2$, $b=4$, $c=2$

$\therefore a+b+c=2+4+2=8$

05 답 ③

③ $756=2^2 \times 3^3 \times 7$

06 답 0

$1000=2^3 \times 5^3$이므로 $a=3$, $b=3$

$\therefore a-b=3-3=0$

07 답 ④

① $6=2 \times 3$의 소인수는 2, 3이다.

② $18=2 \times 3^2$의 소인수는 2, 3이다.

③ $36=2^2 \times 3^2$의 소인수는 2, 3이다.

④ $56=2^3 \times 7$의 소인수는 2, 7이다.

⑤ $108=2^2 \times 3^3$의 소인수는 2, 3이다.

따라서 소인수가 나머지 넷과 다른 하나는 ④이다.

08 답 42

$168 = 2^3 \times 3 \times 7$이므로 어떤 자연수의 제곱이 되게 하려면
$2 \times 3 \times 7 \times (자연수)^2$의 꼴인 수를 곱해야 한다.
따라서 곱할 수 있는 가장 작은 자연수는 $2 \times 3 \times 7 \times 1^2 = 42$

09 답 ④

$2^3 \times 3^2 \times 5$의 약수는 $(2^3$의 약수$) \times (3^2$의 약수$) \times (5$의 약수$)$의 꼴
이다.
④ $75 = 3 \times 5^2$에서 5^2은 5의 약수가 아니므로 75는 $2^3 \times 3^2 \times 5$의
  약수가 아니다.

10 답 ③

$270 = 2 \times 3^3 \times 5$이므로 270의 약수의 개수는
$(1+1) \times (3+1) \times (1+1) = 16$(개)

11 답 ④

$84 = 2^2 \times 3 \times 7$이므로 84의 약수의 개수는
$(2+1) \times (1+1) \times (1+1) = 12$(개)
따라서 $2^a \times 3$의 약수의 개수는 12개이므로
$(a+1) \times (1+1) = 12$, $(a+1) \times 2 = 6 \times 2$
$a+1 = 6$　　∴ $a = 5$

12 답 ②

두 수가 서로소이면 그 두 수의 최대공약수는 1이다.
① 8과 12의 최대공약수는 4이다.
③ 14와 56의 최대공약수는 14이다.
④ 21과 42의 최대공약수는 21이다.
⑤ 24와 33의 최대공약수는 3이다.
따라서 두 수가 서로소인 것은 ②이다.

13 답 112, 140, 168, 196

a와 b의 공배수는 a와 b의 최소공배수인 28의 배수이고,
이 중에서 200 이하인 세 자리의 자연수는 112, 140, 168, 196이다.

14 답 ③

$360 = 2^3 \times 3^2 \times 5$이므로
$$\begin{array}{r} 2^2 \times 3 \\ 2^3 \times 3^2 \times 5 \\ 2^2 \times 3^3 \quad\ \times 7 \\ \hline (최대공약수) = 2^2 \times 3 \\ (최소공배수) = 2^3 \times 3^3 \times 5 \times 7 \end{array}$$

15 답 ③

$30 = 2 \times 3 \times 5$, $42 = 2 \times 3 \times 7$, $60 = 2^2 \times 3 \times 5$이므로
$$\begin{array}{r} 2 \times 3 \times 5 \\ 2 \times 3 \quad\ \times 7 \\ 2^2 \times 3 \times 5 \\ \hline (최대공약수) = 2 \times 3 \end{array}$$

이때 세 수의 공약수의 개수는 세 수의 최대공약수인 2×3의 약수의
개수와 같으므로
$(1+1) \times (1+1) = 4$(개)

16 답 5

최대공약수는 $36 = 2^2 \times 3^2$, 최소공배수는 $540 = 2^2 \times 3^3 \times 5$이므로
$$\begin{array}{r} 2^a \times 3^2 \\ 2^2 \times 3^b \times 5 \\ \hline (최대공약수) = 2^2 \times 3^2 \\ (최소공배수) = 2^2 \times 3^3 \times 5 \end{array}$$
따라서 $a = 2$, $b = 3$이므로
$a + b = 2 + 3 = 5$

17 답 3개

조건 ㈎에서 약수의 개수가 2개인 자연수는 소수이다.　　…❶
따라서 조건 ㈎, ㈏를 모두 만족시키는 자연수는 25보다 크고 40보
다 작은 소수이므로 29, 31, 37의 3개이다.　　…❷

채점 기준	배점
❶ 구하는 자연수가 소수임을 안 경우	50 %
❷ 주어진 범위의 자연수 중 소수의 개수를 구한 경우	50 %

18 답 63

$$\begin{array}{r} 2^a \times 3 \ \times b \times 11^2 \\ 2^4 \times 3^2 \times 7 \\ 2^4 \times 3^3 \times 7 \\ \hline (최대공약수) = 2^3 \times 3 \ \times 7 \end{array}$$

최대공약수의 소인수 2의 지수가 3이므로 2^a, 2^4, 2^4의 지수 a, 4,
4 중 작은 것이 3이다.
∴ $a = 3$　　…❶
최대공약수의 공통인 소인수가 7이므로
$b = 7$　　…❷

$$\begin{array}{r} 2^a \times 3 \ \times b \times 11^2 \\ 2^4 \times 3^2 \times 7 \\ 2^4 \times 3^3 \times 7 \\ \hline (최소공배수) = 2^4 \times 3^c \times 7 \times 11^2 \end{array}$$

세 수의 공통인 소인수 3의 지수 중 가장 큰 것이 3이므로
$c = 3$　　…❸
∴ $a \times b \times c = 3 \times 7 \times 3 = 63$　　…❹

채점 기준	배점
❶ a의 값 구하기	30 %
❷ b의 값 구하기	30 %
❸ c의 값 구하기	30 %
❹ $a \times b \times c$의 값 구하기	10 %

2. 정수와 유리수 [1회]   본문 142~144쪽

01 ④	**02** ④	**03** ①, ③	**04** 9개
05 ⑤	**06** ④	**07** ③	**08** ④
09 ⑤	**10** ③	**11** ④	**12** 312
13 ②	**14** ②	**15** 2	**16** 1
17 -3	**18** $-\dfrac{1}{2}$		

01 답 ④

④ $+10\,\text{m}$

02 답 ④

① 정수는 -6, 7, 0, $-\dfrac{6}{3}(=-2)$의 4개이다.

② 유리수는 -6, 0.2, 7, $+\dfrac{10}{4}$, $-\dfrac{5}{9}$, 0, $-\dfrac{6}{3}$의 7개이다.

③ 양수는 0.2, 7, $+\dfrac{10}{4}$의 3개이다.

④ 음의 유리수는 -6, $-\dfrac{5}{9}$, $-\dfrac{6}{3}$의 3개이다.

⑤ 정수가 아닌 유리수는 0.2, $+\dfrac{10}{4}$, $-\dfrac{5}{9}$의 3개이다.

따라서 옳은 것은 ④이다.

03 답 ①, ③

② B: $-\dfrac{2}{3}$ ④ D: $\dfrac{4}{3}$ ⑤ E: $\dfrac{7}{3}$

따라서 옳은 것은 ①, ③이다.

04 답 9개

절댓값이 5보다 작은 정수는

-4, -3, -2, -1, 0, 1, 2, 3, 4의 9개이다.

05 답 ⑤

① 절댓값이 가장 작은 정수는 0이다.

② 절댓값이 1인 정수는 -1, $+1$이다.

③ $|+7|=7$, $|-7|=7$이므로 $+7$과 -7의 절댓값은 같다.

④ 수직선에서 음수는 절댓값이 작을수록 원점으로부터 가까이 있다.

⑤ 절댓값이 2인 두 수는 $+2$, -2이고, 수직선에서 이 두 수에 대응하는 두 점 사이의 거리는 $2+2=4$이다.

따라서 옳은 것은 ⑤이다.

06 답 ④

① $|-5|=5=\dfrac{15}{3}$, $\left|-\dfrac{14}{3}\right|=\dfrac{14}{3}$이므로 $-5<-\dfrac{14}{3}$

② $|-6|=6$, $|-7|=7$이므로 $|-6|<|-7|$

③ $\dfrac{12}{5}=\dfrac{24}{10}$, $2.5=\dfrac{25}{10}$이므로 $\dfrac{12}{5}<2.5$

④ $\left|-\dfrac{4}{3}\right|=\dfrac{4}{3}=\dfrac{16}{12}$, $\left|-\dfrac{3}{4}\right|=\dfrac{3}{4}=\dfrac{9}{12}$이므로 $-\dfrac{4}{3}<-\dfrac{3}{4}$

⑤ $\dfrac{7}{10}=\dfrac{42}{60}$, $\dfrac{7}{12}=\dfrac{35}{60}$이므로 $\dfrac{7}{10}>\dfrac{7}{12}$

따라서 옳은 것은 ④이다.

07 답 ③

$-\dfrac{9}{2}$와 $\dfrac{10}{3}$ 사이에 있는 정수는

-4, -3, -2, -1, 0, 1, 2, 3의 8개이다.

08 답 ④

④ $\left(-\dfrac{1}{5}\right)-\left(-\dfrac{4}{5}\right)=\left(-\dfrac{1}{5}\right)+\left(+\dfrac{4}{5}\right)=+\dfrac{3}{5}$

09 답 ⑤

$A=-\dfrac{1}{3}+\dfrac{1}{2}+\dfrac{4}{5}=\left(-\dfrac{1}{3}\right)+\left(+\dfrac{1}{2}\right)+\left(+\dfrac{4}{5}\right)$

$\quad=\left(-\dfrac{1}{3}\right)+\left\{\left(+\dfrac{5}{10}\right)+\left(+\dfrac{8}{10}\right)\right\}$

$\quad=\left(-\dfrac{1}{3}\right)+\left(+\dfrac{13}{10}\right)=\left(-\dfrac{10}{30}\right)+\left(+\dfrac{39}{30}\right)=\dfrac{29}{30}$

$B=-\dfrac{16}{5}+3+\dfrac{3}{4}-\dfrac{1}{2}=\left(-\dfrac{16}{5}\right)+(+3)+\left(+\dfrac{3}{4}\right)-\left(+\dfrac{1}{2}\right)$

$\quad=\left(-\dfrac{16}{5}\right)+(+3)+\left(+\dfrac{3}{4}\right)+\left(-\dfrac{1}{2}\right)$

$\quad=\left\{\left(-\dfrac{16}{5}\right)+\left(+\dfrac{15}{5}\right)\right\}+\left\{\left(+\dfrac{3}{4}\right)+\left(-\dfrac{2}{4}\right)\right\}$

$\quad=\left(-\dfrac{1}{5}\right)+\left(+\dfrac{1}{4}\right)=\left(-\dfrac{4}{20}\right)+\left(+\dfrac{5}{20}\right)=\dfrac{1}{20}$

$\therefore A-B=\dfrac{29}{30}-\dfrac{1}{20}=\left(+\dfrac{29}{30}\right)+\left(-\dfrac{1}{20}\right)$

$\qquad=\left(+\dfrac{58}{60}\right)+\left(-\dfrac{3}{60}\right)=\dfrac{55}{60}=\dfrac{11}{12}$

10 답 ③

① $(+14)\times\left(-\dfrac{2}{7}\right)=-\left(14\times\dfrac{2}{7}\right)=-4$

② $(-8)\times\left(+\dfrac{1}{2}\right)=-\left(8\times\dfrac{1}{2}\right)=-4$

③ $\left(+\dfrac{2}{5}\right)\div\left(-\dfrac{4}{15}\right)=\left(+\dfrac{2}{5}\right)\times\left(-\dfrac{15}{4}\right)=-\left(\dfrac{2}{5}\times\dfrac{15}{4}\right)=-\dfrac{3}{2}$

④ $\left(-\dfrac{2}{3}\right)\div\left(+\dfrac{1}{6}\right)=\left(-\dfrac{2}{3}\right)\times(+6)=-\left(\dfrac{2}{3}\times6\right)=-4$

⑤ $(+6)\div(-3)\times(+2)=(+6)\times\left(-\dfrac{1}{3}\right)\times(+2)$

$\qquad=-\left(6\times\dfrac{1}{3}\times2\right)=-4$

따라서 계산 결과가 나머지 넷과 다른 하나는 ③이다.

11 답 ④

② $\left(\dfrac{1}{3}\right)^2=\dfrac{1}{3}\times\dfrac{1}{3}=\dfrac{1}{9}$

④ $(-3)^3=(-3)\times(-3)\times(-3)=-27$

⑤ $-(-3)^2=-\{(-3)\times(-3)\}=-9$

따라서 가장 작은 수는 ④이다.

12 답 312

$$2.4 \times 31.2 - (-7.6) \times 31.2 = \{2.4 - (-7.6)\} \times 31.2$$
$$= (2.4 + 7.6) \times 31.2$$
$$= 10 \times 31.2 = 312$$

13 답 ②

$-4\dfrac{1}{5} = -\dfrac{21}{5}$의 역수는 $-\dfrac{5}{21}$이므로 $a = -\dfrac{5}{21}$

$1.2 = \dfrac{12}{10} = \dfrac{6}{5}$의 역수는 $\dfrac{5}{6}$이므로 $b = \dfrac{5}{6}$

$\therefore a \div b = \left(-\dfrac{5}{21}\right) \div \dfrac{5}{6} = \left(-\dfrac{5}{21}\right) \times \dfrac{6}{5} = -\dfrac{2}{7}$

14 답 ②

$$\left(-\dfrac{1}{3}\right)^2 \times \left(-\dfrac{15}{16}\right) \div \dfrac{1}{12} = \dfrac{1}{9} \times \left(-\dfrac{15}{16}\right) \times 12$$
$$= -\left(\dfrac{1}{9} \times \dfrac{15}{16} \times 12\right) = -\dfrac{5}{4}$$

15 답 2

$\left(-\dfrac{5}{3}\right) \div \left(-\dfrac{1}{6}\right) \times \square = 20$에서

$\left(-\dfrac{5}{3}\right) \times (-6) \times \square = 20$

$10 \times \square = 20 \qquad \therefore \square = 2$

16 답 1

$$2 - \left[\dfrac{1}{2} + (-1)^3 \div \left\{4 \times \left(-\dfrac{1}{2}\right) + 6\right\}\right] \times 4$$
$$= 2 - \left[\dfrac{1}{2} + (-1) \div \{(-2) + 6\}\right] \times 4$$
$$= 2 - \left\{\dfrac{1}{2} + (-1) \div 4\right\} \times 4 = 2 - \left\{\dfrac{1}{2} + \left(-\dfrac{1}{4}\right)\right\} \times 4$$
$$= 2 - \dfrac{1}{4} \times 4 = 2 - 1 = 1$$

17 답 -3

절댓값이 4인 수는 -4, 4이고, $-4 < 4$이므로

$a = -4$ ························· ❶

-3, -1.5, 0, 5 중 정수가 아닌 유리수는 -1.5이므로

$b = -1.5$ ························· ❷

$\dfrac{5}{2}$, $-\dfrac{7}{3}$, -11, 2를 작은 것부터 차례로 나열하면

-11, $-\dfrac{7}{3}$, 2, $\dfrac{5}{2}$이므로 $c = \dfrac{5}{2}$ ··········· ❸

$\therefore a + b + c = -4 + (-1.5) + \dfrac{5}{2} = -4 + \left\{\left(-\dfrac{3}{2}\right) + \left(+\dfrac{5}{2}\right)\right\}$
$$= -4 + 1 = -3 \quad ······· ❹$$

채점 기준	배점
❶ a의 값을 구한 경우	20 %
❷ b의 값을 구한 경우	20 %
❸ c의 값을 구한 경우	20 %
❹ $a+b+c$의 값을 구한 경우	40 %

18 답 $-\dfrac{1}{2}$

어떤 수를 $\square$라 하면 $\square - \left(-\dfrac{5}{8}\right) = \dfrac{3}{4}$ ········· ❶

$\therefore \square = \dfrac{3}{4} + \left(-\dfrac{5}{8}\right) = \dfrac{6}{8} + \left(-\dfrac{5}{8}\right) = \dfrac{1}{8}$

즉, 어떤 수는 $\dfrac{1}{8}$이다. ························· ❷

따라서 바르게 계산하면

$\dfrac{1}{8} + \left(-\dfrac{5}{8}\right) = -\dfrac{4}{8} = -\dfrac{1}{2}$ ··········· ❸

채점 기준	배점
❶ 어떤 수를 구하는 식을 세운 경우	30 %
❷ 어떤 수를 구한 경우	30 %
❸ 바르게 계산한 답을 구한 경우	40 %

2. 정수와 유리수 [2회]
본문 145~147쪽

01 ③	**02** ①, ③	**03** ④	**04** ④
05 $-\dfrac{10}{5}$	**06** ④	**07** -2	**08** ④
09 1	**10** ⑤	**11** $-\dfrac{1}{2}$	**12** 64
13 $-\dfrac{6}{5}$	**14** ⑤	**15** $\dfrac{25}{56}$	**16** $-\dfrac{2}{3}$
17 -2	**18** (1) ㉢, ㉡, ㉣, ㉤, ㉠ (2) 4		

01 답 ③

③ $+3000$원

02 답 ①, ③

⑤ $+\dfrac{16}{2} = +8$이므로 정수이다.

따라서 정수가 아닌 유리수는 ①, ③이다.

03 답 ④

주어진 수에 대응하는 점을 수직선 위에 나타내면 다음 그림과 같다.

따라서 가장 오른쪽에 있는 것은 ④ $+\dfrac{5}{3}$이다.

04 답 ④

① $0 > $ (음수)이므로 $0 > -3$

② $\left|-\dfrac{1}{6}\right| = \dfrac{1}{6}$, $\left|-\dfrac{1}{2}\right| = \dfrac{1}{2} = \dfrac{3}{6}$이므로 $-\dfrac{1}{6} > -\dfrac{1}{2}$

③ (양수) $>$ (음수)이므로 $\dfrac{8}{3} > -\dfrac{13}{6}$

④ $|-5.3| = 5.3$, $|-4.3| = 4.3$이므로 $-5.3 < -4.3$

⑤ $\left|-\dfrac{3}{5}\right| = \dfrac{3}{5} = \dfrac{6}{10}$, $\left|-\dfrac{3}{10}\right| = \dfrac{3}{10}$이므로 $-\dfrac{3}{5} < -\dfrac{3}{10}$

따라서 대소 관계가 옳은 것은 ④이다.

05 답 $-\dfrac{10}{5}$

주어진 수의 대소를 비교하면

$$-4.3<-3.5<-\dfrac{10}{5}<\dfrac{11}{4}<4<|-6|$$

따라서 작은 것부터 차례로 나열했을 때, 세 번째에 오는 수는 $-\dfrac{10}{5}$이다.

06 답 ④

④ $0<d\leq7$

07 답 -2

$|-3|=3$이므로 $a=3$

절댓값이 5인 음수는 -5이므로 $b=-5$

$\therefore a+b=3+(-5)=-2$

08 답 ④

① $\left(-\dfrac{1}{4}\right)+\left(-\dfrac{1}{8}\right)=-\left(\dfrac{2}{8}+\dfrac{1}{8}\right)=-\dfrac{3}{8}$

② $\left(-\dfrac{5}{6}\right)-\left(-\dfrac{3}{5}\right)=\left(-\dfrac{25}{30}\right)+\left(+\dfrac{18}{30}\right)$

$\qquad=-\left(\dfrac{25}{30}-\dfrac{18}{30}\right)=-\dfrac{7}{30}$

③ $\left(+\dfrac{1}{2}\right)-\left(-\dfrac{2}{3}\right)=\left(+\dfrac{3}{6}\right)+\left(+\dfrac{4}{6}\right)$

$\qquad=+\left(\dfrac{3}{6}+\dfrac{4}{6}\right)=+\dfrac{7}{6}$

④ $(-2.8)+(+1.9)=-(2.8-1.9)=-0.9$

⑤ $(+0.25)+(-1)=-(1-0.25)=-0.75$

따라서 계산 결과가 옳은 것은 ④이다.

09 답 1

$1-\dfrac{1}{2}+\dfrac{1}{4}-\dfrac{1}{12}$

$=(+1)-\left(+\dfrac{1}{2}\right)+\left(+\dfrac{1}{4}\right)-\left(+\dfrac{1}{12}\right)$

$=(+1)+\left(-\dfrac{1}{2}\right)+\left(+\dfrac{1}{4}\right)+\left(-\dfrac{1}{12}\right)$

$=\left\{\left(+\dfrac{4}{4}\right)+\left(+\dfrac{1}{4}\right)\right\}+\left\{\left(-\dfrac{6}{12}\right)+\left(-\dfrac{1}{12}\right)\right\}$

$=\left(+\dfrac{5}{4}\right)+\left(-\dfrac{7}{12}\right)=+\left(\dfrac{15}{12}-\dfrac{7}{12}\right)=\dfrac{8}{12}=\dfrac{2}{3}$

따라서 $a=3$, $b=2$이므로

$a-b=3-2=1$

10 답 ⑤

⑤ $\left(+\dfrac{1}{5}\right)\times\left(-\dfrac{4}{3}\right)\times\left(+\dfrac{5}{8}\right)=-\left(\dfrac{1}{5}\times\dfrac{4}{3}\times\dfrac{5}{8}\right)=-\dfrac{1}{6}$

11 답 $-\dfrac{1}{2}$

$(-3)^2\times\left(-\dfrac{2}{3}\right)^2\times\left(-\dfrac{1}{2}\right)^3=9\times\dfrac{4}{9}\times\left(-\dfrac{1}{8}\right)$

$\qquad=-\left(9\times\dfrac{4}{9}\times\dfrac{1}{8}\right)=-\dfrac{1}{2}$

12 답 64

$a\times(b-c)=a\times b-a\times c$이므로

$56=a\times b-8$ $\quad\therefore a\times b=64$

13 답 $-\dfrac{6}{5}$

$-0.7=-\dfrac{7}{10}$의 역수는 $-\dfrac{10}{7}$

$1\dfrac{2}{3}=\dfrac{5}{3}$의 역수는 $\dfrac{3}{5}$

$\dfrac{5}{7}$의 역수는 $\dfrac{7}{5}$

$\therefore\left(-\dfrac{10}{7}\right)\times\dfrac{3}{5}\times\dfrac{7}{5}=-\left(\dfrac{10}{7}\times\dfrac{3}{5}\times\dfrac{7}{5}\right)=-\dfrac{6}{5}$

14 답 ⑤

① $(-8)\div(+2)=-(8\div2)=-4$

② $\left(+\dfrac{2}{3}\right)\div\left(-\dfrac{1}{6}\right)=\left(+\dfrac{2}{3}\right)\times(-6)=-\left(\dfrac{2}{3}\times6\right)=-4$

③ $\left(+\dfrac{12}{5}\right)\div\left(-\dfrac{3}{5}\right)=\left(+\dfrac{12}{5}\right)\times\left(-\dfrac{5}{3}\right)=-\left(\dfrac{12}{5}\times\dfrac{5}{3}\right)=-4$

④ $\left(+\dfrac{5}{6}\right)\div(-5)\div\left(+\dfrac{1}{24}\right)=\left(+\dfrac{5}{6}\right)\times\left(-\dfrac{1}{5}\right)\times(+24)$

$\qquad=-\left(\dfrac{5}{6}\times\dfrac{1}{5}\times24\right)=-4$

⑤ $\left(-\dfrac{7}{2}\right)\div\left(-\dfrac{7}{18}\right)\div(-3)=\left(-\dfrac{7}{2}\right)\times\left(-\dfrac{18}{7}\right)\times\left(-\dfrac{1}{3}\right)$

$\qquad=-\left(\dfrac{7}{2}\times\dfrac{18}{7}\times\dfrac{1}{3}\right)=-3$

따라서 계산 결과가 나머지 넷과 다른 하나는 ⑤이다.

15 답 $\dfrac{25}{56}$

어떤 수를 □라 하면 $□\div\dfrac{5}{4}=\dfrac{2}{7}$

$\therefore □=\dfrac{2}{7}\times\dfrac{5}{4}=\dfrac{5}{14}$

따라서 어떤 수는 $\dfrac{5}{14}$이므로 바르게 계산하면

$\dfrac{5}{14}\times\dfrac{5}{4}=\dfrac{25}{56}$

16 답 $-\dfrac{2}{3}$

$(-3)\times\dfrac{1}{4}\div\left(-\dfrac{3}{2}\right)^2\times2=(-3)\times\dfrac{1}{4}\div\dfrac{9}{4}\times2$

$\qquad=(-3)\times\dfrac{1}{4}\times\dfrac{4}{9}\times2$

$\qquad=-\left(3\times\dfrac{1}{4}\times\dfrac{4}{9}\times2\right)=-\dfrac{2}{3}$

17 답 -2

a는 -3보다 8만큼 큰 수이므로

$a=-3+8=5$ $\qquad\qquad\qquad\cdots$❶

b는 -9보다 -2만큼 작은 수이므로

$b=-9-(-2)=-9+2=-7$ $\qquad\cdots$❷

$\therefore a+b=5+(-7)=-2$ $\qquad\cdots$❸

채점 기준	배점
❶ a의 값을 구한 경우	40 %
❷ b의 값을 구한 경우	40 %
❸ $a+b$의 값을 구한 경우	20 %

18 답 (1) ㉢, ㉡, ㉣, ㉤, ㉠ (2) 4

(1) 계산 순서를 차례로 나열하면

㉢, ㉡, ㉣, ㉤, ㉠이다. … ❶

(2) $13-\left\{\left(4-6\times\dfrac{5}{3}\right)\times(-3)\right\}\div 2$

$=13-\{(4-10)\times(-3)\}\div 2$

$=13-\{(-6)\times(-3)\}\div 2$

$=13-18\div 2$

$=13-9=4$ … ❷

채점 기준	배점
❶ 계산 순서를 차례로 나열한 경우	40 %
❷ 계산 결과를 구한 경우	60 %

---

3. 문자의 사용과 식 [1회] 본문 148~150쪽

01 ⑤	**02** ③	**03** 3	**04** ⑤
05 ④	**06** ②, ⑤	**07** 2	**08** ④
09 ③	**10** ②, ④	**11** ⑤	**12** 0
13 ③	**14** $-5x-4$		**15** $x+3$
16 $-11x+10$		**17** (1) $8x+56$ (2) 80	
18 $\dfrac{1}{3}$			

01 답 ⑤

① $0.1\times x=0.1x$

② $x\div y\times\dfrac{1}{3}=x\times\dfrac{1}{y}\times\dfrac{1}{3}=\dfrac{x}{3y}$

③ $x\div(y+5)=x\times\dfrac{1}{y+5}=\dfrac{x}{y+5}$

④ $(-1)\times x\times x\times x\times y=-x^3y$

⑤ $(x-y)\div 5\div x=(x-y)\times\dfrac{1}{5}\times\dfrac{1}{x}=\dfrac{x-y}{5x}$

따라서 옳은 것은 ⑤이다.

02 답 ③

ㄱ. $(14+x)$세 ㄴ. $\dfrac{a}{5}$원

따라서 옳은 것은 ㄷ, ㄹ이다.

03 답 3

$x^2-3y=(-2)^2-3\times\dfrac{1}{3}=4-1=3$

04 답 ⑤

$20-6h$에 $h=2$를 대입하면

$20-6\times 2=20-12=8$

따라서 지면으로부터의 높이가 $2\,km$인 곳의 기온은 $8\,℃$이다.

05 답 ④

④ x의 계수는 -1이다.

06 답 ②, ⑤

① 분모에 문자가 있으므로 다항식이 아니다.

즉, 일차식이 아니다.

③ 상수항은 일차식이 아니다.

④ 다항식의 차수가 2이므로 일차식이 아니다.

따라서 일차식은 ②, ⑤이다.

07 답 2

$(9x-12)\times\left(-\dfrac{2}{3}\right)=-6x+8$

따라서 $a=-6$, $b=8$이므로 $a+b=-6+8=2$

08 답 ④

① $(-6x+2)\times\dfrac{1}{2}=-3x+1$

② $(6x+2)\div 2=(6x+2)\times\dfrac{1}{2}=3x+1$

③ $(3x+1)\div(-1)=(3x+1)\times(-1)=-3x-1$

④ $-\dfrac{3}{2}\left(-2x+\dfrac{2}{3}\right)=3x-1$

⑤ $(15x-5)\div\dfrac{1}{5}=(15x-5)\times 5=75x-25$

따라서 식을 간단히 한 결과가 $3x-1$인 것은 ④이다.

09 답 ③

①, ⑤ 차수가 다르므로 동류항이 아니다.

②, ④ 문자가 다르므로 동류항이 아니다.

따라서 동류항끼리 짝 지어진 것은 ③이다.

10 답 ②, ④

② $a+a+a+a=4a$ ③ $a\times a\times a\times a=a^4$

④ $a\div\dfrac{1}{4}=a\times 4=4a$ ⑤ $4\div a=\dfrac{4}{a}$

따라서 $4a$와 같은 것은 ②, ④이다.

11 답 ⑤

① $(8x-3)-(6x+2)=8x-3-6x-2=2x-5$

② $3(2x+3)+(x+4)=6x+9+x+4=7x+13$

③ $2\left(\dfrac{1}{2}x-4\right)-3(2x-3)=x-8-6x+9=-5x+1$

④ $\dfrac{1}{2}(4x+8)+\dfrac{2}{3}(3x-6)=2x+4+2x-4=4x$

⑤ $-2(x+1)-(4x-3)=-2x-2-4x+3=-6x+1$

따라서 옳지 않은 것은 ⑤이다.

12 답 0

$$\frac{4x-5}{3}-\frac{x-5}{2}=\frac{4}{3}x-\frac{5}{3}-\frac{1}{2}x+\frac{5}{2}$$
$$=\frac{8}{6}x-\frac{3}{6}x-\frac{10}{6}+\frac{15}{6}$$
$$=\frac{5}{6}x+\frac{5}{6}$$

따라서 $a=\dfrac{5}{6}$, $b=\dfrac{5}{6}$이므로

$$a-b=\frac{5}{6}-\frac{5}{6}=0$$

13 답 ③

$$2B-A=2(-5x-7)-(3-4x)$$
$$=-10x-14-3+4x$$
$$=-6x-17$$

14 답 $-5x-4$

$A=(x+6)+(-2x-3)=x+6-2x-3=-x+3$
$B=(5x+4)+(-x+3)=5x+4-x+3=4x+7$
$\therefore A-B=(-x+3)-(4x+7)$
$\qquad\quad =-x+3-4x-7=-5x-4$

15 답 $x+3$

어떤 다항식을 $\boxed{}$라 하면
$(\boxed{})-(-3x+5)=7x-7$
$\therefore \boxed{}=7x-7+(-3x+5)$
$\qquad\quad =7x-7-3x+5$

따라서 어떤 다항식은 $4x-2$이므로 바르게 계산하면
$(4x-2)+(-3x+5)=4x-2-3x+5$
$\qquad\qquad\qquad\qquad\quad =x+3$

16 답 $-11x+10$

$$x-\left[2x+10\left\{4x-\frac{1}{5}(15x+5)\right\}\right]$$
$$=x-\{2x+10(4x-3x-1)\}$$
$$=x-\{2x+10(x-1)\}$$
$$=x-(2x+10x-10)$$
$$=x-(12x-10)$$
$$=x-12x+10$$
$$=-11x+10$$

17 답 (1) $8x+56$ (2) 80

(1) $S=\dfrac{1}{2}\times\{7+(x+7+x)\}\times 8$
$\qquad =4(2x+14)=8x+56$ … ❶
(2) $S=8x+56$에 $x=3$을 대입하면
$\quad S=8\times 3+56=24+56=80$ … ❷

채점 기준	배점
❶ S를 x를 사용한 식으로 나타낸 경우	50 %
❷ $x=3$일 때, S의 값을 구한 경우	50 %

18 답 $\dfrac{1}{3}$

$$\frac{2}{3}(x-1)-\frac{1}{4}(2x-3)=\frac{2}{3}x-\frac{2}{3}-\frac{1}{2}x+\frac{3}{4}$$
$$=\frac{4}{6}x-\frac{3}{6}x-\frac{8}{12}+\frac{9}{12}$$
$$=\frac{1}{6}x+\frac{1}{12}$$

즉, x의 계수가 $\dfrac{1}{6}$이므로

$$a=\frac{1}{6}$$ … ❶

$$\frac{5x-3}{2}-\frac{x-4}{3}=\frac{5}{2}x-\frac{3}{2}-\frac{1}{3}x+\frac{4}{3}$$
$$=\frac{15}{6}x-\frac{2}{6}x-\frac{9}{6}+\frac{8}{6}$$
$$=\frac{13}{6}x-\frac{1}{6}$$

즉, 상수항이 $-\dfrac{1}{6}$이므로

$$b=-\frac{1}{6}$$ … ❷

$$\therefore a-b=\frac{1}{6}-\left(-\frac{1}{6}\right)=\frac{2}{6}=\frac{1}{3}$$ … ❸

채점 기준	배점
❶ a의 값을 구한 경우	40 %
❷ b의 값을 구한 경우	40 %
❸ $a-b$의 값을 구한 경우	20 %

---

3. 문자의 사용과 식 [2회]　　본문 151~153쪽

01 ④	**02** ②	**03** -11	**04** 148회
05 ①, ④	**06** ②	**07** ③, ⑤	**08** -4
09 2개	**10** ⑤	**11** ④	**12** ④
13 2	**14** ④	**15** $-x-9$	**16** ④
17 -1	**18** 8		

01 답 ④

ㄱ. $a\times b\div c=a\times b\times\dfrac{1}{c}=\dfrac{ab}{c}$

ㄴ. $a\div b\times c=a\times\dfrac{1}{b}\times c=\dfrac{ac}{b}$

ㄷ. $a\div b\div c=a\times\dfrac{1}{b}\times\dfrac{1}{c}=\dfrac{a}{bc}$

ㄹ. $a\times(b\div c)=a\times\dfrac{b}{c}=\dfrac{ab}{c}$

ㅁ. $a\div(b\times c)=a\div bc=\dfrac{a}{bc}$

ㅂ. $a\div(b\div c)=a\div\dfrac{b}{c}=a\times\dfrac{c}{b}=\dfrac{ac}{b}$

따라서 $\dfrac{ac}{b}$와 같은 것은 ㄴ, ㅂ이다.

02 답 ②

② $\dfrac{x}{6}$ 원

03 답 -11

$$\dfrac{5}{x}+\dfrac{6}{y}=5\div x+6\div y=5\div\dfrac{1}{5}+6\div\left(-\dfrac{1}{6}\right)$$
$$=5\times5+6\times(-6)=25-36=-11$$

04 답 148회

$\dfrac{36}{5}x-32$에 $x=25$를 대입하면

$$\dfrac{36}{5}\times25-32=180-32=148$$

따라서 흰나무귀뚜라미가 1분 동안 우는 횟수는 148회이다.

05 답 ①, ④

② $2x-y$에서 항은 $2x$, $-y$의 2개이다.

③ x^2+3x-2에서 상수항은 -2이다.

⑤ $2x^2-x-4$에서 x^2의 계수는 2, 상수항은 -4이므로 그 합은

$2+(-4)=-2$이다.

따라서 옳은 것은 ①, ④이다.

06 답 ②

ㄱ. 상수항은 일차식이 아니다.

ㄷ. 다항식의 차수가 2이므로 일차식이 아니다.

ㅁ. 분모에 문자가 있으므로 다항식이 아니다.

　　즉, 일차식이 아니다.

ㅂ. 다항식의 차수가 3이므로 일차식이 아니다.

따라서 일차식은 ㄴ, ㄹ의 2개이다.

07 답 ③, ⑤

③ $\dfrac{4}{3}(12x+9)=16x+12$

④ $12x\div\left(-\dfrac{2}{3}\right)=12x\times\left(-\dfrac{3}{2}\right)=-18x$

⑤ $\left(\dfrac{1}{2}x-5\right)\div(-5)=\left(\dfrac{1}{2}x-5\right)\times\left(-\dfrac{1}{5}\right)=-\dfrac{1}{10}x+1$

따라서 옳지 않은 것은 ③, ⑤이다.

08 답 -4

$-\dfrac{4}{3}(-6x+15)=8x-20$에서

x의 계수는 8이므로 $a=8$

$\left(\dfrac{1}{4}x-5\right)\div\dfrac{5}{12}=\left(\dfrac{1}{4}x-5\right)\times\dfrac{12}{5}=\dfrac{3}{5}x-12$에서

상수항은 -12이므로 $b=-12$

$\therefore a+b=8+(-12)=-4$

09 답 2개

x와 동류항인 것은 $-\dfrac{x}{5}$, $6x$의 2개이다.

10 답 ⑤

$5x-ax+6=(5-a)x+6$이 x에 대한 일차식이므로

$5-a\neq0$　　$\therefore a\neq5$

11 답 ④

① $3x-2y+x+y=3x+x-2y+y=4x-y$

② $x-4y-2y+5x=x+5x-4y-2y=6x-6y$

③ $3x-4y-2x+y=3x-2x-4y+y=x-3y$

④ $5x-3y-2x+5y=5x-2x-3y+5y=3x+2y$

⑤ $6x+y-5y-3x=6x-3x+y-5y=3x-4y$

따라서 간단히 했을 때, $3x+2y$가 되는 ④이다.

12 답 ④

① $(x-3)+(3x+5)=x-3+3x+5=4x+2$

② $2(3-4x)+3(2x-3)=6-8x+6x-9=-2x-3$

③ $(5x+7)-(-4x+9)=5x+7+4x-9=9x-2$

④ $\dfrac{1}{2}(-4x+6)-(7x-5)=-2x+3-7x+5=-9x+8$

⑤ $-\dfrac{3}{5}(15x-5)-\dfrac{1}{6}(12x-6)=-9x+3-2x+1=-11x+4$

따라서 옳은 것은 ④이다.

13 답 2

$$\dfrac{5x-1}{4}-\dfrac{x-7}{6}=\dfrac{5}{4}x-\dfrac{1}{4}-\dfrac{1}{6}x+\dfrac{7}{6}$$
$$=\dfrac{15}{12}x-\dfrac{2}{12}x-\dfrac{3}{12}+\dfrac{14}{12}$$
$$=\dfrac{13}{12}x+\dfrac{11}{12}$$

따라서 $a=\dfrac{13}{12}$, $b=\dfrac{11}{12}$이므로

$$a+b=\dfrac{13}{12}+\dfrac{11}{12}=\dfrac{24}{12}=2$$

14 답 ④

$$3A+4B-2(B-A)=3A+4B-2B+2A$$
$$=5A+2B$$
$$\therefore 5A+2B=5(2x-1)+2(x-3)$$
$$=10x-5+2x-6=12x-11$$

15 답 $-x-9$

어떤 다항식을 $\boxed{}$라 하면

$(\boxed{})+(4x+2)=7x-5$

$\therefore \boxed{}=7x-5-(4x+2)$

$=7x-5-4x-2=3x-7$

따라서 어떤 다항식은 $3x-7$이므로 바르게 계산하면

$(3x-7)-(4x+2)=3x-7-4x-2=-x-9$

16 답 ④

직사각형의 세로의 길이는

$(5x+3)-7=5x+3-7=5x-4$

따라서 직사각형의 둘레의 길이는

$$2\times\{(5x+3)+(5x-4)\}=2(5x+3+5x-4)$$
$$=2(10x-1)=20x-2$$

17　답　-1

다항식의 차수는 2이므로 $a=2$

x의 계수는 2이므로 $b=2$

상수항은 -5이므로 $c=-5$　　　　　　　… ❶

$\therefore a+b+c=2+2+(-5)=-1$　　　　… ❷

채점 기준	배점
❶ a, b, c의 값을 각각 구한 경우	75 %
❷ $a+b+c$의 값을 구한 경우	25 %

18　답　8

$5x-[4x-3-\{2x-(5x+1)\}]$

$=5x-\{4x-3-(2x-5x-1)\}$

$=5x-\{4x-3-(-3x-1)\}$

$=5x-(4x-3+3x+1)$

$=5x-(7x-2)$

$=5x-7x+2=-2x+2$　　　　　　　… ❶

따라서 $-2x+2$에 $x=-3$을 대입하면

$-2\times(-3)+2=6+2=8$　　　　　　… ❷

채점 기준	배점
❶ 주어진 식을 계산한 경우	60 %
❷ $x=3$일 때, 주어진 식의 값을 구한 경우	40 %

---

4. 일차방정식 [1회]　　　본문 154~156쪽

01 ③, ⑤	**02** ③	**03** ④	**04** 2
05 ⑤	**06** 36	**07** 3개	**08** ⑤
09 ④	**10** $x=-15$	**11** 1	
12 ①	**13** ⑤	**14** 22	**15** 6 cm
16 3시간	**17** 7	**18** 46	

01　답　③, ⑤

① 다항식　　　　　　　②, ④ 부등호를 사용한 식

따라서 등식은 ③, ⑤이다.

02　답　③

어떤 수 x의 4배에 6을 더한 것은 $4x+6$이고, 9에서 x를 뺀 수를 3배한 것은 $3(9-x)$이므로

$4x+6=3(9-x)$

03　답　④

주어진 방정식에 $x=3$을 각각 대입하면

① $2\times3-6\neq3$　　　　　② $3-4\neq1-3$

③ $7-2\times3\neq2$　　　　　④ $3\times(2-3)=-3$

⑤ $\dfrac{3-5}{5}\neq\dfrac{1-2\times3}{5}$

따라서 해가 $x=3$인 것은 ④이다.

04　답　2

$-3(x+a)=-15+bx$에서

$-3x-3a=-15+bx$

따라서 $-3=b$, $-3a=-15$이므로

$a=5$, $b=-3$

$\therefore a+b=5+(-3)=2$

05　답　⑤

④ $2a-1=2b-1$의 양변에 1을 더하면 $2a=2b$

　$2a=2b$의 양변을 2로 나누면 $a=b$

⑤ $\dfrac{a}{5}=\dfrac{b}{2}$의 양변에 10을 곱하면 $2a=5b$

따라서 옳지 않은 것은 ⑤이다.

06　답　36

$5x-2=x+7$에서 -2, x를 각각 이항하면

$5x-x=7+2$　　$\therefore 4x=9$

따라서 $a=4$, $b=9$이므로

$ab=4\times9=36$

07　답　3개

ㄱ. $2x=x+1$에서 $x-1=0$

ㄴ. $5x+3=2x-1$에서 $3x+4=0$

ㄷ. $x^2=2x+5$에서 $x^2-2x-5=0$

ㄹ. $3x+1=3(x-1)$에서 $3x+1=3x-3$　　$\therefore 4=0$

ㅁ. $x^2-2x=2+x^2$에서 $-2x-2=0$

ㅂ. $10x-8=2(5x-4)$에서 $10x-8=10x-8$　　$\therefore 0=0$

따라서 일차방정식은 ㄱ, ㄴ, ㅁ의 3개이다.

08　답　⑤

$9x-(4x+2)-3x=1$에서

$9x-4x-2-3x=1$

$2x=3$　　$\therefore x=\dfrac{3}{2}$

09　답　④

① $x-1=2x+3$에서 $-x=4$　　$\therefore x=-4$

② $7(5x+18)=2(3x+5)$에서 $35x+126=6x+10$

　$29x=-116$　　$\therefore x=-4$

③ $0.4x+0.7=0.6x+1.5$의 양변에 10을 곱하면

　$4x+7=6x+15$, $-2x=8$　　$\therefore x=-4$

④ $\dfrac{1}{2}x+3=\dfrac{2}{3}x+\dfrac{7}{3}$의 양변에 6을 곱하면

　$3x+18=4x+14$, $-x=-4$　　$\therefore x=4$

⑤ $\dfrac{x}{4}-1=\dfrac{2(x+1)}{3}$의 양변에 12를 곱하면

　$3x-12=8(x+1)$, $3x-12=8x+8$

　$-5x=20$　　$\therefore x=-4$

따라서 해가 나머지 넷과 다른 하나는 ④이다.

10 답 $x=-15$

$0.2x-0.5=\dfrac{1}{4}(x+1)$에서

$\dfrac{1}{5}x-\dfrac{1}{2}=\dfrac{1}{4}(x+1)$

양변에 20을 곱하면 $4x-10=5(x+1)$

$4x-10=5x+5$

$-x=15$ $\therefore x=-15$

11 답 1

$5(x+a)-3=x-6a$에 $x=-2$를 대입하면

$5(-2+a)-3=-2-6a$

$-10+5a-3=-2-6a$

$11a=11$ $\therefore a=1$

12 답 ①

$3(1-x)+9=5+4x$에서

$3-3x+9=5+4x$

$-7x=-7$ $\therefore x=1$

$a-x=-2-\dfrac{x-a}{2}$에 $x=1$을 대입하면

$a-1=-2-\dfrac{1-a}{2}$

양변에 2를 곱하면 $2(a-1)=-4-(1-a)$

$2a-2=-4-1+a$ $\therefore a=-3$

13 답 ⑤

$2(x+a)=x+11$에서 $2x+2a=x+11$

$\therefore x=11-2a$

즉, $11-2a$가 자연수가 되려면 자연수 a의 값은

1, 2, 3, 4, 5이어야 한다.

따라서 자연수 a의 값이 아닌 것은 ⑤이다.

14 답 22

연속하는 두 짝수 중 작은 수를 x라 하면 두 짝수는 x, $x+2$이므로

$x+(x+2)=46$에서

$x+x+2=46$

$2x=44$ $\therefore x=22$

따라서 연속하는 두 짝수 중 작은 수는 22이다.

15 답 6 cm

새로 만든 직사각형의 가로의 길이는 $3+3=6(\text{cm})$,

세로의 길이는 $(4+x)\,\text{cm}$이므로

$6(4+x)=3\times(3\times4)$에서

$24+6x=36$

$6x=12$ $\therefore x=2$

따라서 새로 만든 직사각형의 세로의 길이는

$4+2=6(\text{cm})$이다.

16 답 3시간

올라간 거리를 $x\,\text{km}$라 하면 총 5시간이 걸렸으므로

$\dfrac{x}{4}+\dfrac{x}{6}=5$

양변에 12를 곱하면 $3x+2x=60$

$5x=60$ $\therefore x=12$

따라서 올라간 거리는 12 km이므로 올라가는 데 걸린 시간은

$\dfrac{12}{4}=3(\text{시간})$이다.

17 답 7

$\dfrac{x+1}{2}-\dfrac{x-1}{3}=1$의 양변에 6을 곱하면

$3(x+1)-2(x-1)=6$

$3x+3-2x+2=6$ $\therefore x=1$ ⋯ ❶

$0.2(a-x)=0.5x+0.7$에 $x=1$을 대입하면

$0.2(a-1)=1.2$

양변에 10을 곱하면 $2(a-1)=12$, $2a-2=12$

$2a=14$ $\therefore a=7$ ⋯ ❷

채점 기준	배점
❶ 일차방정식 $\dfrac{x+1}{2}-\dfrac{x-1}{3}=1$의 해를 구한 경우	50 %
❷ a의 값을 구한 경우	50 %

18 답 46

처음 수의 십의 자리의 숫자를 x라 하면 처음 수는 $10x+6$, 십의 자리의 숫자와 일의 자리의 숫자를 바꾼 수는 $60+x$이므로

$60+x=2(10x+6)-28$에서 ⋯ ❶

$60+x=20x-16$

$-19x=-76$ $\therefore x=4$ ⋯ ❷

따라서 처음 수는 $10\times4+6=46$이다. ⋯ ❸

채점 기준	배점
❶ 일차방정식을 세운 경우	40 %
❷ 일차방정식을 푼 경우	40 %
❸ 처음 수를 구한 경우	20 %

4. 일차방정식 [2회]　　본문 157~159쪽

01 4개	**02** ⑤	**03** ④	**04** ⑤
05 ③, ④	**06** ⑤	**07** ③	**08** ④
09 $x=1$	**10** 5	**11** ②	**12** $x=6$
13 3	**14** 4	**15** 9 cm	**16** ⑤
17 9	**18** 14세		

01 답 4개

ㄴ. 다항식

ㅁ. 부등호를 사용한 식

따라서 등식은 ㄱ, ㄷ, ㄹ, ㅂ의 4개이다.

02 답 ⑤

① $\dfrac{1}{2}xy=8$　　　　　② $\dfrac{x+85}{2}=80$

③ $5x=20$　　　　　④ $50-3x=10$

따라서 옳은 것은 ⑤이다.

03 답 ④

주어진 방정식에 [　] 안의 수를 대입하면

① $-3\times(-3)+9\neq0$

② $3-2\times1\neq5$

③ $0-6\neq6-0$

④ $3\times(-2-1)=5\times(-2)+1$

⑤ $5+\dfrac{5+1}{3}\neq2\times5-6$

따라서 [　] 안의 수가 주어진 방정식의 해인 것은 ④이다.

04 답 ⑤

x의 값에 관계없이 항상 성립하는 등식은 항등식이다.

⑤ $6\left(x-\dfrac{1}{2}\right)=-3+6x$에서

　$6x-3=-3+6x$

　즉, (좌변)=(우변)이므로 항등식이다.

05 답 ③, ④

① $a=3b$의 양변에 3을 곱하면 $3a=9b$

② $a=3b$의 양변에서 1을 빼면 $a-1=3b-1$

③ $a=3b$의 양변에서 3을 빼면 $a-3=3b-3$

　$\therefore a-3=3(b-1)$

④ $a=3b$의 양변을 3으로 나누면 $\dfrac{a}{3}=b$

⑤ $a=3b$의 양변에 -1을 곱하면 $-a=-3b$

　$-a=-3b$의 양변에 2를 더하면 $2-a=2-3b$

따라서 옳은 것은 ③, ④이다.

06 답 ⑤

① $3x+1=4 \Rightarrow 3x=4-1$

② $5x=2x-3 \Rightarrow 5x-2x=-3$

③ $-2x=6+3x \Rightarrow -2x-3x=6$

④ $6x-5=1 \Rightarrow 6x=1+5$

따라서 옳은 것은 ⑤이다.

07 답 ③

① $x=2$에서 $x-2=0$

② $x+3=3-2x$에서 $3x=0$

③ $2x+5=-5+2x$에서 $10=0$

④ $3(x+1)=4-3x$에서 $3x+3=4-3x$

　$\therefore 6x-1=0$

⑤ $x^2+2x=x^2-4$에서 $2x+4=0$

따라서 일차방정식이 아닌 것은 ③이다.

08 답 ④

① $-x-1=6-8x$에서 $7x=7$

　$\therefore x=1$

② $3(x-9)=x+7$에서 $3x-27=x+7$

　$2x=34$　$\therefore x=17$

③ $5x-10=-5(x-2)$에서 $5x-10=-5x+10$

　$10x=20$　$\therefore x=2$

④ $6+5x=-(8+2x)$에서 $6+5x=-8-2x$

　$7x=-14$　$\therefore x=-2$

⑤ $-4x+6=19+9x$에서 $-13x=13$

　$\therefore x=-1$

따라서 해가 가장 작은 것은 ④이다.

09 답 $x=1$

$-4(x-1)=3(2x-5)+9$에서

$-4x+4=6x-15+9$

$10x=10$　$\therefore x=1$

10 답 5

$0.5(x-1)=-0.3x+1.1$의 양변에 10을 곱하면

$5(x-1)=-3x+11$

$5x-5=-3x+11$

$8x=16$　$\therefore x=2$

즉, 해가 $x=2$이므로 $a=2$

$-\dfrac{2x-1}{2}+\dfrac{x-1}{4}=-2$의 양변에 4를 곱하면

$-2(2x-1)+(x-1)=-8$

$-4x+2+x-1=-8$

$-3x=-9$　$\therefore x=3$

즉, 해가 $x=3$이므로 $b=3$

$\therefore a+b=2+3=5$

11 답 ②

$\dfrac{x+3}{6}-\dfrac{x+5}{3}=0.5(3x+1)$에서

$\dfrac{x+3}{6}-\dfrac{x+5}{3}=\dfrac{1}{2}(3x+1)$

양변에 6을 곱하면 $(x+3)-2(x+5)=3(3x+1)$

$x+3-2x-10=9x+3$

$10x=-10$　$\therefore x=-1$

12 답 $x=6$

$a(x-2)=6$에 $x=4$를 대입하면

$a\times(4-2)=6$

$2a=6$　$\therefore a=3$

$2x-a(x-5)=9$에 $a=3$을 대입하면

$2x-3(x-5)=9$

$2x-3x+15=9$　$\therefore x=6$

13 답 3

$3x-2=x+6$에서

$2x=8$　$\therefore x=4$

따라서 $\dfrac{x}{4}-\dfrac{x-2a}{2}=2$에 $x=4$를 대입하면

$1-\dfrac{4-2a}{2}=2$에서

$2-(4-2a)=4,\ 2-4+2a=4$

$2a=6$　$\therefore a=3$

14 답 4

어떤 수를 x라 하면

$3x+10=5x+2$에서

$2x=8$　$\therefore x=4$

따라서 어떤 수는 4이다.

15 답 9 cm

사다리꼴의 아랫변의 길이를 $x\,\text{cm}$라 하면 윗변의 길이는

$(x-3)\,\text{cm}$이므로

$\dfrac{1}{2}\times\{(x-3)+x\}\times 8=60$에서

$4(2x-3)=60$

$8x-12=60$

$8x=72$　$\therefore x=9$

따라서 사다리꼴의 아랫변의 길이는 9 cm이다.

16 답 ⑤

집에서 학교까지의 거리를 $x\,\text{km}$라 하면 시속 12 km로 자전거를

타고 갈 때 시속 4 km로 걸어가는 것보다 40분, 즉 $\dfrac{2}{3}$시간 더 빨리

도착하므로

$\dfrac{x}{12}=\dfrac{x}{4}-\dfrac{2}{3}$

양변에 12를 곱하면 $x=3x-8$

$2x=8$　$\therefore x=4$

따라서 집에서 학교까지의 거리는 4 km이다.

17 답 9

$4x+5=a(2x-1)+b$에서

$4x+5=2ax-a+b$

이 등식이 모든 x에 대하여 항상 참이므로 항등식이다.

즉, $4=2a$에서 $a=2$　　　　　　　…❶

$5=-a+b$에서 $5=-2+b$이므로

$b=7$　　　　　　　　　　　　…❷

$\therefore a+b=2+7=9$　　　　　　…❸

채점 기준	배점
❶ a의 값을 구한 경우	40 %
❷ b의 값을 구한 경우	40 %
❸ $a+b$의 값을 구한 경우	20 %

18 답 14세

현재 아들의 나이를 x세라 하면 어머니의 나이는 $(56-x)$세이므로

$(56-x)+14=2(x+14)$에서　　　…❶

$56-x+14=2x+28$

$3x=42$　$\therefore x=14$　　　　　…❷

따라서 현재 아들의 나이는 14세이다.　…❸

채점 기준	배점
❶ 일차방정식을 세운 경우	40 %
❷ 일차방정식을 푼 경우	40 %
❸ 현재 아들의 나이를 구한 경우	20 %

5. 좌표와 그래프 [1회]　본문 160~161쪽

01 ②　　**02** ④, ⑤　　**03** ②　　**04** ⑤

05 20　　**06** 제3사분면　　**07** 제2사분면

08 ㄱ, ㄷ　　**09** ⑤　　**10** 1

11 (1) 15 km　(2) 9시간 후

01 답 ②

$2a-5=1-a$에서 $3a=6$　$\therefore a=2$

$b+3=3b-7$에서 $-2b=-10$　$\therefore b=5$

$\therefore a-b=2-5=-3$

02 답 ④, ⑤

④ $\text{D}(1,\ -3)$　　　　　　⑤ $\text{E}(3,\ 0)$

03 답 ②

x축 위에 있으므로 y좌표가 0이고, x좌표가 -3이므로

$(-3,\ 0)$이다.

04 답 ⑤

⑤ 점 $(0,\ 4)$는 y축 위의 점이므로 어느 사분면에도 속하지 않는다.

05 답 20

오른쪽 그림이 네 점 $\text{A}(3,\ 4)$,

$\text{B}(-2,\ 4)$, $\text{C}(-2,\ 0)$, $\text{D}(3,\ 0)$을 꼭

짓점으로 하는 사각형은 직사각형이므로

(사각형 ABCD의 넓이)

$=\{3-(-2)\}\times(4-0)$

$=5\times 4=20$

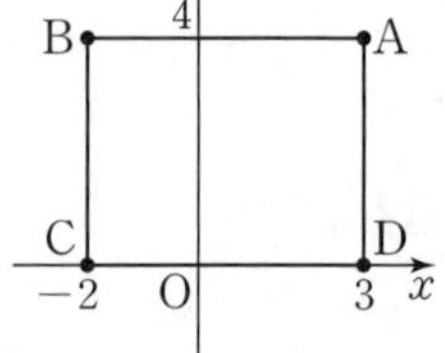

06 답 제3사분면

점 $(5,\ a)$가 제4사분면 위에 있으므로 $a<0$

점 $(-2,\ b)$가 제3사분면 위에 있으므로 $b<0$

따라서 점 $(a,\ b)$는 제3사분면 위에 있다.

07 답 제2사분면

$a>0$, $b<0$이므로

$ab<0$, $a-b>0$

따라서 점 $(ab,\ a-b)$는 제2사분면 위의 점이다.

08 답 ㄱ, ㄷ

ㄱ, ㄴ. 주스의 높이가 낮아지는 구간이 세 번이므로 주스를 세 번에 나누어 모두 마셨다.

ㄷ, ㄹ. 주스의 높이가 0이 되었으므로 남은 주스는 없다.

따라서 옳은 것은 ㄱ, ㄷ이다.

09 답 ⑤

⑤ 양초에 불이 붙어 있던 시간은 처음 불을 붙인 지 2시간 후까지, 4시간 후부터 6시간 후까지이므로 총 $2+2=4$(시간)이다.

10 답 1

점 $\left(2a+5,\ \dfrac{1}{3}a-1\right)$은 x축 위의 점이므로

y좌표가 0이다.

즉, $\dfrac{1}{3}a-1=0$이므로

$\dfrac{1}{3}a=1$ ∴ $a=3$ ··· ❶

점 $(3b-6,\ 2b+7)$은 y축 위의 점이므로

x좌표가 0이다.

즉, $3b-6=0$이므로

$3b=6$ ∴ $b=2$ ··· ❷

∴ $a-b=3-2=1$ ··· ❸

채점 기준	배점
❶ a의 값을 구한 경우	40 %
❷ b의 값을 구한 경우	40 %
❸ $a-b$의 값을 구한 경우	20 %

11 답 (1) 15 km (2) 9시간 후

(1) 휴식을 취하는 동안에는 집에서 떨어진 거리가 변함없으므로 해진이가 처음 휴식을 취한 것은 집에서 출발한 지 2시간 후이다.

이때 집에서 떨어진 거리는 15 km이다.   ··· ❶

(2) 해진이가 집으로 돌아오기 시작하면 집에서 떨어진 거리가 감소하고, 집에서 떨어진 거리가 처음으로 감소할 때는 그래프가 처음으로 오른쪽 아래로 향하는 때이다.

따라서 해진이가 집으로 돌아오기 시작한 것은 집에서 출발한 지 9시간 후이다.   ··· ❷

채점 기준	배점
❶ 해진이가 처음 휴식을 취할 때, 집에서 떨어진 거리를 구한 경우	50 %
❷ 해진이가 집으로 돌아오기 시작한 것은 출발한 지 몇 시간 후인지 구한 경우	50 %

---

5. 좌표와 그래프 [2회]　　　본문 162~163쪽

01 -1	**02** ①	**03** ②	**04** 4
05 ③	**06** ③, ⑤	**07** ④	**08** ③
09 ①, ③	**10** 5	**11** (1) 20분　(2) 30분	

01 답 -1

$2a-3=3a-8$에서 $-a=-5$ ∴ $a=5$

$b-4=2b+2$에서 $-b=6$ ∴ $b=-6$

∴ $a+b=5+(-6)=-1$

02 답 ①

A$(-3,\ 4)$이므로 $a=-3$

B$(-2,\ -2)$이므로 $b=-2$

C$(1,\ 0)$이므로 $c=1$

∴ $a+b+c=-3+(-2)+1=-4$

03 답 ②

y축 위에 있으므로 x좌표는 0이고, 점 $(2,\ -5)$와 y좌표가 같으므로 y좌표는 -5이다.

따라서 구하는 점의 좌표는 $(0,\ -5)$이다.

04 답 4

점 $(3a+2,\ -2a+6)$은 x축 위의 점이므로

$-2a+6=0$

$-2a=-6$ ∴ $a=3$

점 $(4-3b,\ 7b+1)$은 y축 위의 점이므로

$4-3b=0$

$-3b=-4$ ∴ $b=\dfrac{4}{3}$

∴ $ab=3\times\dfrac{4}{3}=4$

05 답 ③

① 제3사분면　　　　　　② 제2사분면

④ 제4사분면　　　　　　⑤ 제1사분면

따라서 바르게 연결된 것은 ③이다.

06 답 ③, ⑤

③ 점 $(2,\ 1)$과 점 $(1,\ 2)$는 서로 다른 점이다.

⑤ 제3사분면 위의 점은 x좌표와 y좌표가 모두 음수이다.

07 답 ④

$ab>0$이므로 a, b의 부호는 같다.

이때 $a+b<0$이므로 $a<0$, $b<0$

즉, $\dfrac{a}{b}>0$, $-a>0$이므로 점 $\left(\dfrac{a}{b},\ -a\right)$는 제1사분면 위의 점이다.

따라서 주어진 점과 같은 사분면 위의 점은 ④이다.

08 답 ③

물의 높이가 점점 빠르게 증가하므로 그릇의 폭이 위로 갈수록 좁아져야 한다.

따라서 그릇의 모양으로 알맞은 것은 ③이다.

09 답 ①, ③

㈎ 300, ㈏ 10, ㈐ 20, ㈑ 15, ㈒ 45

따라서 알맞은 것은 ①, ③이다.

10 답 5

세 점 A$(-1, 4)$, B$(-3, 2)$, C$(2, 2)$를 좌표평면 위에 나타내면 오른쪽 그림과 같다. $\cdots$ ❶

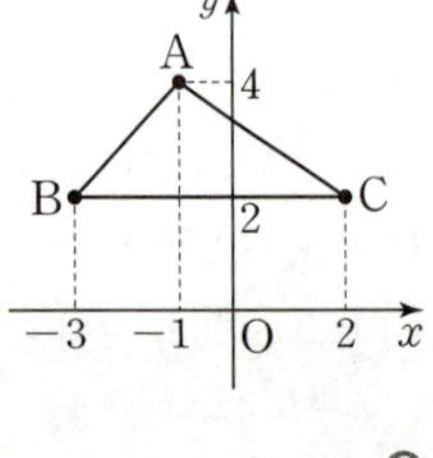

∴ (삼각형 ABC의 넓이)

$$=\frac{1}{2}\times\{2-(-3)\}\times(4-2)$$

$$=\frac{1}{2}\times5\times2=5 \qquad \cdots ❷$$

채점 기준	배점
❶ 좌표평면 위에 삼각형 ABC를 나타낸 경우	50 %
❷ 삼각형 ABC의 넓이를 구한 경우	50 %

11 답 ⑴ 20분 ⑵ 30분

⑴ 준수는 출발한 지 50분 후부터 70분 후까지 걸은 거리가 변함 없으므로 $70-50=20$(분) 동안 멈춰 있었다. $\cdots$ ❶

⑵ 은지는 출발한 지 90분 만에 모두 걸었고, 준수는 출발한 지 120분 만에 모두 걸었으므로 은지는 준수보다 $120-90=30$(분) 먼저 산책로를 모두 걸었다. $\cdots$ ❷

채점 기준	배점
❶ 준수는 몇 분 동안 멈춰 있었는지 구한 경우	50 %
❷ 은지는 준수보다 몇 분 먼저 산책로를 모두 걸었는지 구한 경우	50 %

---

6. 정비례와 반비례 [1회]
본문 164~166쪽

01 ①	02 ④	03 ②	04 ③
05 ④, ⑤	06 ①	07 ⑤	08 -9
09 3개	10 -4	11 ③, ⑤	12 12
13 $-\dfrac{4}{3}$	14 5	15 8 cm	16 12
17 ⑴ $y=\dfrac{1}{6}x$ ⑵ 10 kg			

01 답 ①

y가 x에 정비례하면 관계식은 $y=ax\,(a\neq0)$의 꼴이다.

⑤ $xy=1$에서 $y=\dfrac{1}{x}$

따라서 y가 x에 정비례하는 것은 ①이다.

02 답 ④

① y가 x에 정비례하므로 x의 값이 3배가 되면 y의 값도 3배가 된다.

② y가 x에 정비례하므로 $y=ax$에 $x=-8$, $y=2$를 대입하면

$2=-8a$에서 $a=-\dfrac{1}{4}$ ∴ $y=-\dfrac{1}{4}x$

③ $y=-\dfrac{1}{4}x$에 $x=4$를 대입하면 $y=-\dfrac{1}{4}\times4=-1$

④ $y=-\dfrac{1}{4}x$에 $x=12$를 대입하면 $y=-\dfrac{1}{4}\times12=-3$

⑤ $y=-\dfrac{1}{4}x$에 $y=4$를 대입하면 $4=-\dfrac{1}{4}x$ ∴ $x=-16$

따라서 옳은 것은 ④이다.

03 답 ②

4 L의 휘발유로 60 km를 달릴 수 있으므로

1 L의 휘발유로 $\dfrac{60}{4}=15$(km)를 달릴 수 있다.

따라서 x L의 휘발유로 달릴 수 있는 거리는 $15x$ km이므로 $y=15x$

04 답 ③

$y=-\dfrac{3}{2}x$에서 $x=-2$일 때, $y=-\dfrac{3}{2}\times(-2)=3$

따라서 $y=-\dfrac{3}{2}x$의 그래프는 원점과 점 $(-2, 3)$을 지나는 직선이므로 ③이다.

05 답 ④, ⑤

① 원점을 지난다.

② $y=4x$에 $x=4$, $y=1$을 대입하면 $1\neq4\times4$ 즉, 점 $(4, 1)$을 지나지 않는다.

③ $y=4x$에 $x=3$, $y=12$를 대입하면 $12=4\times3$이지만 $y=4x$의 그래프는 곡선이 아닌 직선이다.

따라서 옳은 것은 ④, ⑤이다.

06 답 ①

정비례 관계 $y=ax$의 그래프는 a의 절댓값이 클수록 y축에 가깝다.

① $|-3|=3$ ② $\left|\dfrac{8}{3}\right|=\dfrac{8}{3}$ ③ $\left|-\dfrac{1}{2}\right|=\dfrac{1}{2}$

④ $\left|\dfrac{2}{5}\right|=\dfrac{2}{5}$ ⑤ $|2|=2$

따라서 y축에 가장 가까운 것은 ①이다.

07 답 ⑤

$y=ax$에 $x=-2$, $y=-6$을 대입하면
$-6=-2a$에서 $a=3$ $\quad \therefore y=3x$
⑤ $y=3x$에 $x=5$, $y=15$를 대입하면 $15=3\times5$
따라서 점 $(5, 15)$는 이 그래프 위의 점이다.

08 답 -9

$y=ax$에 $x=-2$, $y=3$을 대입하면
$3=-2a$에서 $a=-\dfrac{3}{2}$ $\quad \therefore y=-\dfrac{3}{2}x$
$y=-\dfrac{3}{2}x$에 $x=5$, $y=b$를 대입하면
$b=-\dfrac{3}{2}\times5=-\dfrac{15}{2}$
$\therefore a+b=-\dfrac{3}{2}+\left(-\dfrac{15}{2}\right)=-\dfrac{18}{2}=-9$

09 답 3개

y가 x에 반비례하면 관계식은 $y=\dfrac{a}{x}\,(a\neq0)$의 꼴이다.
ㄱ. $y=\dfrac{30}{x}$
ㄴ. $2(x+y)=40$에서 $x+y=20$ $\quad \therefore y=-x+20$
ㄷ. $xy=40$에서 $y=\dfrac{40}{x}$
ㄹ. $y=\dfrac{20}{x}$
따라서 y가 x에 반비례하는 것은 ㄱ, ㄷ, ㄹ의 3개이다.

10 답 -4

y가 x에 반비례하므로 $y=\dfrac{a}{x}$에 $x=8$, $y=3$을 대입하면
$3=\dfrac{a}{8}$에서 $a=24$ $\quad \therefore y=\dfrac{24}{x}$
따라서 $y=\dfrac{24}{x}$에 $x=-6$을 대입하면
$y=\dfrac{24}{-6}=-4$

11 답 ③, ⑤

정비례 관계 $y=ax$, 반비례 관계 $y=\dfrac{a}{x}$의 그래프에서
$a>0$이면 제1사분면과 제3사분면을 지나고,
$a<0$이면 제2사분면과 제4사분면을 지난다.
따라서 제2사분면을 지나는 것은 ③, ⑤이다.

12 답 12

$y=\dfrac{40}{x}$에 $x=5$, $y=a$를 대입하면 $a=\dfrac{40}{5}=8$
$y=\dfrac{40}{x}$에 $x=b$, $y=-10$을 대입하면
$-10=\dfrac{40}{b}$ $\quad \therefore b=-4$
$\therefore a-b=8-(-4)=12$

13 답 $-\dfrac{4}{3}$

그래프가 원점을 지나지 않는 한 쌍의 매끄러운 곡선이므로
$y=\dfrac{a}{x}$라 하자.
$y=\dfrac{a}{x}$에 $x=-2$, $y=2$를 대입하면
$2=\dfrac{a}{-2}$ $\quad \therefore a=-4$ $\quad \therefore y=-\dfrac{4}{x}$
따라서 $y=-\dfrac{4}{x}$에 $x=3$, $y=k$를 대입하면 $k=-\dfrac{4}{3}$

14 답 5

점 P의 x좌표를 $a\,(a>0)$라 하면 점 P의 y좌표는 $\dfrac{5}{a}$이므로
$P\left(a, \dfrac{5}{a}\right)$
$\therefore$ (직사각형 OAPB의 넓이)$=a\times\dfrac{5}{a}=5$

15 답 $8\,\text{cm}$

$\dfrac{1}{2}xy=36$이므로 $xy=72$ $\quad \therefore y=\dfrac{72}{x}$
$y=\dfrac{72}{x}$에 $x=9$를 대입하면 $y=\dfrac{72}{9}=8$
따라서 삼각형의 밑변의 길이가 $9\,\text{cm}$일 때, 높이는 $8\,\text{cm}$이다.

16 답 12

$y=\dfrac{3}{4}x$에 $y=3$을 대입하면
$3=\dfrac{3}{4}x$ $\quad \therefore x=4$
$\therefore \mathrm{P}(4, 3)$ $\qquad\qquad$ … ❶
따라서 $y=\dfrac{a}{x}$에 $x=4$, $y=3$을 대입하면
$3=\dfrac{a}{4}$ $\quad \therefore a=12$ $\qquad\qquad$ … ❷

채점 기준	배점
❶ 점 P의 좌표를 구한 경우	50 %
❷ a의 값을 구한 경우	50 %

17 답 (1) $y=\dfrac{1}{6}x$ (2) $10\,\text{kg}$

(1) 지구에서의 무게가 $x\,\text{kg}$일 때, 달에서의 무게는 $\dfrac{1}{6}x\,\text{kg}$이므로
$y=\dfrac{1}{6}x$ $\qquad\qquad$ … ❶
(2) $y=\dfrac{1}{6}x$에 $x=60$을 대입하면 $y=\dfrac{1}{6}\times60=10$
따라서 지구에서의 몸무게가 $60\,\text{kg}$인 사람의 달에서의 몸무게는 $10\,\text{kg}$이다. $\qquad\qquad$ … ❷

채점 기준	배점
❶ x와 y 사이의 관계식을 구한 경우	50 %
❷ 지구에서의 몸무게가 $60\,\text{kg}$인 사람의 달에서의 몸무게를 구한 경우	50 %

01 ②, ③	**02** $\frac{1}{4}$	**03** ⑤	**04** ②
05 $-\frac{3}{2}$	**06** 2	**07** ①, ⑤	**08** ④
09 ⑤	**10** 4개	**11** ②	**12** -1
13 -48	**14** 14일 후	**15** 12 L	**16** 24
17 (1) $y=\frac{240}{x}$ (2) 시속 80 km			

01 답 ②, ③

y가 x에 정비례하면 관계식은 $y=ax\,(a\neq0)$의 꼴이다.

① $y=15x$ ② $xy=12$에서 $y=\frac{12}{x}$

③ $y=x+3$ ④ $y=2000x$

⑤ $y=2x$

따라서 y가 x에 정비례하지 않는 것은 ②, ③이다.

02 답 $\frac{1}{4}$

y가 x에 정비례하므로 $y=ax$에 $x=3$, $y=4$를 대입하면

$4=3a$에서 $a=\frac{4}{3}$ $\therefore y=\frac{4}{3}x$

따라서 $y=\frac{4}{3}x$에 $y=\frac{1}{3}$을 대입하면

$\frac{1}{3}=\frac{4}{3}x$ $\therefore x=\frac{1}{4}$

03 답 ⑤

① $y=ax$에 $x=1$, $y=-a$를 대입하면 $-a\neq a\times1$

즉, 점 $(1, -a)$를 지나지 않는다.

② 원점을 지난다.

③ a의 절댓값이 클수록 y축에 가까워진다.

④ $a>0$이면 제1사분면과 제3사분면을 지난다.

따라서 옳은 것은 ⑤이다.

04 답 ②

$y=-2x$에 $x=1-a$, $y=3a+2$를 대입하면

$3a+2=-2(1-a)$에서

$3a+2=-2+2a$ $\therefore a=-4$

05 답 $-\frac{3}{2}$

$y=ax$에 $x=4$, $y=-6$을 대입하면

$-6=4a$ $\therefore a=-\frac{3}{2}$

06 답 2

$y=ax$에 $x=3$, $y=-2$를 대입하면

$-2=3a$에서 $a=-\frac{2}{3}$ $\therefore y=-\frac{2}{3}x$

$y=-\frac{2}{3}x$에 $x=-4$, $y=b$를 대입하면

$b=-\frac{2}{3}\times(-4)=\frac{8}{3}$

$\therefore a+b=-\frac{2}{3}+\frac{8}{3}=\frac{6}{3}=2$

07 답 ①, ⑤

y가 x에 반비례하면 관계식은 $y=\frac{a}{x}\,(a\neq0)$의 꼴이다.

① $xy=-1$에서 $y=-\frac{1}{x}$ ③ $\frac{y}{x}=8$에서 $y=8x$

따라서 y가 x에 반비례하는 것은 ①, ⑤이다.

08 답 ④

① y가 x에 반비례하므로 $y=\frac{a}{x}$에 $x=3$, $y=3$을 대입하면

$3=\frac{a}{3}$에서 $a=9$ $\therefore y=\frac{9}{x}$

② $y=\frac{9}{x}$에 $x=6$을 대입하면 $y=\frac{9}{6}=\frac{3}{2}$

③ $y=\frac{9}{x}$에 $y=-3$을 대입하면 $-3=\frac{9}{x}$에서 $x=-3$

④ $y=\frac{9}{x}$에서 $xy=9$ (일정)

⑤ y가 x에 반비례하므로 x의 값이 2배가 되면 y의 값은 $\frac{1}{2}$배가 된다.

따라서 옳은 것은 ④이다.

09 답 ⑤

그래프가 원점을 지나지 않는 한 쌍의 매끄러운 곡선이므로

$y=\frac{a}{x}$라 하자.

$y=\frac{a}{x}$에 $x=5$, $y=3$을 대입하면 $3=\frac{a}{5}$ $\therefore a=15$

따라서 x와 y 사이의 관계식은 $y=\frac{15}{x}$이다.

10 답 4개

$y=\frac{10}{x}$의 그래프보다 원점에서 더 멀리 떨어지려면 $y=\frac{a}{x}$에서 $|a|>10$이어야 한다.

ㄱ. $|12|=12$ ㄴ. $|20|=20$ ㄷ. $|6|=6$

ㄹ. $|-8|=8$ ㅁ. $|-18|=18$ ㅂ. $|-24|=24$

따라서 $y=\frac{10}{x}$의 그래프보다 원점에서 더 멀리 떨어져 있는 것은

ㄱ, ㄴ, ㅁ, ㅂ의 4개이다.

11 답 ②

$y=-\frac{20}{x}$에 주어진 점의 좌표를 각각 대입하면

① $-10=-\frac{20}{2}$ ② $-4\neq-\frac{20}{-5}$ ③ $-20=-\frac{20}{1}$

④ $-5=-\frac{20}{4}$ ⑤ $-2=-\frac{20}{10}$

따라서 $y=-\frac{20}{x}$의 그래프 위의 점이 아닌 것은 ②이다.

12 답 -1

$y=\dfrac{a}{x}$에 $x=4$, $y=3$을 대입하면

$3=\dfrac{a}{4}$에서 $a=12$ $\quad\therefore y=\dfrac{12}{x}$

$y=\dfrac{12}{x}$에 $x=-1$, $y=b$를 대입하면

$b=\dfrac{12}{-1}=-12$

$\therefore \dfrac{a}{b}=\dfrac{12}{-12}=-1$

13 답 -48

점 A의 x좌표가 4이므로 $y=-3x$에 $x=4$를 대입하면

$y=-3\times4=-12$

$\therefore A(4,\ -12)$

따라서 $y=\dfrac{a}{x}$에 $x=4$, $y=-12$를 대입하면

$-12=\dfrac{a}{4}$ $\quad\therefore a=-48$

14 답 14일 후

매일 20쪽씩 x일 동안 읽은 소설책의 쪽수는 $20x$쪽이므로

$y=20x$

$y=20x$에 $y=280$을 대입하면

$280=20x$ $\quad\therefore x=14$

따라서 소설책을 읽기 시작한 지 14일 후에 모두 읽게 된다.

15 답 $12\,L$

물탱크의 용량은 $4\times30=120(L)$

매분 $x\,L$씩 물을 넣으면 가득 차는 데 $\dfrac{120}{x}$분이 걸리므로

$y=\dfrac{120}{x}$

$y=\dfrac{120}{x}$에 $y=10$을 대입하면

$10=\dfrac{120}{x}$ $\quad\therefore x=12$

따라서 10분 만에 물을 가득 채우려면 매분 $12\,L$씩 물을 넣어야 한다.

16 답 24

점 P의 x좌표가 4이므로 $y=3x$에 $x=4$를 대입하면

$y=3\times4=12$

$\therefore P(4,\ 12)$ $\qquad\qquad\cdots$ ❶

$\therefore$ (삼각형 POQ의 넓이)$=\dfrac{1}{2}\times(4-0)\times(12-0)$

$=\dfrac{1}{2}\times4\times12=24$ $\qquad\cdots$ ❷

채점 기준	배점
❶ 점 P의 좌표를 구한 경우	60%
❷ 삼각형 POQ의 넓이를 구한 경우	40%

17 답 (1) $y=\dfrac{240}{x}$ (2) 시속 $80\,km$

(1) $240\,km$의 거리를 시속 $x\,km$로 가면 $\dfrac{240}{x}$시간이 걸리므로

$y=\dfrac{240}{x}$ $\qquad\qquad\cdots$ ❶

(2) $y=\dfrac{240}{x}$에 $y=3$을 대입하면

$3=\dfrac{240}{x}$ $\quad\therefore x=80$

따라서 A지점에서 B지점까지 3시간 만에 가려면 시속 $80\,km$로 가야 한다. $\qquad\cdots$ ❷

채점 기준	배점
❶ x와 y 사이의 관계식을 구한 경우	50%
❷ A지점에서 B지점까지 3시간 만에 가려면 시속 몇 km로 가야 하는지 구한 경우	50%

---

1. 소인수분해 본문 170~171쪽

1 1	**2** 7	**3** 11	**4** 14
5 1, 3, 5, 9, 15, 25, 45, 75, 225			
6 최대공약수: 12, 최소공배수: 720		**7** 480	
8 841			

---

1 답 1

자연수 11, 12, 13, 14, 15, 16, 17, 18, 19 중
소수는 11, 13, 17, 19의 4개이므로 $a=4$ ⋯ ❶
합성수는 12, 14, 15, 16, 18의 5개이므로 $b=5$ ⋯ ❷
$\therefore b-a=5-4=1$ ⋯ ❸

채점 기준	배점
❶ a의 값을 구한 경우	40 %
❷ b의 값을 구한 경우	40 %
❸ $b-a$의 값을 구한 경우	20 %

2 답 7

직육면체의 밑면의 가로의 길이는 5×5, 세로의 길이는 5×3,
높이는 5×4이므로 직육면체의 부피는
$(5\times5)\times(5\times3)\times(5\times4)=2^2\times3\times5^4$ ⋯ ❶
따라서 $2^2\times3\times5^4=2^x\times3^y\times5^z$에서
$x=2,\ y=1,\ z=4$ ⋯ ❷
$\therefore x+y+z=2+1+4=7$ ⋯ ❸

채점 기준	배점
❶ 직육면체의 부피를 소인수의 곱으로 나타낸 경우	50 %
❷ $x,\ y,\ z$의 값을 각각 구한 경우	30 %
❸ $x+y+z$의 값을 구한 경우	20 %

3 답 11

600을 소인수분해하면 $600=2^3\times3\times5^2$ ⋯ ❶
따라서 $2^3\times3\times5^2=2^a\times3^b\times c^d$에서
$a=3,\ b=1,\ c=5,\ d=2$ ⋯ ❷
$\therefore a+b+c+d=3+1+5+2=11$ ⋯ ❸

채점 기준	배점
❶ 600을 소인수분해한 경우	40 %
❷ $a,\ b,\ c,\ d$의 값을 각각 구한 경우	40 %
❸ $a+b+c+d$의 값을 구한 경우	20 %

4 답 14

126을 소인수분해하면 $126=2\times3^2\times7$ ⋯ ❶
이때 $126\times x=2\times3^2\times7\times x$가 어떤 자연수의 제곱이 되려면
모든 소인수의 지수가 짝수가 되어야 하므로
가장 작은 자연수 x의 값은 $x=2\times7=14$ ⋯ ❷

채점 기준	배점
❶ 126을 소인수분해한 경우	40 %
❷ x의 값을 구한 경우	60 %

5 답 1, 3, 5, 9, 15, 25, 45, 75, 225

225를 소인수분해하면 $225=3^2\times5^2$ ⋯ ❶
즉, 225의 약수는 3^2의 약수 1, 3, 3^2과
5^2의 약수 1, 5, 5^2 중 하나씩 골라 곱한
수이다.
따라서 225의 약수는 1, 3, 5, 9, 15,
25, 45, 75, 225이다. ⋯ ❷

$\times$	1	5	5^2
1	1	5	25
3	3	15	75
3^2	9	45	225

채점 기준	배점
❶ 225를 소인수분해한 경우	40 %
❷ 225의 약수를 모두 구한 경우	60 %

6 답 최대공약수: 12, 최소공배수: 720

세 수 48, 60, 72를 각각 소인수분해하면
$48=2^4\times3,\ 60=2^2\times3\times5,\ 72=2^3\times3^2$ ⋯ ❶
세 수의 최대공약수는 $2^2\times3=12$ ⋯ ❷
세 수의 최소공배수는 $2^4\times3^2\times5=720$ ⋯ ❸

채점 기준	배점
❶ 세 수 48, 60, 72를 각각 소인수분해한 경우	30 %
❷ 세 수의 최대공약수를 구한 경우	35 %
❸ 세 수의 최소공배수를 구한 경우	35 %

7 답 480

세 수 $2^2\times5,\ 2^3\times3,\ 2\times3\times5$의 최소공배수는
$2^3\times3\times5=120$ ⋯ ❶
이때 세 수의 공배수는 최소공배수인 120의 배수이므로
120, 240, 360, 480, 600, ⋯ ⋯ ❷
따라서 세 수의 공배수 중 500에 가장 가까운 수는 480이다.

⋯ ❸

채점 기준	배점
❶ 세 수의 최소공배수를 구한 경우	40 %
❷ 최소공배수를 이용하여 세 수의 공배수를 구한 경우	40 %
❸ 세 수의 공배수 중 500에 가장 가까운 수를 구한 경우	20 %

8 답 841

$168=2^3\times3\times7$이고
두 수 168, $2^2\times3^\square\times5$의 최대공약수가 12, 즉 $2^2\times3$이므로
$\square$ 안에 들어갈 수 있는 가장 작은 자연수는 1이다. $\therefore a=1$
이때 두 수 $2^3\times3\times7,\ 2^2\times3\times5$의 최소공배수는 $2^3\times3\times5\times7$이
므로 $b=2^3\times3\times5\times7=840$
$\therefore a+b=1+840=841$

채점 기준	배점
❶ a의 값을 구한 경우	40 %
❷ b의 값을 구한 경우	40 %
❸ $a+b$의 값을 구한 경우	20 %

2. 정수와 유리수 본문 172~173쪽

1 9 **2** 5 **3** (1) $-2 \le x < 3$ (2) 5개

4 $-\dfrac{17}{6}$ **5** $\dfrac{5}{3}$ **6** $-\dfrac{1}{5}$ **7** -3

8 4칸

1 답 9

양의 유리수는 $+8$, 1.15, $\dfrac{3}{5}$의 3개이므로 $a=3$ ··· ❶

음의 유리수는 -16, $-\dfrac{12}{6}$, -3.14의 3개이므로 $b=3$ ··· ❷

정수가 아닌 유리수는

1.15, -3.14, $\dfrac{3}{5}$의 3개이므로 $c=3$ ··· ❸

$\therefore a+b+c=3+3+3=9$ ··· ❹

채점 기준	배점
❶ a의 값을 구한 경우	30 %
❷ b의 값을 구한 경우	30 %
❸ c의 값을 구한 경우	30 %
❹ $a+b+c$의 값을 구한 경우	10 %

2 답 5

주어진 수의 절댓값을 각각 구하면

$|-7|=7$, $|+6|=6$, $|-4.5|=4.5$, $\left|+\dfrac{3}{5}\right|=\dfrac{3}{5}$,

$|5|=5$, $\left|-\dfrac{11}{2}\right|=\dfrac{11}{2}$ ··· ❶

따라서 절댓값이 작은 수부터 차례로 나열하면

$+\dfrac{3}{5}$, -4.5, 5, $-\dfrac{11}{2}$, $+6$, -7 ··· ❷

이므로 세 번째에 오는 수는 5이다. ··· ❸

채점 기준	배점
❶ 주어진 수의 절댓값을 각각 구한 경우	40 %
❷ 절댓값이 작은 수부터 차례로 나열한 경우	40 %
❸ 세 번째에 오는 수를 구한 경우	20 %

3 답 (1) $-2 \le x < 3$ (2) 5개

(1) 'x는 -2보다 작지 않고 3보다 작다.'를 부등호를 사용하여 나타내면 $-2 \le x < 3$ ··· ❶

(2) $-2 \le x < 3$을 만족시키는 정수 x는

-2, -1, 0, 1, 2의 5개이다. ··· ❷

채점 기준	배점
❶ 부등호를 사용하여 나타낸 경우	50 %
❷ 정수 x의 개수를 구한 경우	50 %

4 답 $-\dfrac{17}{6}$

$a=-5-\dfrac{3}{2}=-\dfrac{10}{2}-\dfrac{3}{2}=-\dfrac{13}{2}$ ··· ❶

$b=-\dfrac{4}{3}+5=-\dfrac{4}{3}+\dfrac{15}{3}=\dfrac{11}{3}$ ··· ❷

$\therefore a+b=-\dfrac{13}{2}+\dfrac{11}{3}=-\dfrac{39}{6}+\dfrac{22}{6}=-\dfrac{17}{6}$ ··· ❸

채점 기준	배점
❶ a의 값을 구한 경우	30 %
❷ b의 값을 구한 경우	30 %
❸ $a+b$의 값을 구한 경우	40 %

5 답 $\dfrac{5}{3}$

어떤 수를 $\square$라 하면 $\square+\left(-\dfrac{3}{4}\right)=\dfrac{1}{6}$ ··· ❶

$\therefore \square=\dfrac{1}{6}-\left(-\dfrac{3}{4}\right)=\dfrac{1}{6}+\dfrac{3}{4}=\dfrac{2}{12}+\dfrac{9}{12}=\dfrac{11}{12}$

즉, 어떤 수는 $\dfrac{11}{12}$이다. ··· ❷

따라서 바르게 계산하면

$\dfrac{11}{12}-\left(-\dfrac{3}{4}\right)=\dfrac{11}{12}+\dfrac{3}{4}=\dfrac{11}{12}+\dfrac{9}{12}=\dfrac{20}{12}=\dfrac{5}{3}$ ··· ❸

채점 기준	배점
❶ 어떤 수를 $\square$라 하고 식을 세운 경우	30 %
❷ 어떤 수를 구한 경우	30 %
❸ 바르게 계산한 답을 구한 경우	40 %

6 답 $-\dfrac{1}{5}$

3의 역수는 $\dfrac{1}{3}$이다. ··· ❶

$-1\dfrac{2}{3}=-\dfrac{5}{3}$이므로 $-1\dfrac{2}{3}$의 역수는 $-\dfrac{3}{5}$이다. ··· ❷

따라서 구하는 두 역수의 곱은 $\dfrac{1}{3}\times\left(-\dfrac{3}{5}\right)=-\dfrac{1}{5}$ ··· ❸

채점 기준	배점
❶ 3의 역수를 구한 경우	30 %
❷ $-1\dfrac{2}{3}$의 역수를 구한 경우	30 %
❸ 두 역수의 곱을 구한 경우	40 %

7 답 -3

$(-3)^3-(+3)\times(-4)\div\dfrac{1}{2}$

$=-27-(+3)\times(-4)\div\dfrac{1}{2}$ ··· ❶

$=-27-(+3)\times(-4)\times2$

$=-27-(-24)$ ··· ❷

$=-27+24$

$=-3$ ··· ❸

채점 기준	배점
❶ 거듭제곱을 계산한 경우	30 %
❷ 곱셈과 나눗셈을 계산한 경우	40 %
❸ 주어진 식을 계산한 경우	30 %

8 답 4칸

지수는 가위바위보에서 2번 이기고 3번 졌으므로

$$2\times3+3\times(-1)=6+(-3)$$
$$=6-3=3(칸)$$

즉, 지수는 처음 위치에서 3칸 올라가 있다. $\quad\cdots$ ❶

미영이는 가위바위보에서 3번 이기고 2번 졌으므로

$$3\times3+2\times(-1)=9+(-2)$$
$$=9-2=7(칸)$$

즉, 미영이는 처음 위치에서 7칸 올라가 있다. $\quad\cdots$ ❷

따라서 두 사람은 $7-3=4$(칸) 떨어져 있다. $\quad\cdots$ ❸

채점 기준	배점
❶ 지수의 위치를 구한 경우	40 %
❷ 미영이의 위치를 구한 경우	40 %
❸ 두 사람이 몇 칸 떨어져 있는지 구한 경우	20 %

---

3. 문자의 사용과 식

본문 174~175쪽

1 $\left(10000-\dfrac{3}{4}a\right)$원 $\qquad$ **2** 1715 m

3 $(2ab+4a+4b)\,\text{cm}^2,\ 52\,\text{cm}^2$ $\qquad$ **4** 8

5 7 $\qquad$ **6** 15 $\qquad$ **7** $\dfrac{4}{3}x-2$

8 $A=6x-2,\ B=3x-1,\ C=7x-6$

---

1 답 $\left(10000-\dfrac{3}{4}a\right)$원

4개에 a원인 배 한 개의 값은 $\dfrac{a}{4}$원이므로 $\quad\cdots$ ❶

(거스름돈)=(지불한 금액)−(물건의 값)

$$=10000-\dfrac{a}{4}\times3$$
$$=10000-\dfrac{3}{4}a(원) \quad\cdots ❷$$

채점 기준	배점
❶ 배 한 개의 값을 구한 경우	40 %
❷ 거스름돈을 문자를 사용한 식으로 나타낸 경우	60 %

---

2 답 1715 m

$331+0.6x$에 $x=20$을 대입하면

$$331+0.6\times20=331+12=343$$

즉, 기온이 20 °C일 때, 소리의 속력은 초속 343 m이다. $\quad\cdots$ ❶

따라서 기온이 20 °C일 때, 5초 동안 소리가 전달되는 거리는

$$343\times5=1715(\text{m}) \quad\cdots ❷$$

채점 기준	배점
❶ 기온이 20 °C일 때, 소리의 속력을 구한 경우	50 %
❷ 5초 동안 소리가 전달되는 거리를 구한 경우	50 %

---

3 답 $(2ab+4a+4b)\,\text{cm}^2,\ 52\,\text{cm}^2$

(직육면체의 겉넓이)$=2\times a\times b+2\times a\times2+2\times b\times2$
$$=2ab+4a+4b(\text{cm}^2) \quad\cdots ❶$$

$2ab+4a+4b$에 $a=4$, $b=3$을 대입하면

$$2\times4\times3+4\times4+4\times3=24+16+12=52$$

따라서 $a=4$, $b=3$일 때의 직육면체의 겉넓이는

$52\,\text{cm}^2$이다. $\quad\cdots$ ❷

채점 기준	배점
❶ 직육면체의 겉넓이를 a, b를 사용하여 나타낸 경우	50 %
❷ a, b의 값을 대입하여 직육면체의 겉넓이를 구한 경우	50 %

---

4 답 8

항은 $-\dfrac{x^2}{3}$, $6x$, -4의 3개이므로 $a=3$

다항식의 차수는 2이므로 $b=2$

x^2의 계수는 $-\dfrac{1}{3}$이므로 $c=-\dfrac{1}{3}$

상수항은 -4이므로 $d=-4$ $\quad\cdots$ ❶

$$\therefore a+b+3c-d=3+2+3\times\left(-\dfrac{1}{3}\right)-(-4)$$
$$=3+2-1+4=8 \quad\cdots ❷$$

채점 기준	배점
❶ a, b, c, d의 값을 각각 구한 경우	80 %
❷ $a+b+3c-d$의 값을 구한 경우	20 %

---

5 답 7

$$\dfrac{1}{4}(8x+16)=\dfrac{1}{4}\times8x+\dfrac{1}{4}\times16=2x+4$$

이때 $2x+4$에서 상수항은 4이므로 $A=4$ $\quad\cdots$ ❶

$$(x-5)\div\dfrac{1}{3}=(x-5)\times3=x\times3-5\times3=3x-15$$

이때 $3x-15$에서 x의 계수는 3이므로 $B=3$ $\quad\cdots$ ❷

$$\therefore A+B=4+3=7 \quad\cdots ❸$$

채점 기준	배점
❶ A의 값을 구한 경우	40 %
❷ B의 값을 구한 경우	40 %
❸ $A+B$의 값을 구한 경우	20 %

---

6 답 15

$$A-2B=(x-3)-2(2x+1)$$
$$=x-3-4x-2=-3x-5 \quad\cdots ❶$$

따라서 $-3x-5=ax+b$이므로

$a=-3$, $b=-5$ $\quad\cdots$ ❷

$$\therefore ab=-3\times(-5)=15 \quad\cdots ❸$$

채점 기준	배점
❶ $A-2B$를 x를 사용한 식으로 나타낸 경우	60 %
❷ a, b의 값을 각각 구한 경우	20 %
❸ ab의 값을 구한 경우	20 %

7 답 $\dfrac{4}{3}x-2$

어떤 다항식을 $\boxed{}$ 라 하면

$\left(\boxed{}\right)+\left(-x+\dfrac{1}{2}\right)=-\dfrac{2}{3}x-1$ ··· ❶

$\therefore \boxed{}=-\dfrac{2}{3}x-1-\left(-x+\dfrac{1}{2}\right)$

$\qquad\quad =-\dfrac{2}{3}x-1+x-\dfrac{1}{2}=\dfrac{1}{3}x-\dfrac{3}{2}$

즉, 어떤 다항식은 $\dfrac{1}{3}x-\dfrac{3}{2}$이다. ··· ❷

따라서 바르게 계산하면

$\left(\dfrac{1}{3}x-\dfrac{3}{2}\right)-\left(-x+\dfrac{1}{2}\right)=\dfrac{1}{3}x-\dfrac{3}{2}+x-\dfrac{1}{2}=\dfrac{4}{3}x-2$ ··· ❸

채점 기준	배점
❶ 어떤 다항식을 구하는 식을 세운 경우	30 %
❷ 어떤 다항식을 구한 경우	30 %
❸ 바르게 계산한 식을 구한 경우	40 %

8 답 $A=6x-2$, $B=3x-1$, $C=7x-6$

$(-2x-3)+A=4x-5$이므로

$A=(4x-5)-(-2x-3)$

$\quad =4x-5+2x+3=6x-2$ ··· ❶

$B=A+(-3x+1)=(6x-2)+(-3x+1)$

$\quad =6x-2-3x+1=3x-1$ ··· ❷

$C=(4x-5)+B=(4x-5)+(3x-1)$

$\quad =4x-5+3x-1=7x-6$ ··· ❸

채점 기준	배점
❶ 일차식 A를 구한 경우	40 %
❷ 일차식 B를 구한 경우	30 %
❸ 일차식 C를 구한 경우	30 %

---

4. 일차방정식   본문 176~177쪽

1 $a=3$, $b=-1$	**2** 3	**3** $x=\dfrac{8}{5}$
4 1, 2, 3, 4	**5** 6	**6** 30
7 47세	**8** 3 km	

1 답 $a=3$, $b=-1$

$a(x-1)+2=3x+b$에서 $ax-a+2=3x+b$

이 식이 x에 대한 항등식이므로

$a=3$ ··· ❶

$b=-a+2=-3+2=-1$ ··· ❷

채점 기준	배점
❶ a의 값을 구한 경우	50 %
❷ b의 값을 구한 경우	50 %

2 답 3

$-(x-4)=5x-2$에서 $-x+4=5x-2$

$-x-5x=-2-4$, $-6x=-6$

즉, $x=1$이므로 $a=1$ ··· ❶

$\dfrac{5}{2}x-3=x-6$의 양변에 2를 곱하면 $5x-6=2x-12$

$5x-2x=-12+6$, $3x=-6$

즉, $x=-2$이므로 $b=-2$ ··· ❷

$\therefore a-b=1-(-2)=3$ ··· ❸

채점 기준	배점
❶ a의 값을 구한 경우	40 %
❷ b의 값을 구한 경우	40 %
❸ $a-b$의 값을 구한 경우	20 %

3 답 $x=\dfrac{8}{5}$

$\dfrac{2}{5}x-\dfrac{1-x}{3}=-0.6(x-3)$에서

소수를 분수로 고치면 $\dfrac{2}{5}x-\dfrac{1-x}{3}=-\dfrac{3}{5}(x-3)$ ··· ❶

양변에 15를 곱하면 $6x-5(1-x)=-9(x-3)$ ··· ❷

$6x-5+5x=-9x+27$, $20x=32$

$\therefore x=\dfrac{8}{5}$ ··· ❸

채점 기준	배점
❶ 소수인 계수를 분수로 고친 경우	20 %
❷ 모든 계수를 정수로 고친 경우	30 %
❸ 일차방정식의 해를 구한 경우	50 %

4 답 1, 2, 3, 4

$x+2(x-a)=4x-10$에서 $x+2x-2a=4x-10$

$-x=-10+2a$ $\quad\therefore x=10-2a$ ··· ❶

따라서 $10-2a$가 자연수가 되려면 자연수 a의 값은

1, 2, 3, 4이어야 한다. ··· ❷

채점 기준	배점
❶ 일차방정식의 해를 a에 대한 식으로 나타낸 경우	60 %
❷ 해가 자연수가 되게 하는 자연수 a의 값을 모두 구한 경우	40 %

5 답 6

$3(x+6)=x-6$에서 $3x+18=x-6$

$2x=-24$ $\quad\therefore x=-12$ ··· ❶

따라서 $\dfrac{x}{4}+1=\dfrac{x+a}{3}$에 $x=-12$를 대입하면

$-3+1=\dfrac{-12+a}{3}$, $-2=\dfrac{-12+a}{3}$

$-6=-12+a$ $\quad\therefore a=6$ ··· ❷

채점 기준	배점
❶ $3(x+6)=x-6$의 해를 구한 경우	50 %
❷ a의 값을 구한 경우	50 %

6 탭 30

연속하는 세 짝수 중 가장 작은 수를 x라 하면
세 짝수는 x, $x+2$, $x+4$이므로
$x+(x+2)+(x+4)=96$에서 ··· ❶
$3x+6=96$, $3x=90$ ∴ $x=30$ ··· ❷
따라서 연속하는 세 짝수 중 가장 작은 수는 30이다. ··· ❸

채점 기준	배점
❶ 일차방정식을 세운 경우	40 %
❷ 일차방정식을 푼 경우	40 %
❸ 연속하는 세 짝수 중 가장 작은 수를 구한 경우	20 %

7 탭 47세

현재 아버지의 나이를 x세라 하면 15년 후의 아버지의 나이는
$(x+15)$세, 아들의 나이는 $(x-35+15)$세, 즉 $(x-20)$세이므로
$x+15=2(x-20)+8$에서 ··· ❶
$x+15=2x-40+8$
$-x=-47$ ∴ $x=47$ ··· ❷
따라서 현재 아버지의 나이는 47세이다. ··· ❸

채점 기준	배점
❶ 일차방정식을 세운 경우	40 %
❷ 일차방정식을 푼 경우	40 %
❸ 현재 아버지의 나이를 구한 경우	20 %

8 탭 3 km

집에서 학교까지의 거리를 x km라 하면 시속 4 km로 걸어갈 때
걸리는 시간은 $\dfrac{x}{4}$시간, 시속 12 km로 자전거를 타고 갈 때 걸리
는 시간은 $\dfrac{x}{12}$시간이고, 걸어가면 자전거를 타고 가는 것보다 30분,
즉 $\dfrac{1}{2}$시간이 더 걸리므로
$\dfrac{x}{4}=\dfrac{x}{12}+\dfrac{1}{2}$ ··· ❶
양변에 12를 곱하면 $3x=x+6$
$2x=6$ ∴ $x=3$ ··· ❷
따라서 집에서 학교까지의 거리는 3 km이다. ··· ❸

채점 기준	배점
❶ 일차방정식을 세운 경우	40 %
❷ 일차방정식을 푼 경우	40 %
❸ 집에서 학교까지의 거리를 구한 경우	20 %

---

5. 좌표와 그래프 본문 178~179쪽

1 4 **2** -2 **3** 그림은 풀이 참조, 10
4 제2사분면 **5** (1) B (2) A (3) C
6 (1) 400 m (2) 1200 m (3) 5분

---

1 탭 4

두 순서쌍 $(a-3,\ 2-b)$, $(2a+1,\ -3b)$가 서로 같으므로
$a-3=2a+1$에서 $-a=4$
∴ $a=-4$ ··· ❶
$2-b=-3b$에서 $2b=-2$
∴ $b=-1$ ··· ❷
∴ $ab=-4\times(-1)=4$ ··· ❸

채점 기준	배점
❶ a의 값을 구한 경우	40 %
❷ b의 값을 구한 경우	40 %
❸ ab의 값을 구한 경우	20 %

2 탭 -2

점 $A(2-2a,\ a+3)$은 x축 위의 점이므로 y좌표가 0이다.
즉, $a+3=0$ ∴ $a=-3$ ··· ❶
점 $B(b-1,\ b-3)$은 y축 위의 점이므로 x좌표가 0이다.
즉, $b-1=0$ ∴ $b=1$ ··· ❷
∴ $a+b=-3+1=-2$ ··· ❸

채점 기준	배점
❶ a의 값을 구한 경우	40 %
❷ b의 값을 구한 경우	40 %
❸ $a+b$의 값을 구한 경우	20 %

3 탭 그림은 풀이 참조, 10

세 점 $A(2,\ 4)$, $B(-2,\ 2)$, $C(2,\ -1)$을 꼭짓점으로 하는 삼각
형 ABC를 좌표평면 위에 그리면 다음 그림과 같다.

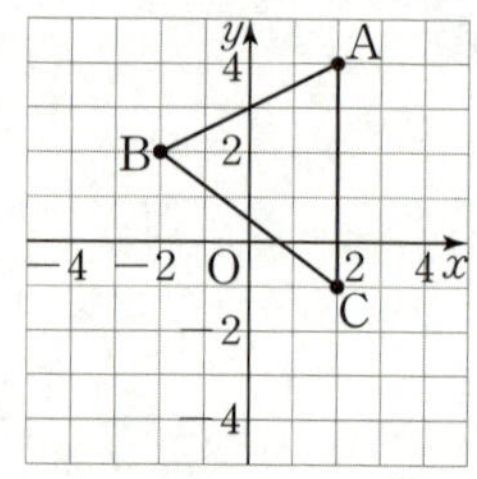

··· ❶

∴ (삼각형 ABC의 넓이)$=\dfrac{1}{2}\times\{4-(-1)\}\times\{2-(-2)\}$
$\qquad\qquad\qquad\qquad =\dfrac{1}{2}\times5\times4=10$ ··· ❷

채점 기준	배점
❶ 삼각형 ABC를 좌표평면 위에 그린 경우	50 %
❷ 삼각형 ABC의 넓이를 구한 경우	50 %

4 탭 제2사분면

점 $(ab,\ a-b)$가 제3사분면 위의 점이므로
$ab<0$, $a-b<0$ ··· ❶
이때 $ab<0$에서 a, b의 부호는 다르고,
$a-b<0$에서 $a<b$이므로 $a<0$, $b>0$ ··· ❷
따라서 점 $(a,\ b)$는 제2사분면 위의 점이다. ··· ❸

채점 기준	배점
❶ ab, $a-b$의 부호를 각각 정한 경우	40 %
❷ a, b의 부호를 각각 정한 경우	40 %
❸ 점 (a, b)가 제몇 사분면 위의 점인지 말한 경우	20 %

5 답 (1) B (2) A (3) C

(1) 물병에 남아 있는 물의 양은 물을 채울 때 증가하고, 그냥 두었을 때는 변함없다가 다시 물을 채울 때 증가하므로 상황에 알맞은 사람은 B이다. … ❶

(2) 물병에 남아 있는 물의 양은 물을 채울 때 증가하고, 물을 마실 때 감소하다가 다시 물을 채울 때 증가하므로 상황에 알맞은 사람은 A이다. … ❷

(3) 물병에 남아 있는 물의 양은 물을 채울 때 증가하고, 물을 모두 마시면 감소하다가 0이 되므로 상황에 알맞은 사람은 C이다. … ❸

채점 기준	배점
❶ (1)의 상황에 알맞은 사람을 찾은 경우	40 %
❷ (2)의 상황에 알맞은 사람을 찾은 경우	30 %
❸ (3)의 상황에 알맞은 사람을 찾은 경우	30 %

6 답 (1) 400 m (2) 1200 m (3) 5분

(1) 휴식하는 동안에는 집에서 떨어진 거리가 변함없으므로 준형이는 집에서 출발한 지 2분 후에 처음 휴식을 시작한다.
이때 집에서 떨어진 거리는 400 m이다. … ❶

(2) 준형이가 이모 댁에 도착했을 때 집에서 떨어진 거리는 1200 m이므로 준형이가 이동한 거리는 총 1200 m이다. … ❷

(3) 휴식하는 동안에는 집에서 떨어진 거리가 변함없으므로 준형이는 $4-2=2$(분), $9-6=3$(분) 동안 멈춰 있었다.
따라서 준형이가 휴식한 시간은 총 $2+3=5$(분)이다. … ❸

채점 기준	배점
❶ 처음 휴식할 때, 집에서 떨어진 거리를 구한 경우	30 %
❷ 이동한 거리를 구한 경우	30 %
❸ 휴식한 시간을 구한 경우	40 %

6. 정비례와 반비례
본문 180~181쪽

| **1** 6 | **2** 12분 | **3** -5 | **4** -2 |
| **5** -4 | **6** 37쪽 | **7** -12 | **8** 24 |

1 답 6

y가 x에 정비례하므로 $y=ax$라 하고,
이 식에 $x=-4$, $y=-8$을 대입하면
$-8=-4a$에서 $a=2$
$\therefore y=2x$ … ❶

$y=2x$에 $x=-2$, $y=A$를 대입하면
$A=2\times(-2)=-4$
$y=2x$에 $x=B$, $y=4$를 대입하면
$4=2B$ $\therefore B=2$
$y=2x$에 $x=4$, $y=C$를 대입하면
$C=2\times4=8$ … ❷
$\therefore A+B+C=-4+2+8=6$ … ❸

채점 기준	배점
❶ x와 y 사이의 관계식을 구한 경우	20 %
❷ A, B, C의 값을 각각 구한 경우	60 %
❸ $A+B+C$의 값을 구한 경우	20 %

2 답 12분

x분 동안 넣은 물의 양은 $10x$ L이므로
$y=10x$ … ❶
전체 물의 양의 $\dfrac{2}{5}$는 $300\times\dfrac{2}{5}=120$(L)이므로
$y=10x$에 $y=120$을 대입하면
$120=10x$ $\therefore x=12$
따라서 물을 전체의 $\dfrac{2}{5}$만큼 채우는 데 걸리는 시간은 12분이다.
… ❷

채점 기준	배점
❶ x와 y 사이의 관계식을 구한 경우	50 %
❷ 물을 전체의 $\dfrac{2}{5}$만큼 채우는 데 걸리는 시간을 구한 경우	50 %

3 답 -5

$y=-3x$에 $x=a$, $y=-3$을 대입하면
$-3=-3a$ $\therefore a=1$ … ❶
$y=-3x$에 $x=2$, $y=b$를 대입하면
$b=-3\times2=-6$ … ❷
$\therefore a+b=1+(-6)=-5$ … ❸

채점 기준	배점
❶ a의 값을 구한 경우	40 %
❷ b의 값을 구한 경우	40 %
❸ $a+b$의 값을 구한 경우	20 %

4 답 -2

정비례 관계 $y=ax$의 그래프가 점 $(3, 4)$를 지나므로
$y=ax$에 $x=3$, $y=4$를 대입하면
$4=3a$에서 $a=\dfrac{4}{3}$ … ❶
정비례 관계 $y=bx$의 그래프가 점 $(-4, 6)$을 지나므로
$y=bx$에 $x=-4$, $y=6$을 대입하면
$6=-4b$에서 $b=-\dfrac{3}{2}$ … ❷
$\therefore ab=\dfrac{4}{3}\times\left(-\dfrac{3}{2}\right)=-2$ … ❸

채점 기준	배점
❶ a의 값을 구한 경우	40 %
❷ b의 값을 구한 경우	40 %
❸ ab의 값을 구한 경우	20 %

5 답 -4

y가 x에 반비례하므로 $y=\dfrac{a}{x}$라 하고,

이 식에 $x=-2$, $y=8$을 대입하면

$8=\dfrac{a}{-2}$에서 $a=-16$

$\therefore y=-\dfrac{16}{x}$ ⋯ ❶

따라서 $y=-\dfrac{16}{x}$에 $x=4$를 대입하면

$y=-\dfrac{16}{4}=-4$ ⋯ ❷

채점 기준	배점
❶ x와 y 사이의 관계식을 구한 경우	50 %
❷ $x=4$일 때, y의 값을 구한 경우	50 %

6 답 37쪽

전체 쪽수가 296쪽인 책을 하루에 x쪽씩 읽으면 모두 읽는 데

$\dfrac{296}{x}$일이 걸리므로

$y=\dfrac{296}{x}$ ⋯ ❶

$y=\dfrac{296}{x}$에 $y=8$을 대입하면

$8=\dfrac{296}{x}$ $\therefore x=37$

따라서 하루에 37쪽씩 읽어야 한다. ⋯ ❷

채점 기준	배점
❶ x와 y 사이의 관계식을 구한 경우	50 %
❷ 하루에 몇 쪽씩 읽어야 하는지 구한 경우	50 %

7 답 -12

$y=\dfrac{a}{x}$의 그래프가 점 $(-2, 3)$을 지나므로

$y=\dfrac{a}{x}$에 $x=-2$, $y=3$을 대입하면

$3=\dfrac{a}{-2}$ $\therefore a=-6$ ⋯ ❶

따라서 $y=-\dfrac{6}{x}$의 그래프가 점 $(1, k)$를 지나므로

$y=-\dfrac{6}{x}$에 $x=1$, $y=k$를 대입하면

$k=-\dfrac{6}{1}=-6$ ⋯ ❷

$\therefore a+k=-6+(-6)=-12$ ⋯ ❸

채점 기준	배점
❶ a의 값을 구한 경우	50 %
❷ k의 값을 구한 경우	40 %
❸ $a+k$의 값을 구한 경우	10 %

8 답 24

점 C가 반비례 관계 $y=\dfrac{24}{x}$의 그래프 위에 있으므로 점 C의 x좌표

를 $a\,(a>0)$라 하면 y좌표는 $\dfrac{24}{a}$이다.

$\therefore \mathrm{C}\left(a, \dfrac{24}{a}\right)$ ⋯ ❶

따라서 $\mathrm{A}(a, 0)$, $\mathrm{B}\left(0, \dfrac{24}{a}\right)$이므로

(직사각형 OACB의 넓이)$=a\times\dfrac{24}{a}=24$ ⋯ ❷

채점 기준	배점
❶ 점 C의 좌표를 구한 경우	40 %
❷ 직사각형 OACB의 넓이를 구한 경우	60 %

메가스터디 (중등 학습) 시리즈

수학 공부는 숙제다!

수학숙제

중등 1-1

정답 및 해설

메가스터디BOOKS
내용 문의 02-6984-6901 | 구입 문의 02-6984-6868,9 | www.megastudybooks.com